全国普通高等学校机械类"十二五"规划系列教材

数 控 技 术

主　编　董长双　胡世军　李文斌
副主编　聂学军　薛东彬　陈学永　戴丽玲

华中科技大学出版社
中国·武汉

内 容 简 介

根据现代数控机床的发展,本书主要介绍了数字控制的基本原理,数控机床的组成、分类及发展水平,零件加工数控程序的编制;运动轨迹的插补原理、刀补原理、运动误差补偿原理;位置检测原理;现代数控系统;伺服驱动系统及现代数控机床的结构设计等。

本书可以作为普通高等学校机械类专业的教材,也可作为工程技术人员的参考书。

图书在版编目(CIP)数据

数控技术/董长双,胡世军,李文斌主编.—武汉:华中科技大学出版社,2013.8(2022.12重印)
ISBN 978-7-5609-8934-1

Ⅰ.①数…　Ⅱ.①董…　②胡…　③李…　Ⅲ.①数控技术-高等学校-教材　Ⅳ.①TP273

中国版本图书馆 CIP 数据核字(2013)第 102771 号

数控技术　　　　　　　　　　　　　董长双　胡世军　李文斌　主编

策划编辑:俞道凯
责任编辑:姚　幸
封面设计:范翠璇
责任校对:刘　竣
责任监印:徐　露
出版发行:华中科技大学出版社(中国·武汉)　　　电话:(027)81321913
　　　　　武汉市东湖新技术开发区华工科技园　　　邮编:430223
录　　排:华中科技大学惠友文印中心
印　　刷:广东虎彩云印刷有限公司
开　　本:787mm×1092mm　1/16
印　　张:17.5
字　　数:454 千字
版　　次:2022 年 12 月第 1 版第 8 次印刷
定　　价:49.80 元

全国普通高等学校机械类"十二五"规划系列教材

序

　　"十二五"时期是全面建设小康社会的关键时期,是深化改革开放、加快转变经济发展方式的攻坚时期,也是贯彻落实《国家中长期教育改革和发展规划纲要(2010—2020 年)》的关键五年。教育改革与发展面临着前所未有的机遇和挑战。以加快转变经济发展方式为主线,推进经济结构战略性调整、建立现代产业体系,推进资源节约型、环境友好型社会建设,迫切需要进一步提高劳动者素质,调整人才培养结构,增加应用型、技能型、复合型人才的供给。同时,当今世界处在大发展、大调整、大变革时期,为了迎接日益加剧的全球人才、科技和教育竞争,迫切需要全面提高教育质量,加快拔尖创新人才的培养,提高高等学校的自主创新能力,推动"中国制造"向"中国创造"转变。

　　为此,近年来教育部先后印发了《教育部关于实施卓越工程师教育培养计划的若干意见》(教高[2011]1 号)、《关于"十二五"普通高等教育本科教材建设的若干意见 》(教高[2011]5 号)、《关于"十二五"期间实施"高等学校本科教学质量与教学改革工程"的意见》(教高[2011]6 号)、《教育部关于全面提高高等教育质量的若干意见》(教高[2012]4 号) 等指导性意见,对全国高校本科教学改革和发展方向提出了明确的要求。在上述大背景下,教育部高等学校机械学科教学指导委员会根据教育部高教司的统一部署,先后起草了《普通高等学校本科专业目录机械类专业教学规范》、《高等学校本科机械基础课程教学基本要求》,加强教学内容和课程体系改革的研究,对高校机械类专业和课程教学进行指导。

　　为了贯彻落实教育规划纲要和教育部文件精神,满足各高校高素质应用型高级专门人才培养要求,根据《关于"十二五"普通高等教育本科教材建设的若干意见 》文件精神,华中科技大学出版社在教育部高等学校机械学科教学指导委员会的指导下,联合一批机械学科办学实力强的高等学校、部分机械特色专业突出的学校和教学指导委员会委员、国家级教学团队负责人、国家级教学名师组成编委会,邀请来自全国高校机械学科教学一线的教师组织编写全国普通高等学校机械类"十二五"规划系列教材,将为提高高等教育本科教学质量和人才培养质量提供有力保障。

当前经济社会的发展,对高校的人才培养质量提出了更高的要求。该套教材在编写中,应着力构建满足机械工程师后备人才培养要求的教材体系,以机械工程知识和能力的培养为根本,与企业对机械工程师的能力目标紧密结合,力求满足学科、教学和社会三方面的需求;在结构上和内容上体现思想性、科学性、先进性,把握行业人才要求,突出工程教育特色。同时注意吸收教学指导委员会教学内容和课程体系改革的研究成果,根据教指委颁布的各课程教学专业规范要求编写,开发教材配套资源(习题、课程设计和实践教材及数字化学习资源),适应新时期教学需要。

教材建设是高校教学中的基础性工作,是一项长期的工作,需要不断吸取人才培养模式和教学改革成果,吸取学科和行业的新知识、新技术、新成果。本套教材的编写出版只是近年来各参与学校教学改革的初步总结,还需要各位专家、同行提出宝贵意见,以进一步修订、完善,不断提高教材质量。

谨为之序。

国家级教学名师

华中科技大学教授、博导

2012 年 8 月

前　言

在当前,数控技术是指使用计算机对整个机械加工过程进行信息处理与控制,达到生产过程自动化的一门技术。数控技术是柔性制造系统(FMS)、计算机集成制造系统(CIMS)的技术基础,是先进制造技术的重要组成部分。自1952年世界上产生第一台数控机床以来,数控技术得到了飞速发展,使机床产生了革命性的变化。应用数控技术,推广普及数控机床的应用,是当今机械制造技术改造、技术更新的必由之路。

数控技术是集机械制造技术、信息处理技术、加工技术、传输技术、自动控制技术、伺服驱动技术、传感器技术、微电子技术、软件技术等多学科于一体的一门技术,数控机床是典型的机电一体化的产品。本书从原理和使用的角度出发,较详细地讲述了数控机床的组成、分类,数控技术的产生和发展水平;零件加工数控程序的编制;运动轨迹的插补原理、刀补原理、运动误差补偿原理;位置检测原理;现代数控系统;伺服驱动系统及现代数控机床的结构设计。本书作为高等院校机械类专业教材,力求反映国内外最新数控技术现状,使其具有先进性、实用性。

参加本书编写的有:太原理工大学李文斌(第1章)、董长双(第2章),北京工商大学聂学军(第3章),昆明学院戴丽玲(第4章),河南工业大学薛东彬(第5章),福建农林大学陈学永(第6章),兰州理工大学胡世军(第7章)。全书由董长双统稿。

本书在编写过程中参阅了国内外有关数控技术方面的教材、资料和文献,在此向各位作者致以诚挚的谢意,同时也谨向为本书编写付出艰辛劳动的全体人员表示衷心的感谢。

由于编者水平有限,书中疏漏、不妥之处在所难免,恳请广大读者批评指正。

编　者

2012 年 12 月

目　　录

第1章　绪　　论

1.1　数控机床的基本组成及加工原理

1.1.1　数控机床的基本概念

随着机械制造自动化技术的发展,机床的运动控制发生了根本性的变化。金属切削机床依靠其各个部件的相对运动来实现对各种零件的加工。普通机床通常有手动和机动两种控制方式:手动是指机床操作者摇动手把,带动机床部件进行运动和停止;机动是指用按钮接通动力源(电动机)经机械传动系统使机床部件运动,运动的停止也是靠按钮或行程开关碰到挡铁后切断电路而实现。数字控制机床,即数控机床则是以数字指令方式控制机床各部件的相对运动和动作对零件进行加工。如　N003 G90 G01 X＋200.0 00 Y－100.000 S1000 T01 F300 M07;就是一条数控机床执行的指令程序段,它实现了用机床的 1 号刀具加工一条 X、Y 平面上的直线段。它的具体含义为:序号为第 3 个程序段,用 1 号刀具加工一条平面直线段,采用绝对坐标编程(G90),起点为上一个程序段指令点,终点为程序段中给定的点(＋200.000,－100.000)。程序段中还指明了机床主轴转速为 1 000 r/min,进给部件的运动速度为 300 mm/min,冷却液为打开状态。

由上述程序段可以看出,它由数字 0～9,英文字母 X,Y,Z,S,T,F,M,…,符号"＋""－"".""；"等组成。该程序段的各部分首先要输入到数控机床的控制系统(即专用计算机)中去并译码转换成二进制数,再经过计算机处理、伺服控制,从而驱动机床各部件运动,完成该直线段的加工。由于指令运动过程是以二进制数进行的,因此称这种控制为数字控制(numerical control,NC)。现代数字控制技术是与机床控制密切结合而发展起来的,所以人们习惯上把"机床数控"简称为"数控"或"NC",并且把采用这种控制技术控制的机床称为"数控机床"(numerically controlled machine　Tool),或 NC 机床。数控装置和伺服控制部分统称为数控系统。机床的数字控制是近代发展起来的一种自动控制技术,是用数字化信息实现对机床控制一种方法。

1.1.2　计算机数字控制的概念

随着电子技术和计算机技术的不断发展,数控技术也得到了长足的发展。其中,数控系统的硬件经历了电子管、晶体管、集成电路、大规模集成电路等几个发展阶段。数字控制是用数字信号对机床的运动及加工过程进行控制的一种方法,称之为数控。数控系统中引入了计算机,所以又称之为计算机数字控制(computer numerical control,CNC)。数控系统中引入了微型计算机,使它在质的方面完成了一次飞跃。数控系统是一种控制系统,它通过自动阅读输入载体上的格式数字信息,进行译码、处理,驱动机床产生各种运动,并且反馈信息的变化,最后加工出合格的产品。CNC 系统与硬件 NC 相比具有如下优点。

(1) 柔性好　以往数控系统的许多功能是靠硬件电路来实现的,一经完成,功能是不能改变的。但 CNC 系统能利用控制软件(程序)灵活地增加或改变数控系统的功能,更能适应生产的需要。

(2)功能强 可利用计算机技术及其外围设备,增强数控系统及数控机床的功能。如利用计算机图形显示功能来检查编程的刀具轨迹,纠正编程错误,还可以检查刀具与机床、夹具碰撞的可能性等;利用计算机网络通信的功能,便于数控机床组成生产线;同时,数控系统通过因特网与服务中心连接起来,就可以进行故障诊断及维修指导服务。

(3)可靠性高 计算机数控系统可以使用磁带、软盘和硬盘等多种输入介质,克服了数控机床由于频繁开启光电阅读机而造成的信息出错的缺点。与硬件数控系统相比,计算机数控系统硬件电路少,显著地减少了焊点、接插件和外部连线,提高了系统可靠性。此外,计算机数控系统一般都具备自诊断功能,可及时指出故障原因,便于维修或预防操作失误,减少停机时间。这一切使得现代数控系统的无故障运行时间大大增加。

(4)易于实现机电一体化 由于计算机电路板上采用了大规模集成电路和先进的印刷电路排版技术,只要采用数块印刷电路板即可构成整个控制系统,而将数控装置连同操作面板装入一个不大的数控箱内,易于实现机电一体化。

(5)经济性好 采用计算机数控系统后,使系统的性能价格比大为提高。现在不但在大型企业,就是中小型企业也逐渐采用了计算机数控系统。

1.1.3 数控机床的基本组成及工作过程

虽然数控技术能用来控制多种机械设备,但用得最多的是数控机床。下面介绍数控机床的基本组成部分及工作过程。

1. 数控机床的组成

数控机床是指一种利用数控技术,按照编好的程序实现规定动作的金属切削机床,它由程序载体、输入装置、数控装置、伺服系统、位置反馈系统和机床本体等组成(见图1.1)。

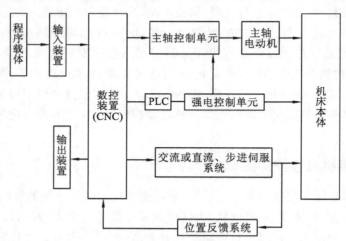

图 1.1 数控机床的组成

1)程序载体

数控机床是按照输入的零件加工程序运行的。零件加工程序包括机床上刀具和工件的相对运动轨迹、工艺参数(进给速度、主轴转速等)和辅助运动等。将零件加工程序用一定的格式和代码记录在一种载体上,这个载体即为程序载体,如早期的 NC 系统采用穿孔纸带、盒式磁带,而现代 CNC 系统多采用硬盘、光盘和 U 盘等。

2) 输入装置

输入装置的作用是将程序载体内的信息读入数控装置。根据程序载体的不同,对应有不同的输入装置。如:对于穿孔纸带,配用光电阅读机;对于盒式磁带,配用录放机;对于硬盘,配用硬盘驱动器和驱动卡。有时为了用户方便,数控机床可以同时具备两种输入装置。

现代数控机床还可以通过手动数据输入方式(menu data input,MDI),将零件加工程序直接用数控系统的操作面板上的按键输入到数控装置;或者用与计算机通信方式直接将零件加工程序输入到数控装置。

3) 数控装置

数控装置由信息的输入、处理和输出三个部分组成。程序载体通过输入装置将信息传给数控装置,数控装置将零件加工程序编译成计算机能够识别的信息(二进制代码),由信息处理部分按照控制程序的规定计算后,通过输出单元将位置和速度指令发送到进给伺服系统和主轴控制单元。

数控机床的辅助动作,如刀具的选择与更换、切削液启/停等能够用可编程序控制器(programmable logic controller,PLC)控制,这是数控系统对机床的顺序动作的控制。在现代数控系统中,一般具有 PLC 附加电路板。这种结构形式可省去 CNC 与 PLC 之间的连线,结构紧凑,可靠性好,操作方便,无论从技术上或经济上都是有利的。

4) 伺服系统

伺服系统由伺服电动机及控制装置和伺服控制软件组成。它有进给伺服系统和主轴伺服系统之分。进给伺服系统根据数控装置送来的速度及位置指令驱动机床的进给运动部件,完成指令规定的运动。每一坐标方向的运动部分配备一套伺服系统。伺服电动机的驱动控制装置一般仅完成电动机的速度控制(包括速度反馈),电动机的角位移控制一般由数控装置完成。主轴伺服系统只需调速和定向控制。

5) 位置反馈系统

位置反馈分为伺服电动机的角位移的反馈和数控机床执行机构(工作台)的位移反馈两种,运动部分通过传感器将上述角位移或直线位移转换成电信号,输送给数控装置,与指令位置进行比较,并由数控装置发出指令,纠正所产生的误差,从而完成反馈系统的功能。

6) 机床本体

数控机床的本体除了主运动系统、进给系统的机械部分,以及辅助部分,如液压、气动、冷却和润滑部分等一般部件外,还有些特殊部件,如储备刀具的刀库、自动换刀装置(automatic tool changer,ATC)、自动托盘交换装置等。与普通机床相比,数控机床的传动系统更为简单,但机床的静态和动态刚度要求更高,传动装置的间隙要尽可能小,相对滑动面的摩擦因数小,并且要有恰当的阻尼,以适应数控机床对高定位精度和良好的控制性能的要求。

2. 数控机床的工作过程

数控机床的工作过程包括以下内容。

(1) 根据零件的加工图样进行工艺分析,确定加工方案、工艺参数和位置数据。

(2) 用规定的程序代码和格式将工件的形状尺寸及加工过程所需的各种动作(如主轴变速、刀具选择、冷却液供给、进给、启/停等)用程序表示,写成加工程序清单。或用自动编程软件进行计算机辅助编程,生成零件的加工程序文件。

(3) 程序的输入或传输。通常,用手工编写的程序可以通过数控机床的操作面板输入,用自动编程软件(如 MasterCAM)生成的程序,可通过计算机的串行接口直接传输到数控装置。

(4) 将传输到数控装置的加工程序进行调试和试运行、刀具路径模拟等,以检验程序的正确与否。

(5) 通过对机床的正确操作,运行程序,按照零件加工程序的要求控制机床伺服驱动系统,实现刀具与工件的相对运动,完成零件的加工。当被加工工件改变时,除了重新装夹工件和更换刀具外,还要更换程序。

1.2　机床数控系统的分类及性能指标

数控系统是一种能够控制机器运动的装置。它由输入装置、数控装置和输出部分组成。输入装置将按规定格式编写的控制信息输入数控装置,数控装置能够自动解释其中的指令,进行运算,并由输出部分向所控制的执行机构发出指令,最终实现所要求的动作功能。具有反馈装置的数控装置还能监视执行机构的执行结果,并纠正其误差。

机床按照不同用途的需要,其数控系统就有不同的类型。根据控制运动方式的不同,数控系统可分为点位、点位/直线和连续(轮廓)控制系统。根据伺服系统反馈信息的不同,数控系统可分为开环、闭环和半闭环控制系统。根据功能的多少及复杂程度,数控系统又可分为多功能数控系统和经济型数控系统。随着数控系统应用的发展,又出现了较为先进的适应控制系统、直接数控系统等。

1.2.1　按控制运动轨迹分类

1. 点位控制系统

点位控制系统仅控制刀具相对于工件的位置,由一个定位点向下一个定位点移动,但移动的途径原则上没有规定,为了简化机床运动,一般沿机床坐标轴运动,在刀具或工件移动过程中不进行切削。具有这种系统的机床最重要的是要保证点的相对位置,所以移动时要快速,接近定位点时要逐渐减速,以保证定位精度。

定位可用两种方式来完成,一种是增量坐标方式,它是以前一位置作为参考坐标点来决定后一位置的;另一种是绝对坐标方式,这种方式有一个固定的参考坐标,它的原点是固定的,工件上所有位置都以此坐标系的坐标值来表示。

点位控制系统多用于孔加工的数控机床,如 NC 钻床(见图 1.2)、NC 冲床。有些机床,如 NC 镗床、NC 车床(见图 1.3),要求刀具沿坐标轴移动时还能进行切削,所以开发了点位/直线控制系统。这种系统除了高精度的定位功能外,在刀具沿坐标轴移动时,还能根据切削用量控制位移的速度,由于点位和点位/直线控制系统相差无几,可以将它归入点位控制系统。

2. 连续控制系统

连续控制系统又称为轮廓控制系统,与点位控制系统的最大区别在于:连续控制系统可以控制两个或两个以上坐标轴的位移,并形成确定的函数关系,走出规定的刀具与工件的相对运动轨迹,以加工出所需工件的轮廓(见图 1.4)。这是由连续控制系统中的插补功能来实现的。

1) 插补运算原理

假设刀具与工件的相对运动轨迹为一段直线或圆弧。数控系统不能将坐标轴无限细分,而只能按最小设定单位(或称为脉冲当量)移动,加工后工件的圆弧或直线实际上是由许多折线构成的。所以,数控系统按照一定的计算方法,将脉冲当量分配给各坐标轴,形成规定的上

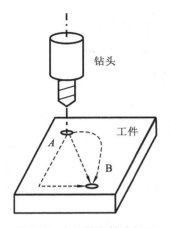

图 1.2　点位控制钻孔加工

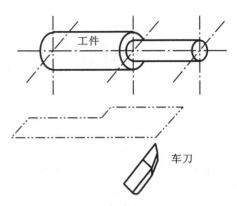

图 1.3　点位直线控制车外圆加工

述轨迹的过程称为插补。

　　如上所述,用折线代替规定曲线会带来一定误差,此误差应在容许范围内,否则只能选更小的设定单位。图 1.5(a)所示为直线插补;图 1.5(b)所示为圆弧插补。虽然工件轮廓有各种不同形状,但都可用直线和圆弧逼近它,所以一般机床数控系统都具有直线和圆弧插补功能。有些先进数控系统同时还具有抛物线、螺旋线和渐开线等插补功能。

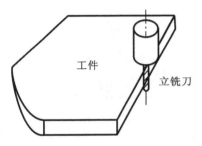

图 1.4　连续控制加工

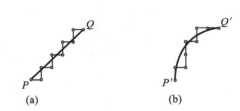

图 1.5　直线与圆弧插补
(a)直线插补　(b)圆弧插补

　　2)连续控制系统的工作特点

　　连续控制系统的插补是由插补器来实现的。所谓插补器是指完成插补功能的一种硬件装置或软件程序。插补器根据输入的插补指令进行数字计算,对各坐标轴进行脉冲分配,然后发出指令给伺服驱动装置,使机床工作台沿各坐标轴完成规定的运动,刀具就能加工出工件廓形来。连续控制系统必须精确地控制两个或两个以上坐标轴的运动,而最小设定有时甚至小于 1 μm。所以连续控制系统处理数据的速度要比点位系统高出上千倍,现有的机床数控系统都具有连续控制系统的功能,也即多轴联动功能。

1.2.2　按伺服系统控制方式分类

1. 开环控制系统

　　图 1.6 所示为开环控制系统的方框图。输入装置将控制信息传送到数控装置后,控制信息被编译成计算机能识别的机器码,经过运算后,在规定的时间内发出指令脉冲到伺服驱动装置,使伺服电动机转动规定的角度,驱动机床工作台运动。如为多轴控制,运算器还须进行脉冲分配,使各伺服电动机协调转动,机床工作台就按指令完成规定的合成运动。

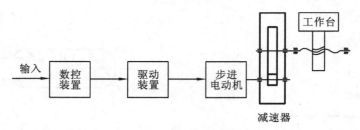

图 1.6　开环控制系统框图

开环控制系统的伺服电动机多采用功率步进电动机,在输入一个电脉冲后,步进电动机就相应地转过一个步距角,通过机床的传动部件,使工作台相应地移到一个位移量(脉冲当量),一般为 0.01~0.001 mm/P。

由于开环控制系统没有反馈装置,所以不能避免步进电动机因丢步而产生位移误差,同时制造较大功率的步进电动机还有困难,因此开环控制系统仅用于运动速度较低、加工精度不太高的机床。

2. 闭环控制系统

针对开环控制系统的缺点,闭环控制系统在工作台运动方向增加了测量工作台实际位移的位置传感器,如图 1.7 所示。传感器将实际位置信息反馈给数控装置的比较器,与理论位移比较,以纠正误差。

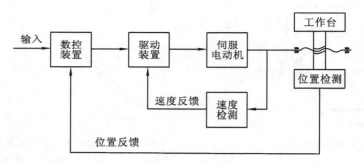

图 1.7　闭环控制系统框图

由此可见,采用闭环控制系统的数控机床的位置精度大为提高。闭环控制系统与开环控制系统的主要区别在于:闭环控制系统的伺服系统的机械执行机构的最后环节上装有反馈元件,将机床工作台的实际位置反馈给数控装置,从而控制机床的进给运动。

为了维护方便起见,闭环控制系统的伺服电动机最好采用交流伺服电动机。事实上,现代交流伺服系统已逐渐替代直流伺服系统。

3. 半闭环控制系统

半闭环控制系统的控制方式与闭环控制系统类似,它们之间的主要区别在于前者在电动机轴上或机床丝杠轴上装有检测其角位移的传感器,如图 1.8 所示。这种系统可以精确控制电动机的角位移,但它不能纠正机床传动部件带来的误差,所以称为半闭环系统。

由于这种控制系统结构简单,控制、维护较方便,又能达到较高的位置精度,因此在数控机床上得到广泛应用。

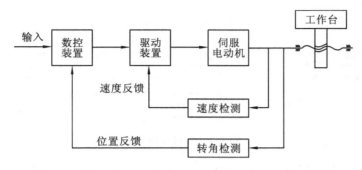

图 1.8 半闭环控制系统框图

1.2.3 多功能与经济型数控系统

多功能机床数控系统的功能比较齐全,适用于功率较大、动作较多、运动复杂、定位精度较高的大、中型数控机床。这种数控系统虽然功能丰富,但配置这种系统的数控机床价格昂贵,我国一般中、小企业购置困难。有些机床厂家生产的简易数控机床很受用户欢迎。这些数控机床是在通用机床的基础上,对机械部分做必要的改进,配上经济型数控系统,使其具备必要的数控功能。

配置经济型数控系统的数控机床,一般采用控制简单、成本较低的功率步进电动机伺服系统。为了提高加工精度,防止步进电动机丢步,较高档的经济型数控机床在滚珠丝杠端部装有回转编码器,或者在机床工作台上装有直线编码器进行反馈补偿,数控装置的处理器一般采用8051 系列单片机。

1.2.4 适应控制系统

闭环控制系统主要监控机床和刀具的相对位置或移动轨迹的精度。机床根据事先编好的加工程序运动,但在编程时无法考虑在实际加工时出现的一些其他因素,如工件加工余量的不一致、工件材质不均匀、刀具的磨损情况和切削力的变化等对加工过程的影响,因此,加工过程不是处于最佳状态。为了提高切削效率和加工精度,机床的数控系统最好能在加工条件改变时改变机床切削量,以适应实时发生的加工情况,这种控制方法称为适应控制(adaptive control,AC)。应用 AC 控制原理的数控系统即为适应控制系统。

图 1.9 所示为适应控制框图。适应控制与闭环控制的主要区别在于有一适应控制器,它的作用是:通过装在机床上各个部位的传感器,将检测到的加工参数(如切削负载、刀具磨损量等)变化信息,送给适应控制器,与预先存储的有关信息进行分析比较,然后发出校正指令给数控装置,自动调整机床的有关参数。这样,机床就具备了"适应"加工过程的能力,成为适应控制机床。

适应控制机床的优点如下。

(1) 提高切削效率 适应控制能在满足加工质量的前提下,充分利用机床和刀具的切削能力,在加工过程中修正机床的进给量和切削速度,提高单位时间内切除金属的体积量。

(2) 提高加工质量 主要体现在提高加工工件的尺寸精度、形状和位置精度及表面质量方面。在切削加工中可对刀具磨损、机床-刀具-工件系统的刚度和热变形进行监测,及时修正指令,以减少误差,提高加工质量。

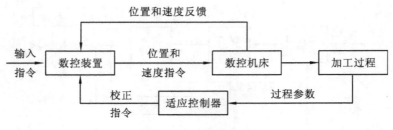

图 1.9　适应控制框图

（3）降低成本　要降低成本，必须缩短单件加工时间和提高刀具寿命。但是，要减少单件加工时间，必须提高切削用量，从而又降低了刀具寿命。适应控制器能够计算出最佳工艺参数以控制机床，使单件加工成本最低。

（4）防止切削过载　适应控制系统在加工中通过各种检测装置，监视诸如切削扭矩、切削力、振动参数，使它们保持在容许范围内，防止机床、刀具和工件由于过载而破坏。

（5）简化编程　适应控制系统可根据实际的加工情况决定切削用量。此外，它还可自动决定快速和工作行程，减少空行程，决定最佳走刀次数等，使编程工作大为简化。

适应控制的分类方法很多，但总的来说可以分为几何适应控制和工艺适应控制两大类。几何适应控制的目的在于保证达到预定的加工精度和表面质量。用监控机床几何参数的办法，自动校正机床或刀具造成的位置误差，以提高加工精度。这种控制主要用于测量机的测量控制系统或精密加工中。工艺适应控制的目的主要是提高生产率或充分发挥机床的性能，常用于粗加工或半精加工。

图 1.10 所示为铣床的适应控制系统框图。为了充分利用机床的功率，或者使机床的负载恒定而进行适应控制机床时，可利用传感器检测主轴电动机的电流、扭矩或主轴的轴向推力等作为过程参数，将信号输入适应控制器，经处理后，适应控制器发出指令，改变机床的切削用量，以达到负载恒定的目的。

在铣床上铣削工件时，往往会产生机床的自激振动（颤振）。使用检测振动的传感器，通过专门的颤振探测装置将信号输入适应控制器，当颤振发生时，自动改变切削用量，可有效地控制颤振。

1.2.5　直接数控系统

直接数控（direct numerical control，DNC）系统是指用一台计算机直接控制一群机床，又称为群控系统。DNC 概念从"直接数控"到"分布式数控"，其本质也发生了变化。"分布式数控"表明可用一台计算机控制多台数控机床。这样，机械加工从单机自动化模式可扩展到柔性生产线（FML）及计算机集成制造系统（CIMS）。从通信而言，可以在数控系统增加 DNC 接口，形成制造通信网络。网络最大特点是资源共享，通过 DNC 功能形成网络可以实现：①对零件程序的上传或下传；②读/写数控装置的数据；③PLC 数据的传送；④存储器操作控制；⑤系统状态采集和远程控制等。更高档次的 DNC 还可以对 CAD/CAM/CAPP 及 CNC 的程序进行传送和分级管理。DNC 技术使数控装置与通信网络联系在一起，还可以传递维修数据，使用户与数控装置生产厂直接通信，进而把制造厂家联系一起，构成虚拟制造网络。

根据机床群联系方式的不同，DNC 系统可分为以下三种类型。

（1）间接型 DNC 系统　间接型 DNC 系统是指将已有的单台数控机床配上主计算机连接

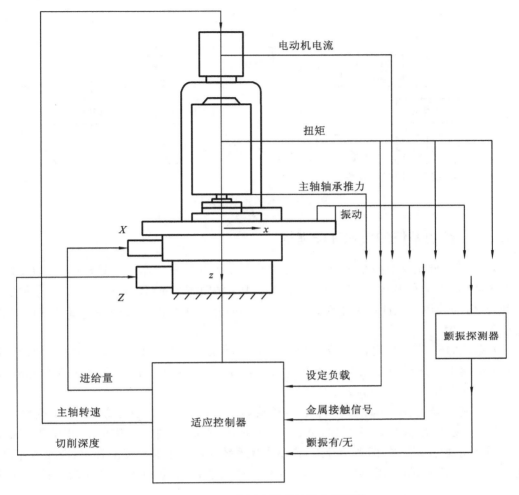

电动机电流

扭矩

主轴轴承推力

振动

X

x

Z

z

颤振探测器

进给量

设定负载

主轴转速

金属接触信号

切削深度

适应控制器

颤振有/无

图 1.10 以工艺适应控制的铣床示意图

而成的系统。主计算机通过接口装置,绕开原有的读带机,将加工程序分别送到机床群中的每台数控机床。数控机床也可将执行情况,通过接口装置及时通知主计算机。间接型 DNC 系统内的数控机床仍保留原有功能,它可以脱离系统而独立操作。

(2)直接型 DNC 系统 直接型 DNC 系统内的数控机床简化了数控装置,只有由伺服电动机驱动电路和操作面板组成的机床控制器,原来数控装置中的插补运算等功能全部集中由主计算机完成。这种系统的数控机床不能脱离主计算机而单独工作。

直接型 DNC 系统除了以分时方式控制一群机床加工工件外,还可与生产计划管理等结合在一起,需要较大容量的计算机,软件的编制也较为复杂,系统成本高,这就限制了它的应用。

(3)分布式 DNC 系统 为了克服上述缺点,近年来出现了一种新的直接数控系统,称为分布式数控系统(distribute numerical control system),如图 1.11 所示。

这种系统使用计算机网络,协调各台数控机床工作,最终可将该系统的主计算机与整个工厂的计算机构成网络,形成一个较大的、完整的制造系统。

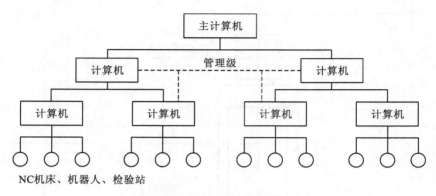

图 1.11　分布式数控系统

1.2.6　数控系统的技术性能指标

（1）CPU 的档次　数控系统的 CPU 从 20 世纪 70 年代的频率 5 MHz 的 8 位机,发展到当前的主频为 14 GHz 的 32 位机、64 位机,并采用了精简指令集（RISC）芯片。CPU 性能不断改进和提高,为采用个人计算机作为数控系统平台的开放式数控系统提供了很高的速度和丰富的软硬件资源。

（2）系统的分辨率　现代数控系统能实现高精度、超精密加工,系统分辨率通常都在 0.001 mm,速度可达到 100 000～240 000 mm/min。超精密加工时分辨率为 0.1 μm（甚至 0.01 μm）,速度为 24 000 mm/min。

（3）控制功能　控制轴数和同时控制轴（联动轴）数是数控系统功能的重要指标。FANUC15 系统可控制 1 至 15 根轴,SIEMENS 840D 最多可控制 31 根轴,还具有多主轴控制功能。插补功能除了直线、圆弧插补外,许多数控系统还增加了螺旋线插补、极坐标插补、圆柱面插补、抛物线插补、指数函数插补、渐开线插补、样条插补、假想轴插补及曲面直接插补等功能。

（4）伺服驱动系统的性能　目前几乎绝大多数数控系统都采用了对位置环、速度环、电流环全部进行数字控制的交流伺服系统,而且许多公司都开发了具有前馈控制、非线性控制、摩擦扭矩补偿及数字伺服自动调整等新功能的高性能伺服系统。

（5）数控系统内 PLC 功能　新型数控系统的 PLC 都有单独的 CPU,除了逻辑控制外,还具有轴控制功能;基本指令执行时间是 0.2 μs/step 以上,梯形图语言程序容量可达 16 000 步以上,输入点/输出点数为 768/512,可扩展。PLC 的软件除用梯形图（ladder diagram）语言编写之外,还可用 Pascal、C 语言等编写。

（6）系统的通信接口功能　早期的数控系统仅有 RS-232C 接口,以后又有了 DNC、RS-422（RS-485）等高速远距离传输接口。FANUC 15、SIEMENS 840 D 等系统还具有制造自动化协议（manufacturing automation protocol,MAP）接口,可连接到 MAP3.0 的局域网络（LAN）上,以适应 FMS 或 CIMS 的需要。

（7）系统的开放性　目前,以个人计算机为平台的开放式数控系统有了很大的发展,数控系统生产厂家都在进行控制系统的研究。例如:SIEMENS 的数控系统具有开放式"原始设备制造商（original equipment manufacturer,OEM）"程序、FANUC 等公司的数控系统引入了"用户特定宏程序"。此外,推出了人机通信功能（man machine communication,MMC）,或称为人机控制功能(machine controller)。MMC 由高性能的硬件和软件组成,有很强的图形处理和数据处理功能;另外,它提供数控系统的子程序,使得机床厂家和用户能够开发自身专用的软件,自动生成 NC 数据,通过高速接口传送到数控系统;也可以利用 MMC 和 PLC 的高速接口在机床操作和排序方法上加上最适合于该数控机床的新功能;而且还可同时并行处理有关 MMC 与数控软件的功能。理想的开放系统为数控软件、硬件可重组和可添加的系统,这就要求具有统一的软、硬件规范化标准。目前,美、日及欧洲各国的开放数控系统计划正在执行中,已有样机产品。

(8)可靠性与故障自诊断 数控系统的可靠性是一个十分重要的指标,一般都以平均无故障时间(mean time between failures,MTBF)来衡量,国外有的系统达到 10 000 h,国内自主开发的数控系统能达到 3 000~5 000 h。数控系统还应缩短修复时间,即维修性能要好,要有自诊断功能,良好的检测方法,快速确定故障部位,达到及时更换模块的效果。一般数控系统都具有软件、硬件的故障自诊断程序,这有助于快速确定故障部位并排除;有的数控系统还具有远程诊断服务功能。

1.3 数字控制的特点和应用

1.3.1 数控机床的加工特点

随着科学技术的不断进步,数控技术不仅用于金属切削机床,同时还用于其他的机械设备,如坐标测量机、机器人、激光切割机、电火花切割机、编织机、剪裁机和木工机械等。

采用数控技术的金属切削机床具有许多优点,主要包括以下几个方面。

(1)提高了零件的加工精度和同一批零件尺寸重复精度,保证了加工质量的稳定性。

(2)具有较高生产率,与普通机床相比,生产率大致可提高 2~3 倍。

(3)增加了设备的柔性,可以适应不同品种、规格和尺寸的零件加工。

(4)减轻了工人的劳动强度,同时也改善了劳动条件。

(5)具有较高的经济效益。这是因为数控机床能一机多用,代替多台普通机床,减少工序间工件运输时间,节省厂房面积,减少夹具数量。

(6)能加工普通机床所不能加工的复杂型面。

(7)有助于进行质量控制。

(8)可向更高级的制造系统发展。

1.3.2 数字控制技术的应用范围

1. 数控技术在金属切削机床中的应用

数控技术在金属切削机床上应用得最多。除了在通用机床上实现数控化外,随着生产技术的发展,国内外出现了多种类型四轴、五轴联动的加工中心,工件在一次装夹中完成多工序加工,极大提高了生产率和加工精度。

根据数控机床用途的不同,大致可以分为以下几类。

1)普通数控机床

这类数控机床的主要性能和结构与相应的通用机床类似,但数控化后提高了自动化程度,功能有所扩展,结构也有所改进。属于这类的数控机床有如下一些。

（1）数控车床　数控车床主要用于轴类和盘类回转体的零件加工。利用数控系统中的插补器可加工有曲面的回转体工件；此外，还可自动选择主轴转速和转塔刀架上的刀具。

（2）数控铣床　数控铣床主要用于较复杂的平面、曲面和壳体类零件的加工，如各种模具、样板、凸轮和箱体类等的加工。这类铣床的数控系统可实现三轴联动，因而可以加工立体曲面等零件。较简单的有 2.5 轴联动，其中两轴完成运动轨迹的控制，第三轴作逐步进刀（点位控制），不能同时与其他两轴联动。

（3）数控钻床　数控钻床适用于以钻孔为主的工序加工，例如印制电路板的钻孔等。它能自动按程序规定的孔坐标进行钻孔。主轴的进刀和退刀运动一般也由程序控制。

（4）数控磨床　数控磨床主要用于多品种、小批量的自动加工，其中有数控外圆磨床、数控平面磨床和数控坐标磨床等。有些磨床还配备有数控成形砂轮修整器，以磨削成形工件，提高精度和生产率。

（5）数控齿轮机床　数控齿轮机床用来加工渐开线齿轮、摆线齿轮及有特殊要求的齿状零件，主要有数控插齿机、数控滚齿机等。

　　2）加工中心

有些复杂零件的加工工序较多，希望能在工件一次装夹中进行自动换刀，并进行诸如钻孔、镗孔、攻螺纹等加工，以保证零件加工表面的相对位置准确。所以，这类零件可在加工中心上加工。加工中心主要有两类：一类是在铣床基础上发展起来的，称为铣削加工中心；另一类是在车床基础上发展起来的，称为车削加工中心。

（1）铣削加工中心　铣削加工中心主要用于箱体类零件成形曲面，如模具、螺旋桨等的加工。为了加工复杂曲面，需采用高档数控系统以实现三至五轴坐标联动。图 1.12 所示为五坐标铣削加工中心，这类加工除了有沿 X,Y,Z 轴三个方向的移动外，还有刀具绕 X 轴回转运动 A 和工件绕 Y 轴回转运动 B，这种铣削加工中心还有备用刀库，刀库中备用几十把刀具，刀具上有可识别的编码，根据加工程序的规定，利用机械手自动交换所需刀具。为了减少装卸工件的辅助时间，有的较大型的铣削加工中心采用可交换工作台，此工作台还可通过传送运输机构送到下道工序的机床上。

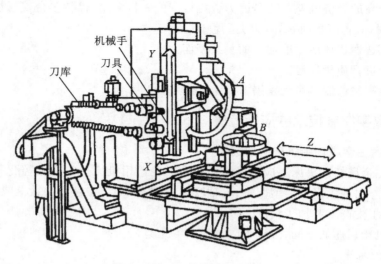

图 1.12　五坐标铣削加工中心

（2）车削加工中心　车削加工中心主要用于加工轴类零件。它的主轴也可进行伺服控制，即所谓 C 轴控制，所以除了能进行车削加工外，还可在零件的端面和圆周上进行钻削、铣削和攻螺纹等加工，也可以在端面上铣出曲面或在圆柱面上铣出凸轮槽。车削加工中心也设有刀库，配置带动力或不带动力的刀具。一般使用机械手上、下料。

目前，在加工中心上，都配有较高档的数控系统。除了联动控制的坐标轴较多（四至五）外，还具有各种补偿功能，可减小加工误差；同时有的数控系统还具备自动编程系统，以提高编程速度。

2. 数控技术在电火花加工机床中的应用

数控电加工机床主要有两类：数控电火花成形机床和数控线切割机床。电火花加工是直接利用电能对零件进行加工的一种方法，其加工原理是：当工具电极与工件电极在绝缘体中靠近到一定距离时，形成脉冲放电，在放电通道中瞬时产生大量热能，使工件局部金属熔化甚至气化，并在放电爆炸力的作用下，把熔化的金属抛出，达到蚀除金属的目的，使被加工零件获得工具电极的对称形状，并达到加工的尺寸精度、表面粗糙度和生产率的要求。这类机床主要用来加工模具、难加工材料等。

1）数控电火花成形机床

图 1.13 所示为数控电火花加工原理。工件固定在工作台上，工具电极固定在主轴上。在数控系统的控制下，在工具电极与工件之间维持一个可发生火花放电的间隙。

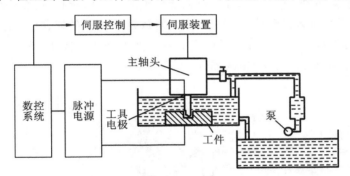

图 1.13　数控电火花成形加工原理

脉冲电源发出频率较高的单向脉冲电流以产生电火花。火花放电对工件产生蚀除作用，在工件上加工出形状近似工具电极的型腔。

数控系统除了对主轴头的运动轨迹进行控制外，还可对电火花加工过程进行适应控制。数控系统对加工过程中检测出的信号进行识别和处理。例如，系统可根据加工间隙状态随时修改脉冲电源输出的电参数，使之达到最佳的加工过程。此外，它还具有自诊断功能，对异常现象进行报警。

2）数控电火花线切割机床

图 1.14 所示为数控线切割机床工作原理。工件固定在工作台上，工作台由数控系统进行控制，实现所需的运动轨迹。电极丝沿导轮运动。电极丝和工件之间保持适当间隙。脉冲电源发出频率较高的脉冲电流产生电火花。在电火花的蚀除作用下，加工出符合各种形状要求的工件。其他部分的作用与电火花成形机床类似。

与数控电火花成形机床一样。线切割数控系统除了能对工作台进行精密位置控制外，还可对电极丝位置进行自动校正、自动对位，以及对脉冲电源的电参数、电极丝的张力等进行适

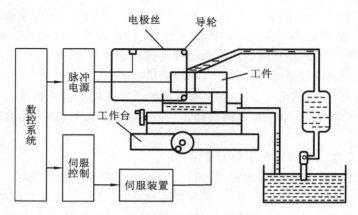

图 1.14　数控线切割机床工作原理

应控制,以提高加工质量和生产率。

3. 数控技术在工业机器人中的应用

　　工业机器人(industrial robot)是一种能模拟人的手、腕和臂等部分动作,按照预定的运动轨迹、动作等要求编成程序,实现抓取、搬运工件或操纵工具的自动化装置。工业机器人可以在改善劳动条件、保证生产安全、提高产品质量和生产率等方面起重要作用。它主要用在机械制造业的生产线上装卸料和装配等方面;也在诸如喷漆、喷砂、焊接等恶劣的工作环境下进行工作,甚至在人类无法进入的环境(如深水作业、对放射性物质的操作、太空作业等)下进行工作。发展工业机器人对国民经济和科学研究有着重要的作用。图 1.15 所示为一工业机器人系统。它由执行机构、动力部分和控制部分等组成。

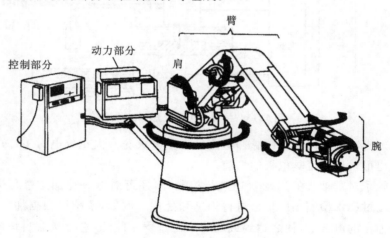

图 1.15　工业机器人系统

　　(1)执行机构　　执行机构由机械结构、驱动装置等组成,能模仿人臂的动作,如肩膀的转动、手臂的摆动、肘部的伸缩、腕关节的仰俯和摇摆等。如果装上爪部就可以抓握工具和物件。执行机构可以由液压、气动或伺服电动机等驱动。

　　(2)动力部分　　动力部分向执行机构的驱动装置提供动力,使执行机构在驱动元件的作用下实现动作。

　　(3)控制部分　　控制部分由计算机数控系统构成,是工业机器人的指挥系统,它控制机器人按规定的程序运动,并可记忆各种指令信息(如动作顺序、运动轨迹、运动速度等),向各驱动装置发出指令,使工业机器人完成规定的动作。必要时还可以对工业机器人的动作进行监视,当该动作出错或发生故障时发出报警信号。

(4) 检测传感系统　检测传感系统主要用来检测工业机器人执行机构的运动位置和状态,并将信息反馈给控制部分,与指令信息比较,然后发出信号纠正误差,使工业机器人的执行机构达到预定的位置和状态。

(5) 感觉系统　感觉系统主要赋予工业机器人类似人的五官感觉功能,以实现机器人对工件的自动识别和适应性操作。

由上述可知:工业机器人所用的控制方法、执行元件、检测元件等与数控机床类似,只不过由于机械结构、运动方式和用途的不同,形式上有所区别。例如:同样是位置控制,数控机床主要是沿直线坐标的坐标轴移动或转动;而工业机器人主要是绕各关节的转动,或沿某些轴的移动,且多用极坐标;工业机器人用的编程语言在形式上也与机床数控系统不同。此外,有的工业机器人还配有更高级的人工智能系统。

4. 数控技术在三坐标测量机中的应用

三坐标(或多坐标)测量机用来检测箱体、成形零件、模具及其他复杂的零件。在汽车、机床、家电等行业用得较多。它常与数控机床配套使用,用来测量在数控机床上加工的零件的位置、尺寸和形状误差。

三坐标测量机主体结构形式较多,常见的一种如图 1.16 所示,它的运动方式与数控机床相类似,不过 Z 轴上不是装着刀具,而是装着测量头。

三坐标测量机的控制系统的框图如图 1.17 所示。测量时,当测头碰到工件上各个测点时,测头发出采样信号,此时的坐标位置由位置传感器(常用光栅编码器)通过反馈单元传送给计算机。计算机将采样得到的数据进行处理,得出误差值。计算机处理的内容大致有:选定基准;运动控制;根据规定程序对各测点的数据进行计算并得出误差值。

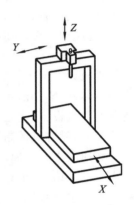

图 1.16　测量机示意图

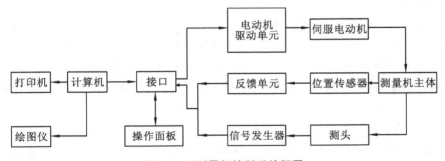

图 1.17　测量机控制系统框图

一般来说,三坐标测量机配置有许多软件,如:通用程序、编辑程序、统计程序、曲线测量程序、凸轮测量程序和表面测量程序等。

数控技术除了以上应用外,还有在数控折弯、数控弯管、数控激光机、数控火焰切割机及现代制造系统中的应用等,这里不再赘述。

1.4　机床数控技术的现状及发展

1.4.1　机床数控制技术的现状

数控机床起源于美国。20 世纪 40 年代,随着喷气式飞机和导弹工业的迅速发展,原来的机械加工设备已无法承担航空工业需要的精度较高、形状复杂的零件加工任务。1948 年,美国帕森斯(Parsons)公司与美国空军签订合同,研制一种柔性的控制系统,希望装备有这种控制系统的机床能在规定的精度下达到最高的生产效率,在变更加工零件时工装夹具的变换不要花费太多时间,并且要适合于中、小批量零件的生产。于是,帕森斯公司和麻省理工学院(MIT)伺服机构研究所合作,于 1952 年研制成功了世界上第一台数控机床——三坐标立式铣床,可控制铣刀进行连续空间曲面的加工,从而揭开了数控技术发展的序幕。数控技术很快从美国推广到欧洲等国和日本。

数控机床具有极大的优越性,在国际竞争日益激烈,产品品种变化频繁的形势下,各国都致力于开发生产各种数控机床,机床的数控化率不断提高。数控机床的类型已从最初的数控铣床类,发展到如今金属切削类、金属成形类、特种加工类和特殊用途类数控机床,其品种达千余种。

数控机床综合了计算机、自动控制、精密测量、机床制造及其配套技术的成果,成功解决了现代产品多样,零件形状复杂,产品研制生产周期短,精度和零件一致性要求高的难题,是现代制造业的主流设备,也是关系国计民生及国防建设的战略物资。

近年来,随着机械制造装备的发展,带有刀库和自动交换刀具装置的数控机床——加工中心的发展速度十分迅速。相继出现双托盘和多托盘自动工件交换的加工中心和柔性制造单元(flexible manufacturing cell,FMC),它是由多台加工中心、物料系统、工业机器人及相应信息流和计算机主控系统组成的柔性制造系统(flexible manufacturing system,FMS),可实现 24 h 连续运行。同时,通过办公自动化(office automation,OA)和 FMS 集成,可进一步实现工厂自动化(factory automation,FA)。由此可见,这些已改变了传统制造模式,使得制造业朝着自动化、柔性化、集成化方向发展。

我国从 1958 年开始研制数控机床,到 20 世纪 70 年代末生产了 4 000 余台数控机床,其中 86% 是数控线切割机床。1980 年以来,随着我国实行改革开放,引进了日本、美国等先进的数控技术,开始批量生产数控系统和伺服系统,使我国数控机床在质量、性能上有了很大提高。到 1989 年底,我国生产的数控机床已达到 300 余种,一些较高档次的五轴联动控制系统也已开发出来,从 20 世纪 90 年代起,我国已向制造高档数控机床方向发展,有力促进了数控技术的飞速发展。

当前,我国机械工业正处于产品数字化发展时期,全世界的机械工业也正处于产品数字化发展时期。正如中国工程院院长周济院士指出:对于中国机械工业来说,经过我们自身的艰苦奋斗,一定能够在较短的时间内完成这一场变革,完成向"数控一代"的进军,这是中国机械产品设计换代的最佳机遇,是中国机械工业跨越式发展的最佳机遇。数控机械产品的市场需求越来越旺盛,企业产品创新积极性越来越高涨。我国现在面临的形势是:一是要将数控技术广泛应用于中、低档机械产品,以提高产品的市场竞争力;二是要攻克高端数控机械产品,以满足经济、社会、国防等方面日益提高的需求。经过多年来对数控技术的持续攻关,特别是由于电机技术、功率器件技术、控制技术、计算机技术的突破性进展,我国的数控产业已经基本形成,国产经济型数控系统已主导国内市场,中档数控系统形成了产业规模,高档数控系统也已经掌握关键技术。我国的数控技术已经发展到了技术成熟、质量可靠的阶段,全面推广应用的条件已经成熟。同时,我们在人才队伍和应用示范方面已具备了良好的基础。

1.4.2 机床数控制技术的发展趋势

随着生产技术的发展,对数控技术及其产品的性能要求越来越高。产品的改型频繁,多品种,中、小批量生产方式的企业越来越多,这就要求现代数控机床具有高效率、高柔性、低成本等优点,以满足生产发展的需要。另外,以数控机床和数控系统的发展作为基础,也促进了机械制造业向着高技术集成系统等更高层次发展,例如 FMS、CIMS 等,使机械制造业的技术水平提高到一个崭新的阶段。现代数控机床及其数控系统,目前大致向以下几个方面发展。

1. 数控装置

(1)向高速度、高精度方向发展 随着数控机床向高速度、高精度方向发展,数控装置要能高速处理输入的指令数据并计算出伺服机构的位移量,而且要求伺服电动机能高速作出反应。目前高速主轴单元(电主轴)转速已达 15 000～100 000 r/min;进给运动部件不但要求高速度且具有高的加、减速功能,其快速移动速度达 60～120 m/min,工作进给速度已高达 60 m/min 以上。微处理器芯片的迅速发展,为数控系统采用高速处理技术提供了保障。由于运算速度的极大提高,在分辨率为 0.1 μm、0.01 μm 状况下仍能获得很高的进给速度和快移速度(100～240 m/min)。

(2)向基于个人计算机(PC)的开放式数控系统发展 由于 PC 机具有良好的人机界面,软件资源特别丰富,相应的 Windows,Windows NT 界面更加友好,功能更趋完善,其通信功能、联网功能、远程诊断和维修功能将更加普遍。更重要的是个人计算机成本低廉,可靠性高。日本、美国及欧盟等国家正在开放式的个人计算机(PC)平台上进行"开放式数控系统"的研究,包括标准、结构、编程、通信、操作系统及样机的研制等。

(3)配置多种遥控接口和智能接口 系统除配置 RS-232C 串行接口、RS-422 等接口外,还有直接数控(direct numerical control,DNC,也称群控)接口。为适应网络技术的需要,许多数控系统还带有与工业局域网络(LAN)通信的功能,而且近年来不少数控系统还带有 MAP 等高级工业控制网络接口,以实现不同厂家和不同类型机床联网的需要。

(4)具有很好的操作性能 数控系统具有"友好"的人机界面,普遍采用薄膜软按钮的操作面板,减少指示灯和按钮数量,使操作一目了然。大量采用菜单选择操作方式,使操作越来越方便。显示技术大大提高,彩色图像显示已很普遍,不仅能显示字符、平面图形,还能显示三维图形,甚至显示三维动态图形。

(5)数控系统的可靠性大大提高 大量采用高集成度的芯片、专用芯片及混合式集成电路,提高了硬件质量,减少了元器件数量,这样降低了功耗,提高了可靠性。新型大规模集成电路采用表面贴装技术,实现了三维高密度安装工艺。元器件经过严格筛选,建立由设计、试制到生产的一整套质量保证体系,使得数控系统的平均无故障时间达到 10 000～36 000 h。

2. 伺服驱动技术

伺服驱动技术是数控技术的重要组成部分。伺服系统与数控装置相配合,其静态、动态特性直接影响机床的位移速度、定位精度和加工精度。现在,直流伺服系统被交流数字伺服系统所取代;伺服电动机的位置环、速度环及电流环都实现了数字化,并采用了新的控制理论,实现了不受机械负荷变动影响的高速响应系统。伺服系统主要新技术如下。

(1) 前馈控制技术　　过去的伺服系统是把检测器信号与位置指令的差值乘以位置环增益作为速度指令。这种控制方式总是存在着跟踪滞后误差,使得在加工拐角及圆弧时加工精度恶化。所谓前馈控制是指在原来的控制系统上加上速度指令的控制方式,这样使伺服系统的跟踪滞后误差大大减小。

(2) 机械静止摩擦的非线性控制技术　　对于一些具有较大静止摩擦的数控机床,新型数字伺服系统具有补偿机床驱动系统静摩擦的非线性控制功能。

(3) 软件控制　　伺服系统的位置环、速度环和电流环均采用软件控制,如数字调解和矢量控制等。为适应不同类型的机床,不同精度和不同速度要术,可预先调整加、减速性能。

(4) 高分辨的位置检测装置　　如高分辨率的脉冲编码器,内有微处理器组成的细分电路,使得分辨率大大提高,增量位置检测为 10 000 P/r(脉冲数/转)以上;绝对位置检测为1 000 000 P/r以上。

(5) 补偿技术的发展和应用　　现代数控系统都具有补偿功能,可以对伺服系统进行多种补偿,如丝杠螺距误差补偿、齿侧间隙补偿、轴向运动误差补偿、空间误差补偿和热变形补偿等。

3. 机械结构技术

为适应数控技术的发展,数控机床的机械结构也发生了很大的变化,即体积小、结构紧凑、占地面积小,并更多地采用机电一体化结构。为了提高自动化程度,数控机床采用了自动交换刀具,自动交换工件,主轴立、卧自动转换,工作台立、卧自动转换,主轴带 C 轴控制,万能回转铣头,以及数控夹盘、数控回转工作台、动力刀架和数控夹具等。为了提高数控机床的动态特性,伺服系统和机床主机进行很好的机电匹配。下面主要简述有关滚动直线导轨、滚珠丝杠和电主轴的发展趋势。

1) 滚动直线导轨

(1) 规格不断延伸　　随着滚动直线导轨应用领域的不断扩大,产品规格得到了充分扩展。如日本 THK 公司在 2009 年的欧洲机床展上推出最小规格的导轨 LWL1,导轨宽度仅 1 mm;最大规格导轨宽度达 250 mm,可用于港口机械。

(2) 承载能力不断加大　　为了提高产品的承载能力,各公司大力发展滚柱导轨。如日本 THK 公司的 250 滚柱导轨,单只滑座的承载能力达到了几十吨,可用于港口装载机械与高层建筑物的减震系统。为了满足小型机械高刚度的要求,日本 IKO 公司则推出了 15 规格的滚柱导轨。德国 INA 公司的产品还配置了液压夹紧机构,以提高运动副接触刚度。

(3) 运动速度不断提高　　随着高速数控机床的发展,要求工作台的移动速度达到120 m/min,而随着直线电动机等高速驱动技术的发展,要求导轨的运动速度可达到 150 m/min,甚至 200 m/min 以上,日本 THK 公司和精工株式会社(NSK)开发出了速度为 250 m/min 的产品。

(4) 静音导轨　　随着运动速度的不断提高,对导轨的振动与噪声性能提出了更高的要求。各公司均推出了高速静音导轨,滚动体循环系统设置了隔离链,兼有减振、降噪声及润滑功能。INA 公司的产品则配置了阻尼系统,有效地降低了振动。

(5) 环保产品层出不穷　　为了提高润滑效果,提高润滑液的利用率,THK、NSK 公司推出了自润滑导轨,利用经过处理的树脂材料制成自润滑装置,可保证两年使用期或运行 50 000 m 的润滑效果。

2）滚珠丝杠

纵观各国滚珠丝杠副现状，今后滚珠丝杠发展趋势如下。

（1）高速、重载、低噪声、低温升、自润滑和高可靠性是滚珠丝杠副的主要发展方向。

（2）特殊行业用滚珠丝杠副，如在木工机械、医疗机械、食品机械、真空环境、核电、铁路、机器人等行业的应用是滚珠丝杠副发展的重要方面。

（3）新工艺、新材料是滚珠丝杠副进一步发展的保障，如丝杠的冷轧技术、材料的稳定性及材料热处理等。

3）电主轴

（1）继续向高速度、高刚度方向发展　随着主轴轴承及其润滑技术、精密加工技术、精密动平衡技术、高速刀具及其接口技术等相关技术的发展，数控机床用电主轴高速化已成为目前发展的普遍趋势。如钻、铣用电主轴，瑞士 IBAG 的 HF42 电主轴的转速达到 140 000 r/min，英国 West Wind 的 PCB 钻孔机电主轴 D1733 更是达到了 250 000 r/min；对于加工中心用电主轴，瑞士 FISCHER 的电主轴最高转速达到 42 000 r/min，意大利 CAMFIOR 的电主轴达到了 75 000 r/min。在电主轴的系统刚度方面，由于轴承及其润滑技术的发展，电主轴的系统刚度越来越高，满足了数控机床高速、高效和精密加工发展的需要。

（2）向高速大功率、低速大转矩方向发展　根据实际使用的需要，数控机床需要同时满足低速粗加工时的大切削量切削和高速切削时精加工的要求。如意大利 CAMFIOR、瑞士 Step-Tec、德国 GMN 等制造商生产的加工中心用电主轴，低速段输出转矩达 200 N·m，德国 CYTEC 的数控铣床和数控车床用电主轴的最大转矩更是达到了 630 N·m。在高速段大功率方面，CYTEC 的电主轴的最大输出功率为 50 kW；瑞士 Step-Tec 的电主轴最大功率更是达到 65 kW。

（3）进一步向高精度、高可靠性和延长工作寿命方向发展　用户对数控机床的精度和使用可靠性提出了更高的要求，这样对电主轴的精度和可靠性的要求越来越高，如主轴径向跳动要在 0.001 mm 以内、轴向定位精度要达到 0.000 5 mm 以下。同时，由于采用了特殊的精密主轴轴承、先进的润滑方法及特殊的预载荷施加方式，电主轴的寿命相应得到了延长，其使用可靠性也越来越高。瑞士 Step-Tee 的电主轴则加装了加速度传感器，安装了振动监测模块，以延长电主轴的工作寿命。

（4）电主轴的内装电动机性能和形式多样化　为满足实际应用的需要，电主轴中的电动机的性能得到了改善，如瑞士 FISCHER 的主轴电动机输出的恒转矩高转速与恒功率高转速之比（即恒功率调速范围）达到了 1∶14。永磁同步电动机的出现，提高于功率密度，满足了电主轴小尺寸、大功率的要求。

（5）向快速启、停方向发展　为缩短辅助时间，提高效率，要求数控机床电主轴的启、停时间越短越好，因此需要很高的启动和停机加（减）速度。目前，国外机床电主轴的启、停加（减）速度可达到 1g 以上，全速启、停时间在 1 s 以内。

（6）轴承及其预载荷施加方式、润滑方式多样化　除了常规的钢制滚动轴承外，近年来，陶瓷球混合轴承得到了广泛的应用。润滑方式有油脂、油雾、油气等。由于油气润滑方法具有适应高速、环保节能的特点，故得到越来越广泛的推广和应用。滚动轴承的预载荷施加方式除了刚性预载荷（又称定位预载荷）、弹性预载荷（又称定压预载荷）之外，又发展了一种智能预载荷方式，即可以根据主轴的转速、负载实际工作状况控制预载荷的大小，使轴承的支承性能更加优良。在非接触形式轴承支承的电主轴方面，如磁悬浮轴承、气浮轴承电主轴（瑞士 IBAG

等)、液浮轴承电主轴(美国 Ingersoll 等)等已经有系列商品供应。

(7) 刀具接口逐步趋于 HSK、Capto 刀柄技术　高速机床由于离心力作用,传统的 BT/CAT(7∶24)刀柄结构已经不能满足使用要求。HSK 刀柄具有突出的静态和动态连接刚度,传递扭矩能力大、刀具重复定位精度高,特别适合在高速、高精度情况下使用。因此,HSK 刀柄接口已经广泛为高速电主轴所采用(如瑞士的 IBAG、德国的 CYTEC、意大利 CAMFIOR 等)。近年来,由 SANDVIK 提出的 Capto 刀具接口也开始在机床行业得到应用。

(8) 向多功能、智能化方向发展　所谓多功能是指有角向停机精确定位(准停)、C 轴传动、换刀中空吹气、中空通冷却液、轴端气体密封、低速转矩放大、轴向定位精密补偿、换刀自动动平衡技术等。智能化主要表现在各种安全保护和故障监测诊断措施上,如换刀联锁保护、轴承温度监控、电动机过载和过热保护、松刀时轴承卸载保护、主轴振动信号监测和故障异常诊断、轴向位置变化自动补偿、砂轮修整过程信号监测和自动控制、刀具磨损和损坏信号监控等。Step-Tec 电主轴具有诊断模块,维修人员可通过红外接口读取数据,识别过载,统计电主轴工作寿命。

4. 计算机辅助自动编程技术

数控编程技术是实现数控加工的主要环节,数控编程技术至今已经历了手工编程、语言自动编程(automatic programmable technology,APT)和交互式图形自动编程(CAD/CAM)三个阶段。当前其发展趋势如下。

(1) 脱机编程发展到在线编程　传统的编程是脱机进行的,由人工、计算机及编程机来完成,然后再输入给数控装置。现代的数控装置有很强的存储和运算能力,能把很多自动编程机具有的功能移植到数控装置中来,在人工操作键盘和彩色显示器的作用下,以人机对话方式在线进行编程,并具有前台操作、后台编程的功能。

(2) 具有机械加工技术中的特殊工艺和组合工艺方法的程序编制功能　除了具有圆切削、固定循环和图形循环外,还有宏程序设计、子程序设计功能及会话式自动编程、蓝图编程、实物编程功能。

(3) 编程系统由只能处理几何信息发展到几何信息和工艺信息同时处理的新阶段　新型的数控系统中装入了小型工艺数据库,使得在线程序编制过程中可以自动选择最佳切削用量和适合的刀具。

(4) 典型的 CAD/CAM 软件　目前国内市场上流行的 CAD/CAM 软件均具备交互图形编程功能,但软件的功能和操作风格、便捷程度有所区别。主要有:北京北航海尔软件公司研制的 CAXA 制造工程师,美国 CNC Software 公司推出的基于 PC 平台的 Master CAM,美国 PTC 公司研制开发的 Pro/Engineer 和美国 UGS(Unigraphics Solutions)公司开发的 UG 软件。其中国产 CAXA 制造工程师软件以易学易用、高性价比的特色,成为国内工科院校优秀的教学软件。

5. 向智能化方向发展

随着人工智能在计算机领域的不断渗透和发展,数控系统的智能化将不断提高。

(1) 应用自适应控制(adaptive control)技术　数控系统检测加工过程中的一些重要信息,并自动调整系统的有关参数,达到改进系统运行状态的目的。

(2) 引入专家系统　将熟练工人和专家的经验、加工的一般规律与特殊规律存入系统中,以工艺参数数据库为支撑,建立具有人工智能的专家系统。当前已开发出模糊逻辑控制和带自学习功能的人工神经网络的数控系统和其他数控加工系统。

（3）引入故障诊断专家系统。

（4）引入智能化伺服驱动装置　可以自动识别负载而自动调整参数,使驱动系统获得最佳的运行状态。

思考题与习题

1.1　什么叫做机床的数字控制? 什么是数控机床? 机床的数字控制原理是什么?

1.2　数控机床多用于什么场合? 它有哪些优点?

1.3　计算机数控有哪些特点?

1.4　数控机床是由哪几部分组成? 数控装置有哪些功能?

1.5　简述数控系统是如何分类的? 它们之间有什么区别?

1.6　闭环控制系统有什么特点? 它的工作原理是怎样的?

1.7　半闭环控制系统与闭环控制系统相比,有什么特点?

1.8　何谓点位控制、直线控制和轮廓控制?

1.9　何谓最小设定单位? 它还可称为什么?

1.10　适应控制系统与闭环控制系统有什么区别?

1.11　数控机床有哪几类? 各自的使用范围是什么?

1.12　加工中心与其他数控机床相比,有什么特点?

1.13　数控技术除应用于金属切削机床外,尚可用于什么设备?

1.14　工业机器人由哪几部分组成? 它有什么用途?

1.15　现代数控系统采用几位的 CPU?

1.16　现代数控机床目前大致向哪几个方向发展?

1.17　现代数控机床的伺服系统有什么新进展?

1.18　数控技术的主要发展方向是什么?

1.19　名词解释:插补、分辨率、加工中心、联动控制、CNC、DNC、FMS、CIMS。

第 2 章　数控机床加工程序的编制

数控机床是由数控系统来控制的,数控系统根据零件加工程序来控制机床的运动和加工过程。零件加工程序是控制机床加工的源程序,它提供了零件加工时机床的运动和加工过程的全部信息,主要有加工过程的主运动(主轴转向和转速)、进给运动(各坐标轴的运动方向、速度、行程)及机床加工辅助动作(工件的夹紧、松开,刀具的选择、更换,切削液的打开和关断及排屑等)。

零件加工程序已采用了标准化的语言指令和格式,大家都用这些标准化的语言指令和格式编程。但为今后技术进一步发展留有余地,有些语言指令尚未标准化。对这些没有标准化的语言指令和格式,各生产厂家略有不同。本书所介绍的语言指令及格式以 FANUC 系统为例。不同类型数控系统,不同厂家生产的数控装置语言指令基本相同,只有个别略有不同,因此在实际应用时,编程人员一定要参考所用数控装置的编程说明书。

2.1　数控机床加工程序编制的方法和步骤

2.1.1　数控机床加工程序编制的方法

生成用于数控机床进行零件加工的数控程序的过程称为数控编程。数控编程是数控加工的一项重要的前期工作,理想的加工程序应能保证加工出符合零件图样要求的合格工件,同时能使数控机床的功能得到合理的应用与充分的发挥。

数控编程的方法有手工编程和自动编程。

手工编程是指编制零件数控加工程序的各个步骤,即从零件图样分析、工艺分析、确定加工路线和工艺参数、几何计算、编写零件数控加工程序单直至程序的检验,均由人工完成的编程方法。对于点位加工和几何形状比较简单的零件,数控编程计算简单,程序段不多,手工编程即可实现。但对轮廓形状不是由简单的直线、圆弧组成的复杂零件,特别是空间复杂曲面,以及几何元素虽不复杂,但程序量很大的零件,计算及编写程序则相当繁琐,工作量大,容易出错,且校对困难,采用手工编程难以完成或根本就无法实现。因此,为了缩短生产周期,提高数控机床的利用率,有效地解决各种复杂零件的加工问题,采用手工编程已不能满足要求,必须采用自动编程方法。

自动编程是指使用计算机辅助完成零件程序的编程方法。采用计算机辅助编程需要一套专用的数控编程软件。现代数控编程软件主要分为以批处理命令方式为主的各类的 APT 语言和以 CAD 软件为基础的交互式 CAD/CAM-NC 集成编程系统.

1. APT 语言自动编程

APT 是一种自动编程工具(automatically programmed tool)的简称,APT 是一种对工件、刀具的几何形状及刀具相对于工件的运动等进行定义时所用的一种接近于英文自然语言的符号语言。把用 APT 语言书写的零件程序输入计算机,经计算机的 APT 语言编程系统编译产生刀位文件,然后进行数控后置处理,生成数控系统能接受的零件数控加工程序的过程称为

APT 语言自动编程。

采用 APT 语言自动编程,就可实现用计算机代替编程人员完成繁琐的数值计算工作,并省去了编写程序的工作量,因而可将编程效率提高数倍到数十倍,同时解决了手工编程中无法解决的许多复杂零件的编程难题。目前 APT 已被基于图形交互,用户界面友好的 CAD/CAM 集成系统自动编程代替。

2. CAD/CAM 集成系统自动编程

CAD/CAM 集成系统自动编程是以待加工零件 CAD 模型为基础的一种集加工工艺规划及数控编程为一体的自动编程方法。

CAD/CAM 集成系统自动编程的主要特点是,零件的几何形状可在零件设计阶段采用 CAD/CAM 集成系统的几何设计建模模块在图形交互方式下进行定义、显示和修改,最终得到零件的几何模型(可以是表面模型,也可以是实体模型)。数控编程的一般过程包括刀具的定义或选择、刀具相对零件表面的运动方式定义、切削加工参数的确定、走刀轨迹的生成、加工过程的动态图形仿真显示、程序验证直到后置处理等。一般都在屏幕菜单及命令驱动等图形交互方式下完成,具有形象、直观和高效等特点。

2.1.2　数控机床加工程序编制的步骤

数控机床编程的主要内容有:零件图样分析,工艺处理,几何计算,编写程序、程序检验及首件试切。

数控机床加工程序编制的具体步骤如下。

1. 零件图样分析

首先根据零件图样,分析零件的几何形状、尺寸,位置关系及技术要求,根据毛坯形状明确加工内容及技术要求,选择合适的加工机床。

2. 工艺处理

工艺处理的主要内容有确定零件的加工方案,加工顺序,选择或设计夹具、刀具,确定合理的走刀路线,选择合理的切削用量等工艺参数,选择合理的对刀点和换刀点。

3. 几何计算

数控编程时,为了利用数控指令描述加工零件的轮廓,需要根据零件图形及加工精度进行一些几何计算,计算内容主要有基点计算、节点计算、刀位轨迹计算、增量计算、辅助程序计算等。

一个零件的轮廓往往由许多不同的几何元素组成,如直线、圆弧、二次曲线及其他类型的曲线等,各几何元素间的连接点(交点、切点)称为基点。数控机床一般只有直线和圆弧插补功能,对于由直线和圆弧组成的平面轮廓,编程的要点是求各基点的坐标,根据基点的坐标,就可以编写成直线和圆弧的加工程序。

基点的计算比较简单,选定工件坐标系后,应用几何、三角关系就可以计算出各基点坐标。为了减少基点计算工作量,可以应用 CAD 软件绘制零件图形,利用图形确定其基点的坐标值。

由于数控机床一般只有直线和圆弧插补功能,因此在只有直线和圆弧插补功能的数控机床上加工除直线和圆弧之外的曲线时,必须用直线或圆弧逼近该曲线,如图 2.1 所示,即将轮廓曲线按编程允许的误差分割成许多微

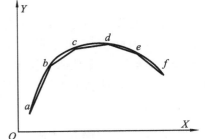

图 2.1　用直线段逼近非圆曲线

小段,由直线或圆弧逼近这些小段,逼近直线段或圆弧段与轮廓曲线的交点或切点称为节点。用直线逼近该曲线可采用等间距直线逼近法、等弦长直线逼近法、等误差直线逼近法,用圆弧逼近该曲线可采用相交圆弧逼近法、三点作圆法、相切圆逼近法。详细计算方法可参考文献[8][9]。

零件的轮廓形状是由刀具切削刃部分直接参与切削过程完成的。在大多数情况下,编程轨迹为刀具刀位点的运动轨迹,它并不与零件轮廓完全重合。但现代数控系统都具有刀具半径补偿功能,在编程时,利用刀补指令,就可以按工件轮廓编制刀具运动轨迹。这时,可直接按零件轮廓形状计算各基点和节点的坐标。

数控程序编制时,可以在绝对坐标系中编程,也可用增量方式编程,这时要进行绝对坐标数据到增量坐标数据的转换。

辅助程序的计算是指开始加工时刀具从对刀点到切入点之间,或加工完后刀具从切出点返回到对刀点之间,特意安排的刀具走刀路径的计算。

4. 程序编写

在完成工艺处理和几何计算工作后,根据数控装置规定的指令代码及程序段格式,逐段编写零件的加工程序清单。此外,还应填写有关的工艺文件,如数控加工工艺卡片、数控刀具明细表、工件的安装和零点设置卡片、数控加工程序单等。

5. 程序输入

早期的数控装置使用的控制介质一般为穿孔带,穿孔带上的代码通过纸带阅读机送入数控装置。现代数控装置可用键盘输入,还可以通过 RS-232 等接口由计算机传入到数控装置中。如需要保存程序,可拷贝到磁盘、U 盘,或刻制到光盘或录制到磁带上。

6. 程序检验及首件试切

数控加工程序必须经过检验和试切后才能正式使用。检验的方法一般采用空走刀检验,若是加工平面轮廓,还可以以笔代刀,以坐标纸代替工件,检验画出的加工轨迹是否正确。在有图形显示的数控机床上,用模拟刀具切削过程的方法检验。这些方法只能检验运动是否正确,不能检验被加工工件的加工精度,因此必须进行首件试切。首件试切时,以单段运行方式加工,随时监视加工状况,调整切削参数和状态,当发现加工精度不合格时,应分析原因,找出问题所在,给以解决。

编程人员不但要熟悉数控机床的结构、数控装置的功能和标准,而且还必须熟悉零件的加工工艺、装夹方法、刀具性能、切削用量的选择等方面的工艺知识。

2.2　数控机床加工程序编制的基础知识

为了满足设计、制造、维修和普及的需要,在输入代码、坐标系、加工指令、辅助指令及程序格式方面,国际上形成了两个通用的标准,即国际标准化组织(International Standard Organization,ISO)标准和美国电子工业协会(Electronic Industries Association,EIA)标准。我国根据 ISO 标准制定了《数字控制机床坐标和运动方向的命名》(JB 3051—1982)等国家标准。

2.2.1　数控信息代码

现代数控系统是一专用计算机系统,由于计算机采用的是二值逻辑电子器件,故其存储、运算、处理的信息只能是二进制数,因此加工程序指令中的数字、字母必须采用二进制数来表示,国际上通用的数控信息代码有 ISO 代码和 EIA 代码两种。

ISO 代码由七位二进制数及偶校验位组成,第八位用作补偶位。数控机床用的 ISO 代码是在"美国标准信息交换码(ASCII)"的基础上发展起来的,实际上是从 ASCII 代码中挑出一部分内容。由于计算机系统采用 ASCII 码,因此采用 ISO 代码十分有利于计算机交换信息。

EIA 代码除 CR(程序段结束符)外,其余不使用第八位。EIA 代码除 CR 外由六位二进制数及奇校验位组成,第五位作为补奇位。补奇和补偶位的目的是为了读入时进行校验,当 ISO 代码出现奇数个 1 或 EIA 代码出现偶数个 1 时产生报警。

2.2.2　数控加工程序结构与格式

数控加工程序可分为主程序和子程序,无论主程序还是子程序,每个程序都由程序号、程序内容和程序结束符组成。程序内容由若干程序段组成,每个程序段由序号、若干字组成,每个字又由字母和数字组成。有些字母也称为代码,它表示某种功能,如 G 代码、M 代码;有些字母表示坐标,如 X、Y、Z,还有一些表示其他功能的符号。

下面以加工图 2.2 所示两 φ20 mm 孔为例,说明零件加工程序的组成。

零件加工程序如下。

O0001；

N001 G54 S800 M03；

N002 G00 Z100.0；

N003 X20.0 Y20.0；

N004 Z3.0；

N005 G01 Z−36.0 F100；

N006 G00 Z3.0；

N007 X70.0 Y50.0；

N008 G01 X15.0；

N009 G04 X5.0；

N010 G00 Z100.0

N011 X−150.0 Y−150.0；

N012 M02；

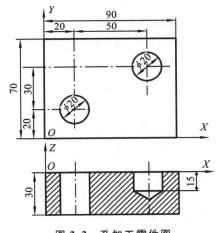

图 2.2　孔加工零件图

O0001 是程序名,放在程序开头。一般每个程序都有一个程序名,这样在存储器中就能找到该程序,FANUC 系统规定采用英文字母"O"作为程序名首字母。SIEMENS 系统以"％"作为程序名首字母。程序名是一个程序存放在存储器中的首地址标示符。

N001 程序段到 N012 程序段为程序内容,它规定了零件的数控加工过程。

N012 M02 程序段中的 M02 是程序结束符,表明一个零件加工程序结束。

程序内容由若干程序段构成,一个程序段中一般包括下列内容。

1. 程序段号

程序段号用地址符 N 和数字表示,它是程序执行的顺序号,以便操作者了解或检查程序执行情况,程序顺序号还可以用作程序段检索。数字部分应为正整数,N 与数字间,数字与数字间不允许有空格,顺序号的数字可以不连续使用,顺序号不是程序的必用字,对于整个程序,可以每个程序段都设顺序号,也可只在部分程序段中设顺序号,或整个程序中不设顺序号。

2. 准备功能

准备功能用地址符 G 和数字表示，它是用来指令机床动作方式的功能。我国 JB 3208—1983 规定了 100 个 G 代码，从 G00～G100，它与 ISO-1056-1975E 基本一致。不同的数控系统 G 代码并非一致。

3. 尺寸字

尺寸字是用来给定机床各坐标轴位移的方向和数据的。它由各坐标的地址代码、方向符号"＋""－"和绝对值的数字构成。尺寸字放在 G 代码的后面。坐标的地址代码有表示进给运动轴的 X、Y、Z、U、V、W、P、Q、R，表示回转轴的 A、B、C、D、E 和表示插补参数的 I、J、K 等。

4. 进给功能

进给功能用地址符 F 和其后的数字构成，用它来给定进给运动的速度。一般进给速度单位为 mm/min 或 mm/r，用 G99 指定的为每转进给，用 G98 指定的为每分钟进给，即在含有 G99 程序段后面，再遇到 F 指令时，则 F 所指定的进给速度为 mm/r，只有遇到 G98 指令后，G99 才被取消，系统开机状态为 G99 状态，即程序中缺省 G98、G99 时，F 指定的进给速度为 mm/r。在英制单位用英寸，G20 指定英制输入，G21 指定米制输入，系统开机状态为 G21 状态，即程序中缺省 G20、G21 时，尺寸单位为米制。

5. 主轴转速功能

主轴转速功能用地址符 S 和其后的数字构成，用它来选择主轴转速，单位为 r/min。

6. 刀具功能

刀具功能用地址符 T 和其后的数字构成，它用于更换刀具时指定刀具，刀具用刀具号表示，有时也用来表示刀具位置补偿。

7. 辅助功能

辅助功能用地址符 M 和数字表示，它用来指令机床操作的各种辅助动作和状态。我国 JB 3208—1983 规定了 100 个 M 代码，M00～M100，其中有许多不指定功能含义的 M 代码，留待修订标准时或机床厂家指定。M 代码常因机床生产厂家及机床结构的差异和规定的不同而有所差别。

8. 程序段结束符

任何一个程序段都必须有结束符号，表示程序结束。当输入程序时，一程序段结束直接回车即可，因此显示器不显示程序段结束符号。本书用";"表示程序段结束符号。

2.2.3 数控机床坐标系和运动方向

为准确地描述机床的运动，保证记录数据的互换性和程序介质的通用性，一些工业发达国家都制定了本国数控机床坐标和运动方向命名的相关标准。

1. 标准坐标系的规定

国际标准（ISO）和我国标准中规定数控机床的坐标系采用笛卡儿直角坐标系，即右手直角坐标系。如图 2.3 所示，X、Y、Z 坐标轴相互关系由右手定则决定，大拇指指向 X 轴的正向，食指指向 Y 轴的正向，中指指向 Z 轴的正向。

2. 坐标和运动方向命名的原则

为了编程人员在不知道是刀具移近工件，还是工件移近刀具的情况下，能够依据零件图样

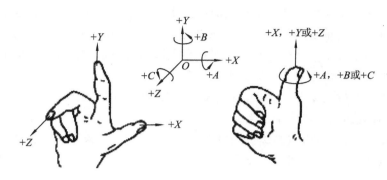

图 2.3　笛卡儿直角坐标系

来确定机床的加工过程和编制加工程序,特规定以工件为基准,假定工件不动,刀具相对于静止的工件运动的原则。

3. 机床运动部件运动方向的规定

规定与主轴轴线平行的坐标轴为 Z 轴,刀具远离工件的方向为 Z 轴的正向。如果机床上有多根主轴,则选垂直于工件装夹平面的主轴为 Z 轴(如龙门铣床);如果主轴能摆动,则选垂直于工件装夹平面的坐标轴为 Z 轴;如果机床无主轴,则规定垂直于工件装夹平面的坐标轴为 Z 轴(如刨床)。

X 轴规定为水平平行于工件装夹平面。X 轴的方向分两种情况确定:对工件旋转的机床(如车床、外圆磨床),X 轴的运动方向是径向的,与横向导轨平行,刀具远离工件旋转中心的方向为正向;对刀具旋转的机床,若 Z 轴是垂直(如立式铣床、镗床、钻床)的,则面对刀具主轴向床身立柱方向看,右手平伸方向为 X 轴正向,即 X 轴运动正方向指向右方;若 Z 轴是水平(如卧式铣床、镗床)的,则沿刀具主轴后端向工件方向看,右手平伸方向为 X 轴正向的,即 X 轴运动正方向指向右方。

在确定 X、Z 轴及正向后,Y 轴及其方向由右手定则确定。

规定绕 X、Y、Z 轴旋转的圆周进给坐标轴分别为 A、B、C 轴,A、B、C 轴的正向由右手螺旋定则判定,即伸出右手让大拇指分别指向 X、Y、Z 轴正向,其余四指握住相应的 X、Y、Z 轴,则其四指的指向就是相应旋转轴圆周进给方向的正向,如图 2.3 所示。

若在机床上除 X、Y 和 Z 轴的直线进给运动外,还有其他的直线运动,则可建立第二坐标系,其直线坐标为 U、V、W;回转坐标为 D、E、F。若再有其他进给运动,可顺次建立第三坐标系。

2.2.4　机床坐标系及机床原点

机床坐标系是机床固有的坐标系,机床坐标系的原点也称为机床原点或机床零点。在机床设计制造和调整后,机床坐标系及零点就被确定下来了。

数控装置上电时,刀具在机床坐标系的位置是不知道的,即机床坐标系还没建立。每个坐标轴的机械行程是由限位开关来限定的。为了正确地在机床工作时建立机床坐标系,通常在每个坐标轴的移动范围内设置机床参考点(测量起点),机床启动时通常要进行机动或手动回参考点以建立机床坐标系。机床坐标系一旦建立起来,除了受断电的影响外,不受程序和设定新坐标系的影响。

机床参考点是用于对机床运动进行检测和控制的固定位置点。机床参考点的位置是由机床制造厂家在每个进给轴上用限位开关精确调整好的,坐标值已输入到数控装置中。因此,参考点对机床原点的坐标是一个已知数。机床参考点可以与机床零点重合,也可不重合。不重合时通过参数指定机床参考点到机床零点的距离。

机床回到了坐标轴的参考点位置,也就知道了该坐标轴的零点位置,找到了所有坐标轴的参考点,数控装置就建立了机床坐标系。

在数控车床上,机床参考点是离机床原点最远的极限点,机床原点一般取在卡盘断面与主轴中心线的交点处,如图 2.4 所示。

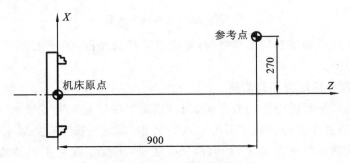

图 2.4　数控车床机床坐标系及参考点

在数控镗铣床上,通常机床原点和机床参考点是重合的,机床参考点一般取在 X、Y、Z 坐标轴正方向的极限位置上,如图 2.5 所示。

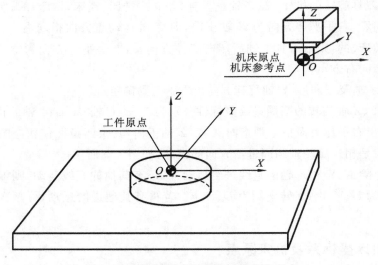

图 2.5　数控镗铣床机床坐标系及参考点

数控机床坐标轴行程范围分为有效行程和机械行程,数控机床坐标轴的有效行程范围一般是由软件限位来确定的,其值由制造商在参数设定中定义,当机床在移动时超出了参数设定的值时,机床就会出现软超程报警,当机床在移动中碰到了确定机械行程的限位开关时,机床会出现硬超程报警。机床原点、机床参考点、机床坐标轴行程及有效行程的关系如图 2.6 所示。

数控机床开机时,必须先确定机床原点,而确定机床原点的运动就是刀架返回参考点的操作,这样通过确认参考点,就确定了机床原点。只有机床参考点被确认,刀具(或工作台)移动才有基准。

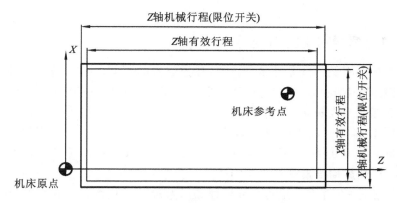

图 2.6　数控车床坐标轴行程范围

2.2.5　工件坐标系、程序原点和对刀点、换刀点

工件坐标系是编程人员在编程时为确定工件几何图形上各几何元素(如点、直线、圆弧等)的位置而选择工件上的某一已知点为原点而建立的一个新的坐标系,也称编程坐标系。工件坐标系一旦建立便一直有效,直到被新的工件坐标系所代替。

工件坐标系选择的原则是,要尽量满足编程简单、尺寸换算少、引起的加工误差小等条件。一般情况下,以坐标式尺寸标注的零件,工件坐标系原点应选在标注的基准点上;对称零件或以同心圆为主的零件,工件坐标系原点应选在其对称中心线或圆心上;对于数控铣削编程,Z轴的工件坐标原点通常选在工件的上表面。

对刀点是数控加工时刀具相对工件运动的起点,也称起刀点。对刀点可与程序原点重合,也可在任何便于对刀之处,但该点与程序原点之间必须有确定的坐标关系。

对刀就是加工前使刀具移动到起刀点位置的过程,对刀的目的就是确定工件坐标系与机床坐标系之间的空间关系,通过对刀求出工件原点在机床坐标系的坐标,并将此数据输入到数控装置相应的存储器中,或在数控加工程序中给出起刀点在工件坐标系中的坐标值。

数控加工编程时,将整个刀具视为一个点,即刀位点。它是用来表示刀具位置的参考点。一般来说,立铣刀、端铣刀的刀位点是刀具轴线与刀具底面的交点;车刀的刀位点为刀尖或刀尖圆弧的中心;球头铣刀的刀位点为球心;镗刀的刀位点为刀尖或刀尖圆弧的中心;钻头的刀位点为钻尖或钻头底面中心。

加工程序开始须对刀,即设定工件坐标系,以确定工件坐标系原点在固有机床坐标系中的坐标,即建立两坐标系间的关系。可用 G92(G50)指令设定工件坐标系,也可用 G54～G59 指令选择工件坐标系。

换刀点是数控车床、数控钻镗床及其他自动换刀数控机床设定的换刀位置,因为这种机床在加工中要更换刀具。换刀点的位置要保证换刀时刀具不得碰到工件、夹具或机床,因此换刀点通常设在远离加工零件的位置。

2.3 数控编程的基本指令

2.3.1 数控编程常用的 G 指令

G 指令为与插补有关的准备性工艺指令,数控装置的不同,G 指令基本相同,只有个别略有不同,因此实际应用编程时,须参考编程手册。G 指令有两种,一种是模态指令,一种是非模态指令。非模态指令只在被指定的程序段中才有效,而模态指令在同组其他 G 指令出现以前一直有效。不同组 G 指令,在同一程序段中可以指定多个。如果在同一程序段中指定了两个或两个以上的同一组 G 指令,则后指定的有效。以下介绍 FANUC 系统常用的 G 指令。

1. 绝对编程、增量编程指令 G90、G91

在数控加工程序中,存在着绝对尺寸编程和增量尺寸编程两种方式。绝对尺寸是指坐标轴的坐标值是相对于同一工件坐标系原点计算的。增量尺寸是指各坐标轴的坐标值是相对于前一位置计算的。

在车床数控装置中,以尺寸字的地址符指定绝对编程、增量编程。绝对尺寸的尺寸字地址符用 X、Z;增量尺寸的尺寸字地址符用 U、W。在程序段中可以混合坐标方式,即一坐标为绝对坐标,另一坐标为增量坐标。

G90、G91 为模态指令,为同组指令,使用时和 G00、G01、G02、G03 一起使用。

2. 工件坐标系设定指令 G92

指令格式:

G92 X_ Y_ Z_;

工件坐标系设定指令以工件坐标系,指定刀具起刀点的坐标值,即 X、Y、Z 的值是刀具起刀点在工件坐标系的坐标值。

在车床数控装置中,以 G50 设定工件坐标系。

G50 和 G92 格式和使用方法均相同。实际加工时,当执行 G92 或 G50 指令时,刀具并不产生运动,它们只起预置寄存作用,用来存储工件坐标系原点在机床坐标系的位置坐标。

如图 2.7 所示,设定工件坐标系的程序指令为

G50 X134.5   Z237.5;

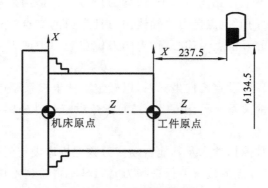

图 2.7 工件坐标系设定

3. 工件坐标系预置寄存指令 G54～G59

指令格式：

G54；

G55；

G56；

G57；

G58；

G59；

G54～G59 指令可分别在机床行程范围内的工件上相应设置 6 个不同的工件坐标系。用 G54～G59 指令设定工件坐标系时，要预先在以 MDI 方式的参数设置页面中将 G54～G59 所代表的工件坐标系的原点在机床坐标系的坐标值输入到原点偏置寄存器中，编程时再分别用 G54～G59 指令调用。

下面是介绍在铣床上设定工件坐标系的方法。

铣削加工图 2.8 所示的零件外轮廓，首先确定工件坐标系原点为工件上表面的圆孔中心 O 点，起刀点在工件坐标系位置为 (80,50,20)。采用 G92 设定工件坐标系指令为

G92 X80 Y50 Z20；

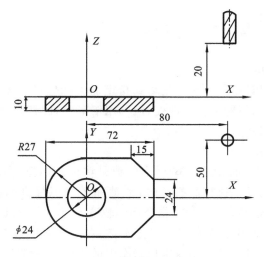

图 2.8 工件坐标系设定

加工时，在工件装夹好后，要完成对刀操作，即使刀具移到工件坐标系的起刀点 (80,50,20) 位置。具体对刀操作如下。

在机床回参考点后，手动操作机床让立铣刀圆柱面和工件毛坯的前、后侧面分别接触，得到机床坐标值 Y 分别为 -206.587、-135.516；让立铣刀圆柱面和工件毛坯的左、右侧面分别接触，得到机床坐标值 X 分别为 -410.518、-321.326；让立铣刀端面和工件上表面接触，得到机床坐标值 Z 为 -47.835。

由此求出工件坐标系原点在机床坐标系中的坐标值为

$$X = \frac{(-410.518) + (-321.326)}{2} - 9 = -374.922$$

$$Y = \frac{(-206.587) + (-135.516)}{2} = -171.052$$

$Z=-47.835$

将刀具的起刀点在工件坐标系的坐标值转换为机床坐标系的坐标值,有(-294.922,-121.052,-27.853)。此时采用手动操作将刀具移动到(-303.922,-121.052,-27.853)位置。

如果采用 G54 设定工件坐标系,完成对刀后,在 MDI 方式,把工件坐标系原点在机床坐标系的坐标值(-294.922,-121.052,-27.853)输入到工件坐标系设定界面 G54 中。编程的指令为

G54 G90 G00 X80 Y50 Z20;

在执行完此程序段后,数控机床将刀具移动到对起刀点位置(80,500,20)。

4. 选择机床坐标系指令 G53

指令格式:

G53 X_ Y_ Z_;

G53 指令使刀具快速移动到机床坐标系中指定的位置(X,Y,Z)。G53 指令的坐标值是机床坐标系中的位置,所以在立式数控铣床及立式加工中心机床上,尺寸字应为负值。

为编程方便,除 G53 指令外,其他加工指令中的坐标值都是在工件坐标系的坐标值。

以图 2.8 为例,在测量出工件原点在机床坐标系的坐标值后,可采用以下指令设定工件坐标系,即

G53 X-294.922 Y-121.052 Z-27.853;

G92 X80 Y50 Z20;

5. 快速定位指令 G00

G00 指令用于机床刀具以最快速度运动到指定的坐标位置。运动过程中有增速和降速。最快速度由数控装置确定,不能由程序改变,但可用倍率开关调整。G00 为模态指令。

数控车床编程指令格式:

G00 X(U)_ Z(W)_;

X、Z 后面的值是绝对坐标值,U、W 后面的值是增量坐标值,不运动的坐标轴可以省略,省略的坐标轴不作任何运动。执行此指令时,X 轴和 Z 轴以最高速度运动,当一轴到达指定位置时停止,另一轴继续运动,因此 G00 指令运动轨迹不是一条直线,而是一折线。所以在使用 G00 时,要注意刀具是否和工件及夹具发生干涉,对不适合的场合,两轴可分别单动,如果忽略这一点,就容易发生碰撞,而在快速定位状态下的碰撞更加危险。

如图 2.9 所示,要实现刀具从点 A 快速定位到目标点 C,其绝对编程指令为

G00 X65.0 Z117.0;

其增量编程指令为

G00 U31.0 W85.0;

执行上述程序段时,刀具实际运动路线不是一条直线,刀具轨迹是先从 A 点快速运动到 B 点,然后再运动到 C 点的折线。

数控铣床编程指令格式:

G90 (G91)G00 X_ Y_ Z_;

不运动的坐标轴可以省略,省略的坐标轴不作任何运动。执行此指令时,刀具快速定位到目标点,无运动轨迹要求。其运动轨迹因具体的控制系统不同而异,因此使用时,一定注意其运动轨迹,以免发生碰撞现象。

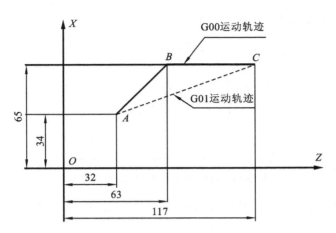

图 2.9　快速定位和直线插补指令运动轨迹

6. 直线插补指令 G01

指令格式：

G01 X_ Y_ Z_ F_；

G01 指令使刀具以给定的速度（F 指定的速度）移动到指定的位置，运动轨迹为直线。G00 为模态指令，F 也为模态指令。

如图 2.9 所示，在数控车床上执行指令

G01 X65.0 Z117.0 F100；

或指令

G01 U31.0 W85.0 F100；

其刀具轨迹是从 A 点到 C 点的直线（图 2.9 中的虚线）。

7. 圆弧插补指令 G02、G03

圆弧插补指令 G02、G03 有两种编程格式。

指令格式 1：

G02(G03)X_ Y_ R_ F_；

指令格式 2：

G02(G03)X_ Y_ I_ J_ F_；

G02、G03 控制刀具按圆弧运动到指定的位置。G02 指令为顺时针圆弧插补指令，G03 指令为逆时针圆弧插补指令。在判断顺圆、逆圆时，必须从不在该圆平面内的坐标轴的正向往该平面观察。

X、Y 为圆弧终点坐标值。

R 为圆弧半径，因为在一平面过两点可以作两个相同半径的不同圆弧，一圆弧小于 180°，一圆弧大于 180°，这两圆弧用 R 的正负号区别，若圆弧小于或等于 180°，则 R 为正值，若圆弧大于 180°，则 R 为负值。

I、J 为圆弧中心相对于起点的增量值。I 为 X 轴方向的增量、J 为 Y 轴方向的增量，当增量为零时可省略。如图 2.10 所示，其中 I、J 均为负值。如果圆弧所在的平面包括 Z 轴，则用 K 表示 Z 轴方向的增量。

因通过一点可以作无数个相同半径的圆，所以加工整圆时不能采用半径 R 编程，只能用圆心相对于起点的增量值 I、J 编程。

G00、G01、G02、G03 为同一组指令,且均为模态指令。

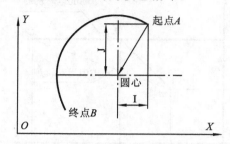

图 2.10　圆弧指令中 I、J 及其方向含义

例如,对图 2.11 所示的圆弧编程,刀具运动轨迹从起刀点快速移动到 A 点,圆弧插补轨迹为 A→B→C。

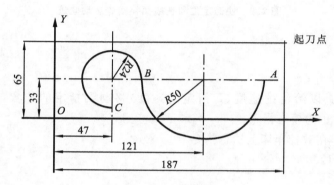

图 2.11　圆弧插补

用格式 1 编程如下。

绝对方式:

G90 G00 X171.0 Y33.0;

G02 X71.0 R50.0 F200;

G03 X47.0 Y9.0 R−24.0;

增量方式:

G91 G00 X−16.0 Y−32.0;

G02 X−100.0 R50.0 F200;

G03 X−24.0 Y−24.0 R−24.0;

用格式 2 编程如下。

绝对方式:

G90 G00 X171.0 Y33.0;

G02 X71.0 I−50.0 F200;

G03 X47.0 Y9.0 I−24.0;

增量方式:

G91 G00 X−16.0 Y−32.0;

G02 X−100.0 I−50.0 F200;

G03 X−24.0 Y−24.0 I−24.0;

8. 坐标平面选择指令 G17、G18、G19

坐标平面选择指令 G17、G18、G19 是用来选择圆弧插补平面和刀具补偿平面的。G17 表示选择 XY 平面，G18 表示选择 XZ 平面，G19 表示选择 YZ 平面，如图 2.12 所示。一般数控车床默认在 XZ 平面加工，即指令中不写坐标平面选择时，默认为 G18；数控铣床默认在 XY 平面加工，即指令中不写坐标平面选择时，默认为 G17。

G17、G18、G19 为同一组指令，且均为模态指令。

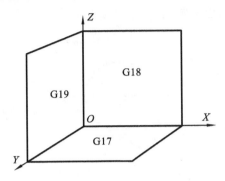

图 2.12　坐标平面选择

9. 暂停指令 G04

指令格式：

G04P_；或 G04X_；

暂停指令 G04 用于机床的暂停进给，地址 P、X 用来指定暂停时间。P 后面的数字为整数，单位是 ms；X 后面的数字为带小数点的数，单位是 s。该指令在车槽、钻盲孔、镗阶梯孔时使刀具作短时间的无进给光整加工。G04 为非模态指令。

10. 刀具半径补偿指令 G41、G42、G40

如图 2.13 所示，当用带圆弧刀尖的车刀车削工件和用立铣刀铣削工件时，刀位点的运动轨迹和工件的轮廓曲线不重合，在其法线方向距离为刀具圆弧半径。为了按工件轮廓编程，可采用刀具半径补偿指令，这样不但编程简单，而且使用多把不同尺寸的刀具对相同零件加工，或使用同一把刀具，当刀具重磨或磨损后，零件加工程序不用改变，只需修改刀具的半径补偿值即可。

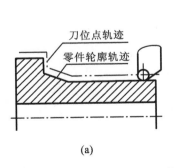

(a)

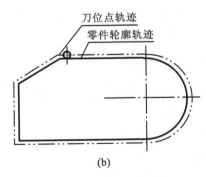

(b)

图 2.13　刀具半径偏置

(a)圆弧刀尖车刀车削零件　(b)立铣刀铣削零件

建立刀具半径补偿格式：

G41(G42)G01(G00)X_Y_D_；

取消刀具半径补偿格式：

G40G01(G00)X_Y_；

G41 指令用于建立刀具半径左刀补。如图 2.14 所示，沿刀具的进给方向看，使刀具刀位点轨迹在零件轮廓轨迹（即编程轨迹）的左边偏移设定的刀补。

G42 指令用于建立刀具半径右刀补。如图 2.14 所示，沿刀具的进给方向看，使刀具刀位点轨迹在零件轮廓轨迹（即编程轨迹）的右边偏移设定的刀补。

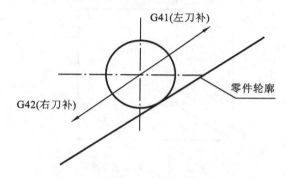

图 2.14　刀具半径左刀补、右刀补判断

地址 D 用来表示刀具半径补偿值寄存器的地址号，用两位数字表示。刀具半径补偿值在加工前用 MDI 方式输入到相应的寄存器中，加工时用 D 指定调用。D00 的半径补偿值恒为零。

G40 指令用于取消刀具半径补偿，使刀位点的运动轨迹与编程轨迹一致。

刀具半径补偿指令 G41，G42 只能在 G01、G00 方式下建立，不能在 G02、G03 或其他插补方式下建立。刀具半径补偿的使用有三个步骤：启用刀补、刀补执行和撤销刀补。启用刀补在刀具接近工件时使用，撤销刀补在刀具从工件退出时使用，这样可防止刀具与工件干涉而过切或碰撞。

G41、G42、G40 为同一组指令，且均为模态指令。

例如，用 ϕ10 mm 立铣刀铣削图 2.15 所示的零件外轮廓 ABCDEFGA，起刀点在工件坐标原点 O，采用刀具半径补偿指令，其轮廓铣削程序如下。

N01 G42 G01 X30.0 Y30.0 F200 D01；

N02 G01 X110.0；

N03 G03 X130.0 Y50.0 J20.0；

N04 G01 Y70.0；

N05 G03 X120.0 Y80.0 I−10.0；

N06 G01 X50.0；

N07 X30.0 Y100.0；

N08 Y30.0；

N09 G40 G00 X0 Y0；

采用刀具半径补偿指令编程时，只按零件轮廓 ABCDEFGA 编写程序，加工前将刀具半径值 5 输入到寄存器 D01 中，数控装置会由零件外轮廓 ABCDEFGA 和 D01 中的值自动计算出刀位点的运动轨迹 abcdefghi，控制刀具的运动。这样零件加工程序的编制就简单了，数控

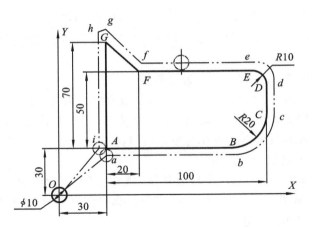

图 2.15　刀具半径补偿加工轨迹

装置不但计算出零件轮廓的直线或圆弧法线方向距离为刀具半径的刀具轨迹,同时会考虑各基点之间刀具轨迹转接,不需要编程人员考虑此问题。如图 2.15 所示的基点 G 的转接轨迹 gh,粗加工可用精加工程序,只是在半径补偿之中减去留给精加工的余量即可。

11.　刀具长度补偿指令 G43、G44、G49

刀具长度补偿指令 G43、G44、G49 用于数控铣床或加工中心刀具轴向(Z 向)的补偿,使刀具在 Z 向的实际位移比程序给定值增加或减少一个偏移量。这样,当刀具磨损、换刀或刀具安装而造成其长度方向发生变化时,只零通过 MDI 方式改变刀具长度补偿值,而不需改变零件加工程序。刀具长度补偿的实质是将刀具相对于工件的坐标由刀具长度基准点(刀具安装定位点)移到刀位点上。

建立刀具长度补偿指令格式:

G43 (G44) G01 (G00) Z_ H_;

取消刀具长度补偿指令格式:

G49 G01 (G00) Z_;

G43 指令为刀具长度正补偿指令,即将 Z 坐标尺寸与 H 值相加,按其结果进行 Z 轴运动;G44 指令为刀具长度负补偿,即将 Z 坐标尺寸与 H 值相减,按其结果进行 Z 轴运动,如图 2.16 所示,即

刀具 Z 向实际位移量＝编程位移量±补偿值

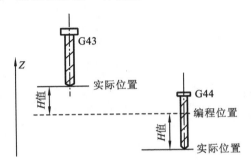

图 2.16　刀具长度补偿

Z 为目标点的编程坐标值,地址 H 为刀具长度补偿值的寄存器地址号,用两位数字表示。补偿值可以用 MDI 方式输入到该代号寄存器中。加工时用 H 指定调用。其中 H00 的长度

补偿值恒为零。只有在 G00 和 G01 方式下,G43、G44 才能建立。

G49 指令为取消刀具长度补偿指令,如欲取消刀具长度补偿,除使用 G49 指令外,也可用 H00 取消。

G43、G44、G49 为同一组指令,且均为模态指令。

运用刀具长度补偿指令时,确定刀具长度补偿量有以下两种方法。

(1) 将主轴的前端面作为编程时刀具刀位点的基准。将刀具实际长度设置为补偿值。

(2) 选用一把标准刀具的刀位点作为编程时刀具刀位点的基准。将预先测量出其他刀具与标准刀具长度的差值设置为补偿值。

当实际加工中,如果当前刀具比标准刀具长,则采用 G43 指令;如果当前刀具比标准刀具短,则采用 G44 指令;或者均采用 G43 指令,当前刀具比标准刀具长时补偿值取正值,当前刀具比标准刀具短时补偿值取负值。

如图 2.17 所示,在立式加工中心钻零件上两个 $\phi20$ mm 和一个 $\phi10$ mm 的孔,编程时将主轴的前端面作为编程时刀具刀位点的基准。将测量出的刀具 T1($\phi20$ mm 钻头)实际长度 50 mm 和 T2($\phi10$ mm 钻头)实际长度 100 mm 设置为补偿值,分别输入到刀具长度补偿值地址 H01 和 H02 中。程序如下。

```
O0002
N001 G54 T01;
N002 G91 G28 Z0 M06;
N003 S600 M03;
N004 G90 G00 X20.0 Y60.0;
N005 G43 H01 Z3.0 M07;
N006 G01 Z-19.0 F50;
N007 G04 P2000;
N008 G00 Z3.0;
N009 G00 X110.0 Y40.0;
N010 G01 Z-19.0 F50;
N011 G04 P2000;
N012 G00 Z3.0 T02;
N013 G91 G28 Z0 M06;
N014 S800 M03;
N015 G43 G00 H02 Z3.0;
N016 X50.0 Y20.0;
N017 Z3.0 M07;
N018 G01 Z-35.0 F50;
N019 G00 Z100.0 M09;
N020 M05;
N021 M30;
```

12. 自动返回机床参考点指令 G28

机床参考点是机床每个移动轴正向移动的极限位置。加工中心换刀时常要返回到 Z 轴参考点。

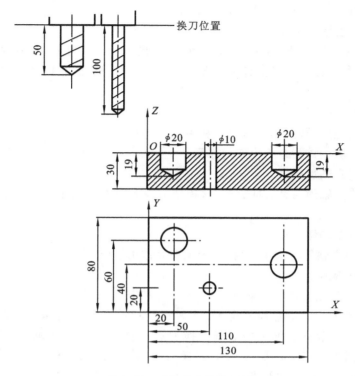

图 2.17　刀具长度补偿示例

指令格式：

G28 X_ Y_ Z_；

指令中的 X、Y、Z 为中间点位置，执行 G28 指令，使各轴快速移动，分别经过指定的中间点返回到机床参考点，设置中间点是为了防止刀具返回参考点时与工件或夹具发生干涉。

使用 G28 指令时，必须取消刀具半径补偿，而不必先取消刀具长度补偿，因为 G28 指令包括刀具长度补偿取消、主轴停止、切削液关闭等功能。G28 指令一般用于自动换刀。

2.3.2　数控编程常用的 M 指令

M 指令用来控制机床各种辅助动作及开关状态，如主轴启动与停止、冷却液的开与关等。M 指令也有模态和非模态之分。M 功能指令分为前作用指令和后作用指令，前作用指令是与程序段指令运动同时开始的；后作用指令是在程序段指令运动完成后开始执行的。在一个程序段中只应规定一个 M 指令，当有一个程序段中出现了两个或两个以上的 M 指令时，则只有最后一个 M 指令有效，其余的 M 指令无效。M 指令常因机床厂家及机床结构的差异和规格不同而有所差别。以下介绍 FANUC 系统常用的 M 指令。

1. M00 指令(程序暂停)

执行 M00 指令后，机床所有动作均停止，重新按下"启动"按键后，再继续执行后面的程序段。如编程者想要在加工中使机床暂停，以便检验工件、调整、排屑，可使用 M00 指令。该指令为非模态后作用指令。

2. M01 指令(选择停止)

M01 指令执行过程和 M00 指令相同，只是在机床操作面板上的"选择停止"按键在"ON"

状态时此功能才有效。该指令为非模态后作用指令。

3. M02 指令（主程序结束）

M02 指令表示主程序结束，执行 M02 指令后，机床数控装置复位，主轴停转，进给停止，冷却液关闭，表示加工结束。但执行完该指令时并不返回程序起始位置。该指令为非模态后作用指令。

4. M03 指令（主轴正转）

主轴正转是指主轴顺时针方向转动，从主轴正向（＋Z）看，即从主轴头向工作台方向看，主轴顺时针方向旋转。该指令为模态前作用指令。

5. M04 指令（主轴反转）

主轴反转是指主轴逆时针方向旋转，该指令为模态前作用指令。当主轴换向时可直接使用。

6. M05 指令（主轴停转）

M05 指令是使主轴停转指令，该指令为模态后作用指令。

7. M06 指令（换刀）

M06 指令用于加工中心自动换刀。它必须与相应的选刀指令（T 指令）结合，才构成完整的换刀指令。大多加工中心都规定了"换刀点"位置，主轴只有运动到换刀点，机器手才能执行换刀动作。一般立式加工中心规定换刀点位置在 Z0 处（即机床 Z 轴零点）；卧式加工中心规定换刀点位置在 Z0 及 XY 平面的第二参考点（用 G30 X0 Y0 指令）处。当控制系统遇到选刀指令时，自动按照刀号选刀，被选中的刀具移动到刀库的换刀位置上。接到换刀指令 M06，机器手执行换刀动作。M06 指令执行时，自动关闭冷却液，主轴定向停止，它是非模态后作用指令。

立式加工中心换刀程序如下。

G91 G28 Z0；

M06；

卧式加工中心换刀程序如下。

G91 G28 Z0；

G30 X0 Y0；

M06；

8. M07 指令（切削液开）

执行 M07 指令后，冷却气体（雾状切削液）打开。

9. M08 指令（切削液开）

执行 M08 指令后，液态切削液打开。

10. M09 指令（切削液关）

执行 M09 指令后，切削液关闭。

11. M30 指令（主程序结束）

M30 指令与 M02 指令相同，都表示主程序结束。区别是执行 M30 指令后，程序返回到开始状态。

12. M98 指令（调用子程序）

程序分主程序和子程序。主程序以程序号 O 开始，以 M02 指令或 M30 指令结束，子程序以程序号 O 开始，以 M99 指令结束。子程序是相对主程序而言的，主程序可以调用子程序。

当一次装夹加工多个零件或一个零件有重复加工部分时,可以将其编成一个子程序,使用时在主程序中反复调用。使用子程序可以简化程序并缩短检查时间。调用子程序格式有以下两种。

格式 1:

M98 P_ L_;

P 后面的数字为程序编号,L 后面的数字为调用次数。

格式 2:

M98 P_ _;

P 表示子程序调用情况。P 后共有 8 位数字,前 4 位为调用次数,省略时为调用一次;后 4 位为所调用的子程序号。图 2.18 所示为子程序调用的形式。

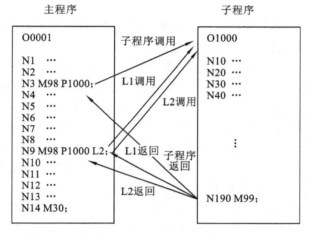

图 2.18 子程序的调用

子程序可以多重调用,即嵌套,不同的数控装置嵌套次数不同,一般可达 4 次,即 4 重嵌套,如图 2.19 所示。

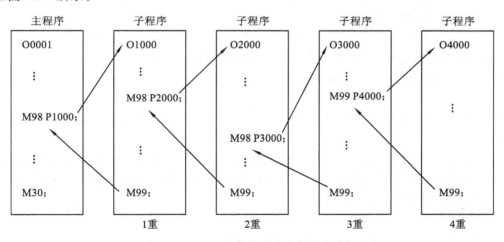

图 2.19 主程序与子程序之间调用结构

13. M99 指令(子程序返回)

M99 指令是表示子程序结束并返回主程序的指令。

2.4　数控车床加工编程

2.4.1　数控车削加工程序编制特点

数控车床是加工盘、轴类、套筒类零件的自动化加工机床,它能加工端面、内外圆、锥面、球面及成形面、倒角、螺纹等,还能钻孔、镗孔。

数控车床编程具有如下特点。

(1) 数控车床具有两个坐标轴,径向为 X 轴,纵向为 Z 轴,编程时,可以按绝对坐标编程或增量坐标编程,也可采用绝对编程坐标与增量坐标的混合编程。绝对编程采用地址 X、Z;增量编程采用地址 U、W。

(2) 由于车削加工图样上的径向尺寸及测量的径向尺寸使用的是直径值,因此在编程时,X 采用直径值,U 采用径向实际位移的两倍。

(3) 刀具补偿功能是数控车床的主要功能之一,它有刀具偏置和刀尖圆弧半径补偿两类。

在刀具实际安装以后,由于实际刀尖与编程起点不重合,存在一定偏差,其偏差主要表现在 X 方向和 Z 方向上,测量这两个方向的偏差值,并通过 MDI 输入到相应的寄存器中,当刀具执行刀补功能时,实际刀尖就会移动到原来的编程起点,消除了其偏差值。

刀具位置偏置补偿由程序中指定的 T 指令来实现,T 指令的格式为:T××××,即地址符 T 和它后面的 4 位数字组成,其中前两位表示刀具号,后两位表示刀补号。一把刀具可以有多个刀补号。如果后两位数字为 00,则表示刀具补偿取消。

在实际加工中,由于刀具产生磨损及精加工时车刀刀尖磨成半径不大的圆弧,为确保工件轮廓形状,加工时不允许刀具中心轨迹与被加工工件轮廓重合,而应与工件轮廓偏置一个半径值。刀具圆弧半径补偿使用 G41、G42、G40 指令。其刀具半径补偿值通过 MDI 输入到其刀具补偿号的圆弧半径中。补偿号用 T 指令的后两位表示而不用 D 来指定。

(4) 由于车削加工常用棒料或锻料作为毛坯,加工余量较大,为简化编程,数控装置常具备不同形式的固定循环,可进行多次重复循环切削。

(5) 车削阶梯轴、锥面或断面时,如果主轴转速不变,车刀愈接近工件回转中心,其线速度愈低,使工件表面粗糙度受到影响。为此可采用恒切削速度功能。

恒切削速度控制指令(G96)格式:

G96 S_;

S 后面的数字为切削线速度,单位为 m/min。主轴的转速随刀尖位置不同而连续变化,保证恒切削速度。

切削速度恒定车端面时,当刀尖趋于工件回转中心时,主轴的转速趋于无穷大,会造成飞车现象,这是不允许的,因此在采用恒切削速度控制时,必须限制主轴的最高转速。

最高转速控制指令(G50)格式:

G50 S_;

S 后面的数字为主轴最高转速,单位为 r/min。

编程时,一般默认主轴功能 S 后面的数字为主轴转速,单位为 r/min。当数控程序中用 G96 指定了恒切削速度控制后,如要取消此功能,可采用直接速度控制指令 G97。

直接速度控制指令(G97)格式:

G97 S_;

S 后面的数字为主轴转速,单位为 r/min。

2.4.2　数控车削加工固定循环程序编制

一般车削加工的毛坯多为棒料、铸件或锻件,因此车削加工多为大余量多次走刀切削。如果每一走刀都编程,这将给编程人员带来很多麻烦。为简化编程,车床数控装置一般都设有各种形式的固定循环功能。固定循环可分为单一固定循环和复合固定循环。

1. 单一固定循环

单一固定循环只有一次循环,该循环包括切入、切削加工、切出和返回四个部分,如图 2.20 所示。把以上过程用一个程序段来表示即是一个固定循环。

1) 纵向切削循环指令 G90

G90 指令用于切削内、外圆柱、圆锥及阶梯轴等。图 2.21 中的 $A \rightarrow B \rightarrow C \rightarrow D \rightarrow A$ 表示了 G90 指令的循环过程。图中 1 为快速进刀,2 为切削进给,3 为退刀,4 为快速返回,图中虚线表示快速移动,实线表示切削进给。

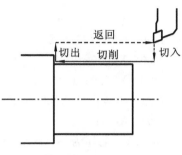

图 2.20　单一固定循环示意

指令格式:

外圆切削:G90 X(U)_ Z(W)_ F_;

锥面切削:G90 X(U)_ Z(W)_ I_ F_;

指令中的 X、Z 为 C 点的绝对坐标值;U、W 为 C 点的绝对坐标值;I 为车圆锥时锥体两端的半径之差,当刀具起于锥面大头时 I 取正值,反之取负值,I 值的符号和刀具沿 X 轴移动方向相反,即沿 X 轴正向移动时取负值,沿 X 轴负向移动时取正值,如图 2.21 所示。

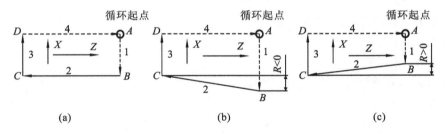

图 2.21　G90 循环过程

(a)G90 X_Y_F_;　(b)G90 X_Y_I_F_;　(c)G90 X_Y_I_F_;

例 2.1　毛坯为 ϕ40 mm 的棒料,试编写程序加工如图 2.22 所示的工件。设循环起点为 (45,2),每次切削深度为 2.5 mm。

程序如下。

O0001

N001 G54 T0100;

N002 G97 S700 M03;

N003 G00 X45.0 Z2.0 M08;

N004 G50 S1500;

N005 G96 S120;

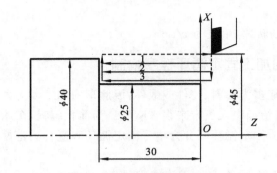

图 2.22　外圆车削循环实例

N007 G90 X35.0 Z−30.0 F0.35；

N008 X30.0；

N009 X25.0；

N010 G00 G97 X200.0 Z200.0 S700；

N011 M30；

例 2.2　毛坯为 $\phi60$ mm 的棒料，试编写程序加工如图 2.23 所示的工件。设循环起点为 $(65,2)$，由于刀具起于锥面的小头，所以 $R=-(60-40)/2/2=-5$。加工程序如下。

O0002；

N001 G54 T0100；

N002 G97 S700 M03；

N003 G00 X65.0 Z2.0 M08；

N004 G50 S1500；

N005 G96 S120；

N007 G90 X60.0 Z−35.0 R−5.0 F0.3；

N008 X55.0；

N009 X50.0；

N010 G00 G97 X200.0 Z200.0 S700；

N011 M30；

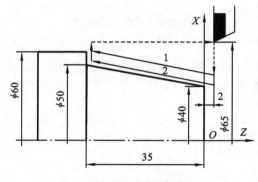

图 2.23　锥面车削循环实例

2）横向切削循环指令 G94

G94 指令是用于车削一些短而端面大的工件的固定循环指令，其循环过程、指令格式与

G90 指令相似,如图 2.24 所示,$A \to B \to C \to D \to A$ 表示 G94 指令循环过程。图中 1 为快速进刀,2 为切削进给,3 为退刀,4 为快速返回,图中虚线表示快速移动,实线表示切削进给。

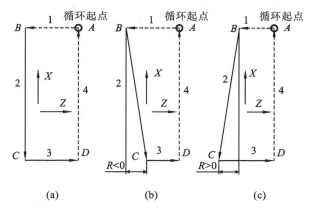

图 2.24　G94 循环示例

(a)G94 X_Y_F_;　(b)G94 X_Y_R_F_;　(c)G94 X_Y_R_F_;

指令格式:

端面切削:G94 X(U)_ Z(W)_ F_;

锥面切削:G94 X(U)_ Z(W)_ R_ F_;

指令中的 X、Z 为 C 点的绝对坐标值;U、W 为 C 点的增量坐标值;R 为车圆锥时锥体两端之间的距离,R 值的符号与刀具切削锥面时沿 Z 轴移动方向相反,即沿 Z 轴正向移动时取负值,沿 Z 轴负向移动时取正值,如图 2.24 所示。

2. 复合固定循环指令(G70～G76)

单一固定循环指令只能完成一次切削。在实际加工中,当粗加工的切削余量太大或切削螺纹的切削次数太多时,用单一固定循环指令仍不能有效简化程序。复合固定循环指令只要给出最终精加工路径、循环次数和每次加工余量,数控装置能自动决定粗加工时刀具路径。在这一组复合固定循环指令中,G71 是外圆粗车循环指令,G72 是端面粗车循环指令,G73 是固定形状粗车循环指令,G70 是用 G71、G72、G73 指令粗加工后的精加工指令,G74 是深孔钻削循环指令,G75 是切槽循环指令,G76 是螺纹加工循环指令。

1) 外圆粗车循环指令 G71

外圆粗车循环指令用于圆柱毛坯料粗车外径和圆筒毛坯粗车内径。图 2.25 所示为外径的加工路线。图中 A 是毛坯外径与端面轮廓的交点,虚线表示快速移动,实线表示切削进给。在程序中,只要给出 $A \to A' \to B$ 之间的精加工形状及径向精车余量 $\Delta u/2$、轴向精车余量 Δw 及每次切削深度 Δd 即可完成 $AA'BA$ 区域的粗车工序。e 是回刀时的径向退刀量。

G71 指令格式:

G71U(Δd)R(e);

G71P(ns) Q(nf) U(Δu) W(Δw) F(f) S(s) T(t);

N(ns)…

　⋮

F_从序号 ns 至 nf 的程序段,指定精加工循环程序。

S_

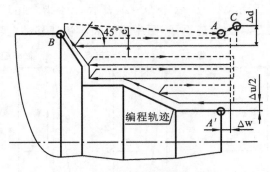

图 2.25　外圆粗车循环指令 G71

T_

N(nf)…

Δd:粗加工切削深度(半径指定),不指定正负符号。切削方向依照 AA' 的方向决定,在另一个值指定前不会改变。

e:退刀行程。

ns:精加工形状程序的第一个程序段顺序号。

nf:精加工形状程序的最后一个程序段顺序号。

Δu:X 方向精加工预留量的距离及方向(直径指定)。

Δw:Z 方向精加工预留量的距离及方向。

当上述指令用于加工工件内径轮廓时,G71 指令就自动成为内径粗车固定循环指令,此时径向精车余量 Δu 应指定为负值。

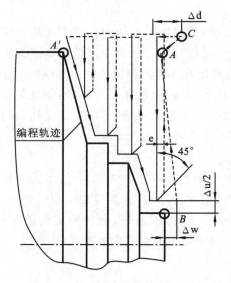

图 2.26　端面粗车循环指令 G72

2)端面粗车循环指令 G72

如图 2.26 所示,G72 指令的含义与 G71 指令相同,不同之处是刀具平行于 X 轴切削,它是从外径方向往轴心方向切削端面的粗车循环指令,该循环方式适合圆柱棒料毛坯端面方向的粗车。

G72 指令格式:

G72 W(Δd) R(e);

G72 P(ns) Q(nf) U(Δu) W(Δw) F(f) S(s) T(t);

3)固定形状粗车循环指令 G73

固定形状粗车循环指令适用于铸、锻件毛坯零件的循环切削。由于铸、锻件毛坯的形状与零件的形状基本接近,只是外径、长度较成品大一些,形状较为固定,故称之为固定形状粗车循环。这种循环方式的走刀路径如图 2.27 所示。

G73 指令格式:

G73 U(Δi) W(Δk) R(d);

G73 P(ns) Q(nf) U(Δu) W(Δw) F(f) S(s) T(t);

程序段中的地址除 Δi、Δk、d 外,其余与 G71 指令相同。

Δi：X 方向总退刀量，即 X 方向毛坯粗切除总余量（半径指定）。

Δk：Z 方向总退刀量，即 Z 方向毛坯粗切除总余量。

d：粗切循环次数。

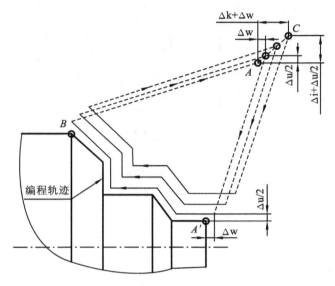

图 2.27　固定形状粗车循环指令 G73

4）精车循环指令 G70

在用 G71、G72、G73 指令粗车工件后，用 G70 指令来指定精车循环，切除粗加工后留下的精加工余量。

G70 指令格式：

G70 P(ns)Q(nf)；

程序段中，ns 指定精车循环第一个程序段顺序号；nf 指定精车循环最后一个程序段顺序号。

在精车循环 G70 状态下，(ns) 至 (nf) 程序段中指定的 F、S、T 有效；当 (ns) 至 (nf) 程序段中不指定的 F、S、T 时，粗车循环指定的 F、S、T 有效。

例 2.3　如图 2.28 所示零件，毛坯为棒料，用外径粗加工复合循环指令 G71 和精加工循环指令 G70 编制零件的加工程序。

设循环起点为 (48,3)，切削深度 1.5 mm（半径值），退刀量 0.5 mm，X 向精加工余量 0.2 mm（半径值），Z 向精加工余量 0.2 mm。程序如下。

O0003；

N10 G50 X90.0 Z20.0 T0101；

N20 G00 X48.0 Z3.0 M08；

N30 S400 M03；

N40 G71 U1.5 R0.5；

N50 G71 P60 Q150 U0.4 W0.2 F0.2；

N60 G00 X0；

N70 G01 X10.0 Z−2.0 F0.15；

N80 Z−20.0；

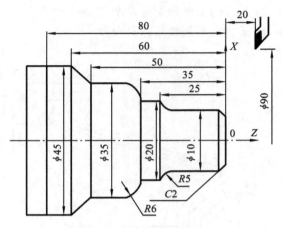

图 2.28　外径粗、精车实例

N90 G02 X20.0 Z—25.0 R5.0;

N100 G01 Z—35.0;

N110 G01 X23.0;

N120 G03 X35.0 W—6.0 R6.0;

N130 G01 Z—50.0;

N140 X45.0 Z—60.0;

N150 W—80.0;

N160 G70 P60 Q150;

N170 G00 X90.0 Z20.0 T0100 M09;

N180 M05;

N190 M30;

例 2.4　如图 2.29 所示零件，毛坯为棒料，用端面粗加工复合循环指令 G72 和精加工循环指令 G70 编制零件的加工程序。

设循环起点为(168,2)，切削深度 7 mm(半径值)，退刀量 1 mm，X 向精加工余量 2 mm(半径值)，Z 向精加工余量 2 mm。程序如下。

O0004;

N01 G50 X200.0 Z50.0 T0101;

N02 G00 X168.0 Z2.0 M08;

N03 S500 M03;

N04 G72 W7.0 R1.0;

N05 G72 P06 Q12 U4.0 W2.0 F0.3;

N06 G50 S1500;

N07 G96 G01 Z—52.0 S120;

N08 G01 X120.0 W10.0 F0.15;

N09 W10.0;

N10 X80.0 W10.0;

N11 W10.0;

N12 X30.0 W10.0;

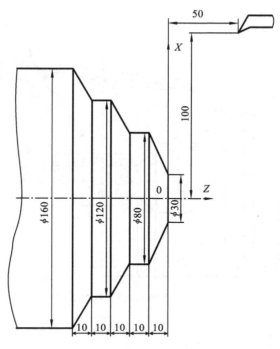

图 2.29　端面粗、精车实例

N13 G70 P06 Q12；

N14 G97 G00 X 200.0 Z50.0 S500 T0100 M09；

N15 M05；

N16 M30；

例 2.5　如图 2.30 所示零件，毛坯为锻件，用固定形状粗加工复合循环指令 G73 和精加工循环指令 G70 编制零件的加工程序。

设粗加工分三刀进行，X 向粗车总余量（单边）和 Z 向粗车总余量均为 9.5 mm；三刀完毕，留给 X 向（单边）和 Z 向的精加工余量为 0.5 mm；粗加工进给量为 0.3 mm/r，精加工进给量为 0.15 mm/r；粗加工主轴转速为 500 r/min，精加工主轴转速为 1 000 r/min。其加工程序如下。

O0005；

N01 G50 X200.0 Z200.0 T0101；

N02 S500 M03；

N03 G00 X140.0 Z40.0 M08；

N04 G73 U9.5 W9.5 R3；

N05 G73 P06 Q11 U1.0 W0.5 F0.3；

N06 G00 X20.0 Z0 S1000 M03；

N07 G01 Z−20.0 F0.15；

N08 X40.0 Z−30.0；

N09 Z−50.0；

N10 G02 X80.0 Z−70.0 R20.0；

N11 G01 X100.0 Z−80.0；

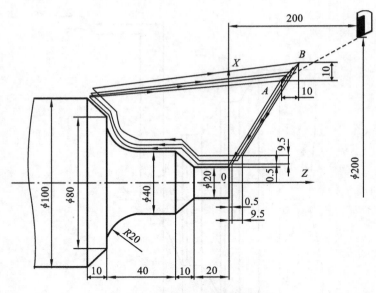

图 2.30　固定形状粗、精车实例

N12 G70 P06 Q11;

N13 G00 X200.0 Z200.0 T0100 M09;

N14 M05;

N15 M30;

5）深孔钻削循环指令 G74

指令格式：

G74 Re;

G74 X(U) _Z(W) _P(Δi) Q(Δk) R(Δd)F_;

G74 指令这一功能本来是外形断续切削功能，若把指令格式中 X(u)、P(Δi) 和 R(Δd) 值省略，则可用做深孔钻削循环加工。其加工路线如图 2.31 所示，图中虚线表示快速移动，实线表示切削进给。

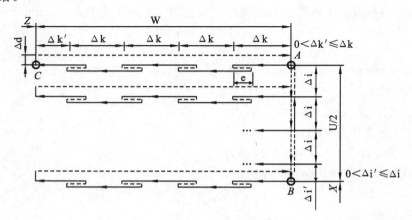

图 2.31　钻削循环指令 G74

　　加工中的刀具不断重复进刀与退刀，目的是排屑。程序中 X 指定 B 点的 X 坐标值，U 指定从 A 点到 B 点的 X 增量值，Z 指定 C 点坐标值，W 指定 A 点到 C 点的 Z 增量值，Δi 为 X

向移动量, △k 为 Z 向钻削量, △d 为钻削到终点时的退刀量, F 为进给率, e 为每次进给后的退刀量。

6) 切槽循环指令 G75

指令格式：

G75 Re；

G75 X(U) _Z(W) _P(△i) Q(△k) R(△d) F_；

G75 指令本来用于端面断续切削, 若把指令格式中 Z(W)、Q(△k) 和 R(△d) 值省略, 则 X 轴的动作可用作外径沟槽的断续切削, 其加工路线如图 2.32 所示, 其车削路线与 G74 指令类似, 只是刀具移动方向旋转了 90°, 图中虚线表示快速移动, 实线表示切削进给。指令格式中循环参数同 G74 指令说明。

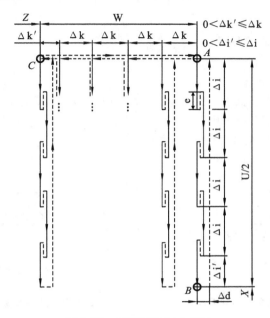

图 2.32　切槽循环指令 G75

例 2.6　如图 2.33 所示, 用深孔钻削循环指令 G74 编写加工程序。

加工程序如下。

G00 X0 Z5.0 M08；

G74 R3；

G74 Z−55.0 Q10.0 F0.1；

G00 X50.0 Z35.0 M09；

例 2.7　如图 2.34 所示零件, 用车槽循环指令 G75 编写其加工程序, 车槽刀刃宽为 4 mm。

加工程序如下。

G00 X42.0 Z−29.0 M08；

G75 R3.0；

G75 X20.0 Z−45.0 P10.0 Q3.9 F1.0；

G00 X90.0 Z54.0 M09；

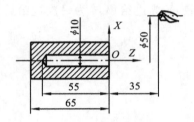

图 2.33　钻削循环指令 G74 实例

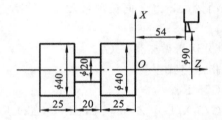

图 2.34　外圆车槽循环指令 G75 实例

2.4.3　数控车削螺纹加工

在数控车床上加工螺纹,可以分为单行程螺纹切削、简单螺纹切削循环和螺纹切削复合循环。

1. 单行程螺纹切削指令 G32

指令格式:

G32 X(U)_ Z(W)_ F_;

指令中 F 为螺纹导程。其加工路径如图 2.35 所示,从 A 点到 B 点,在程序设计时,车刀的切入、切出、返回均要编入程序中。在车削锥螺纹时,当其斜角 $\alpha < 45°$ 时,螺纹导程以 Z 方向指定,当 $45° \leqslant \alpha \leqslant 90°$ 时,螺纹导程以 X 方向指定。

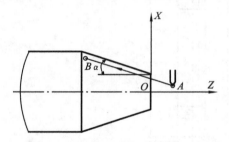

图 2.35　单行程螺纹切削指令 G32

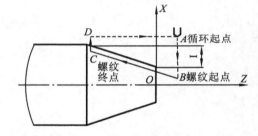

图 2.36　简单螺纹切削循环指令 G92

2. 简单螺纹切削循环指令 G92

指令格式:

G92 X(U)_ Z(W)_ I_F_;

G92 螺纹切削循环指令的循环路径如图 2.36 所示,图中虚线表示快速移动,实线表示切削进给。它和前述的单一固定循环指令 G90 基本相同,只是 F 后面的进给量为螺距即可。该指令可以切削圆柱螺纹和圆锥螺纹,I 为车圆锥螺纹时锥体两端的半径之差,当刀具起于锥面大头时 I 取正值,反之取负值,也就是 I 值的符号和刀具沿 X 轴移动方向相反,即沿 X 轴正向移动时取负值,沿 X 轴负向移动时取正值;I＝0 时为车削圆柱螺纹,且 I＝0 时可以省略。

3. 螺纹切削复合循环指令 G76

指令格式:

G76 P(m rα) Q(Δdmin) R(d);

G76 X(u) _Z(w) _ R(i) P(k) Q(Δd) F_;

加工循环过程如图 2.37 所示,图中虚线表示快速移动,实线表示切削进给,指令中各参数含义如下。

m:精加工重复次数,用 01~99 两位数指定。

r:螺纹末端倒角量,用 00~99 两位数指定,当螺距由 L 表示时,单位为 $0.1L$。

α:刀尖角度,即螺纹牙型角,可选择 80°、60°、55°、30°、29°、0°,用两位数指定。

m、r、α 都是模态量,可用程序指令改变,这三个量用地址 P 一次指定,如 m=2,r=3,α=60°,表示为 P020360。

Δdmin:最小背吃刀量(半径值)。当第 n 次背吃刀量 $\Delta d \sqrt{n}$ 小于 Δdmin 时,Δdmin 为第 n 次背吃刀量。每次螺纹背吃刀量如图 2.38 所示。

d:精加工余量,X(u)、Z(w)为螺纹终点的坐标值。

i:螺纹起点与终点在 X 向的半径差,若 i=0,为普通圆柱螺纹加工;若起点坐标小于终点坐标(X 轴向),则 i 为负值,反之 i 为正值。

k:螺纹高度,这个值在 X 轴方向用半径值指定。

Δd:第一次的背吃刀量(半径值)。

F:螺距。

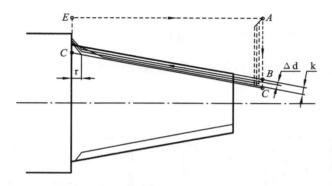

图 2.37　螺纹切削复合循环指令 G76

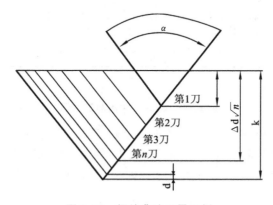

图 2.38　螺纹背吃刀量示例

例 2.8　如图 2.39 所示,螺纹实际大径已加工,用螺纹复合循环指令 G76 编写螺纹加工程序。

加工程序如下。

N01 T0303;

N02 G00 X35.0 Z3.0 S300 M03;

N03 G76 P021260 Q0.1 R0.1;

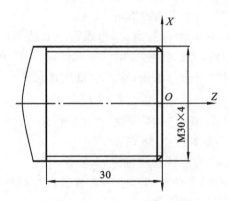

图 2.39　螺纹切削加工示例

N04 G76 X26.97 Z−30.0 R0 K1.51 Q0.2 F4.0;

N05 G28 U0 W0;

N06 M30;

2.4.4　数控车削加工程序编制举例

例 2.9　图 2.40 所示为某轴类零件。编制其精加工程序,图中 ϕ85 mm 不加工。

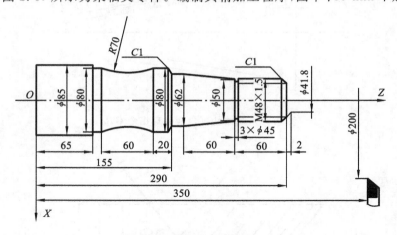

图 2.40　轴类零件精加工示例

步骤 1　根据零件图样,按先主后次的加工原则,确定工艺路线。

(1) 先从右至左切削外轮廓面。其加工路线为:倒角→切削螺纹 M48 大径(ϕ47.8 mm)→切削锥面→切削 ϕ62 mm 外圆→倒角→切削 ϕ80 mm 外圆→切削 R70 圆弧→切削 ϕ80 mm 外圆。

(2) 切削 3 mm×ϕ80 mm 退刀槽。

(3) 车 M48×1.5 螺纹。

步骤 2　选择工件坐标系,选择刀具并确定起刀点和换刀点。

选择工件坐标原点离工件右端面 290 mm 的中心。

根据加工要求选用三把刀具:1 号为外圆车刀,2 号为 3 mm 切槽刀,3 号为 60°螺纹车刀;1 号刀用 1 号刀补,2 号刀用 2 号刀补,3 号刀用 3 号刀补。选择起刀点和换刀点为同一点。为避免换刀时刀具与机床、工件发生碰撞现象,起刀点和换刀点选为(200,350)。

步骤 3　确定切削余量。

切削用量如表 2.1 所示。

表 2.1　切削用量

切削表面 ＼ 切削用量	主轴转速/(r/min)	进给速度/(mm/r)
车外圆	630	0.15
切退刀槽	310	0.16
车螺纹	200	1.5

步骤 4　编制精加工程序。

零件的精加工程序如下。

O0001；

N01 G50 X200.0 Z350.0；

N02 S630 M03；

N03 T0101 M08；

N04 G00 X41.8 Z292.0；

N05 G01 X47.8 Z289.0 F0.15；

N06 W－59.0；

N07 X50.0；

N08 X62.0 W－60.0；

N09 Z155.0；

N10 X78.0；

N11 X80.0 W－1.0；

N12 W－19.0；

N13 G02 W－60.0 I63.25 K－30.0；

N14 G01 Z－65.0；

N15 X90.0；

N16 G00 X200.0 Z350.0 M05；

N17 T0100 M09；

N18 S310 M03；

N19 T0202 M08；

N20 X52.0 Z230.0；

N21 G01 X45.0 F1.6；

N22 G04 X5.0；

N23 X52.0；

N24 G00 X200.0 Z350.0 M05；

N25 T0200 M09；

N26 S200 M03；

N27 T0303 M08；

N28 G01 X52.0 Z296.0；

N29 G92 X47.2 Z231.5 F1.5;

N30 X46.6;

N31 X46.2;

N32 X45.8;

N33 G00 X200.0 Z350.0 T0300;

N34 M30;

例 2.10 图 2.41 所示为某轴类零件,毛坯为 φ35 的圆棒料,材料为 45 钢。编制零件的数控加工程序。

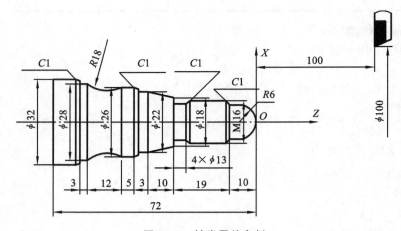

图 2.41 轴类零件车削

步骤 1 零件分析。

该零件包含车端面、车外圆、车圆锥、车圆弧、切槽、倒角、车螺纹和切断等,零件质量要求较高。

步骤 2 选择工件坐标系,并确定起刀点和换刀点。

工件坐标系原点选在零件右端中心。选择起刀点和换刀点为同一点。为避免换刀时刀具与机床、工件发生碰撞现象,起刀点和换刀点选为(100,100)。

步骤 3 工艺分析。

先用外圆车刀车端面,然后从右向左粗车外轮廓(用 G71 指令),快速退刀,再调用尖头车刀(精车刀)从右向左精车外轮廓(G70 指令),快速退刀后换切槽刀,切槽并倒 1×45°角后快速退刀,换 60°螺纹车刀车削螺纹 M16,M16 标准螺纹的螺距为 2 mm,大径为 15.8 mm,小径为 13.3 mm,分五次切削,切完后快速退刀,换切槽刀切断工件。

步骤 4 刀具选择。

根据加工要求选用四把刀具:1 号为 90°外圆车刀,2 号为 4 mm 切槽刀,3 号为 60°螺纹车刀,4 号为尖头车刀(精车刀);1 号刀用 1 号刀补,2 号刀用 2 号刀补,3 号刀用 3 号刀补,4 号刀用 4 号刀补。

步骤 5 确定切削余量。

切削用量如表 2.2 所示。

表 2.2 切削用量

切削表面	主轴转速/(r/min)	进给速度/(mm/min)
车端面	600	100
粗车外轮廓	600	80
精车外轮廓	1 000	50
切槽	500	40
车螺纹	400	
切断	500	50、30

粗车背吃刀量为 2 mm（单边），精车 X 向 0.4 mm（双边），Z 向 0.2 mm。螺纹加工分五次切削，切深（双边）依次为 0.7,0.6,0.6,0.4,0.2 mm。

步骤 6 编制精加工程序

零件的加工程序如下。

O0002；

N10 G50 X100.0 Z100.0；

N20 S600 M03；

N30 T0101；

N40 G00 X36.0 Z2.0；

N50 G98 G01 X−1.0 F100 M08；

N60 G00 X36.0；

N70 G71 U2.0 R1.0；

N80 G71 P90 Q270 U0.4 W0.2 F80；

N90 G00 Z0 S1000；

N100 G01 X0 F50；

N110 G03 X12.0 Z−6.0 R6.0；

N120 G01 Z−10.0；

N130 X13.8；

N140 U2.0 W−1.0；

N150 Z−29；

N160 X18.0；

N170 X22.0 W−10；

N180 W−3.0；

N190 X24.0；

N200 X26.0 W−1.0；

N210 W−5.0；

N220 G02 X28.0 W−12.0 R18.0；

N230 G01 W−3.0；

N240 X30.0；

N250 X32.0 W−1.0；

N260 Z－77.0；

N270 X35.0；

N280 G00 X100.0 Z 100.0 T0100；

N290 T0404；

N300 G00 X34.0 Z2.0

N310 G70 P90 Q270；

N320 G00 X100.0 Z 100.0 T0400；

N330 T0202 S500；

N340 G00 X20.0 Z－29.0；

N350 G01 X13.0 F40；

N360 G04 X5.0；

N370 X13.8；

N380 X15.8 W1.0；

N390 G00 X100.0 Z100.0 T0200；

N400 T00303 S400；

N410 G00 X18.0 Z－6.0；

N420 G92 X15.1 Z－27.0 F2.0；

N430 X14.5；

N440 X13.9；

N450 X13.5；

N460 X13.3；

N470 G00 X100.0 Z100.0 T0300；

N480 T0202 S500；

N490 G00 X34.0 Z－76.0；

N500 G01 X16.0 F50；

N510 X32.0 F400；

N520 X－0.2 F30；

N530 G04 X5.0；

N540 G00 X100.0 Z100.0 T0200 M09；

N500 M30；

2.5　数控铣床、加工中心加工编程

2.5.1　数控铣床、加工中心程序编制特点

数控铣床可以完成铣削或镗削、钻削，也称数控镗铣床。加工中心是装有刀库和自动换刀装置的数控镗铣床。立式加工中心主轴轴线是垂直的，适合于加工盖板类零件及各种模具；卧式加工中心主轴轴线是水平的，一般配备容量较大的链式刀库。加工中心可带有自动分度工作台或配有双工作台，以便工件的装卸，适合于工件一次装夹后，自动完成多面多工序加工，主要用于箱体类零件的加工。

数控镗铣削加工包括平面的铣削加工、二维轮廓的铣削加工、平面型腔的铣削加工、钻孔加工、镗孔加工、螺纹加工、箱体类零件加工及三维复杂型面的铣削加工。这些加工一般在数控镗铣床和加工中心上进行,其中复杂曲面轮廓的外形铣削、复杂型腔的铣削和三维复杂型面的铣削加工一般采用计算机辅助数控编程,其他加工可以采用手工编程。

数控镗铣削加工编程具如下特点。

(1) 选择工件零点位置时,一般注意以下几点。

① 工件零点应选择在零件图的尺寸基准上,以便坐标值的计算,减小误差。

② 工件零点应选择在精度较高的加工平面,以提高加工精度。

③ 对于对称零件,工件零件应设在对称中心上。

④ 对于立式机床,Z 轴方向上的零点一般设在工件的上表面。

(2) 在立式数控镗铣床上加工零件时,起刀点和退刀点必须离开工件表面一个安全高度,保证刀具在停止状态时,不与加工零件和夹具发生碰撞。

(3) 对于铣削加工,刀具切入工件的方式不仅影响加工质量,同时直接关系加工的安全。对于二维轮廓加工,一般要从侧向进刀或切向进刀,尽量避免垂直进刀;退刀方式也应从侧向退刀或切向退刀。

(4) 对于型腔的粗铣加工,一般应先钻一个工艺孔至型腔底面(留一定的精加工余量),并扩孔,以便使所用立铣刀能从工艺孔进刀,进行型腔加工。

(5) 对于铣削加工,精加工刀具半径选择主要依据是零件加工轮廓和轮廓凹处的曲率半径,刀具半径应小于该轮廓的最小曲率半径。

(6) 对于二维零件的轮廓铣削,粗加工、精加工程序采用同一加工程序,只是粗加工时,只需将刀具半径补偿值设为刀具半径加留给精加工的余量值即可。

2.5.2 数控铣床、加工中心固定循环指令

数控铣床、加工中心配备了固定循环功能,主要用于孔加工,包括钻孔、镗孔、攻螺纹等。使用一个程序段就可以完成一个孔加工的全部动作。继续加工孔时,如果孔动作无需改变,则程序中所有模态的数据可以不写,因此可以大大简化程序。

孔加工固定循环通常由以下五个动作组成,如图 2.42 所示,图中虚线表示快速移动,实线表示切削进给。

(1) X 轴和 Y 轴定位,即使刀具在初始平面快速定位到孔加工位置。

(2) Z 轴快速进给到 R 点。

(3) 孔加工,以切削进给速度进给到孔底位置。

(4) 孔底动作,主要有暂停、主轴准停和刀具在 X、Y 平面定向等。

(5) 快速返回到 R 点,或快速返回到初始平面的初始点。

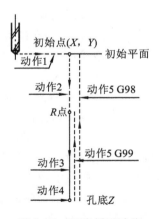

图 2.42 固定循环动作

初始平面是为安全下刀而规定的一个平面,一般初始平面设定在离工件最高的表面以上一个安全高度上。当使用同一把刀加工若干个孔时,只有孔间存在障碍需要跳跃或要将全部孔加工完,才要用 G98 指令,使刀具返回到初始平面上的初始点。

R 点平面是刀具下刀时由快进转为工进的平面,距工件加工的表面距离一般取 2～5

mm,大小主要考虑工件表面尺寸的变化。使用 G99 指令可使刀具返回到该平面上的 R 点。

加工盲孔时孔底平面就是孔底的 Z 轴高度,加工通孔时一般刀具要伸出工件底面一定距离,保证全部孔都加工到尺寸。

孔加工固定循环指令格式:

G90(G91)G98 (G99) G_ X_ Y_ Z_ R_ Q_ P_ F_ L_;

其中:选 G90 时,指令中的 X、Y、Z、R 尺寸字值以绝对坐标值表示;选 G91 时,其尺寸字值以增量坐标值表示。G98 指令可使刀具完成孔加工后返回到初始点;G99 指令可使刀具完成孔加工后返回到 R 点。

G_:孔加工循环指令,包括 G73、G74、G76、G80～G89 共 13 种。

X、Y:指定加工孔的位置。

Z:孔底位置。

R:指定 R 点平面位置(X、Y、Z、R 可选择绝对值编程和增量值编程,由 G90、G91 指令决定)。

Q:在 G73 或 G83 循环指令中,用于指定每次加工深度;在 G76 或 G87 循环指令中,用于指定为刀具偏移量。

P:指定刀具在孔底的暂停时间,以 ms 为单位。

F:指定孔加工切削进给时的进给速度。

L:指定孔加工重复次数,忽略该参数时为 L1,使用 G91 增量编程时,可用 L 参数指定多个孔的加工。

G73、G74、G76、G81～G89 等指令和 Z、R、Q、P、F 等参数均为模态。G80、G01～G03 指令的使用可以取消固定循环。

FANUC 系统孔加工固定循环指令如下。

1. 高速深孔钻循环指令 G73、深孔钻循环指令 G83

深孔指长径比大于 5 的孔。加工深孔时排屑困难,如果不及时将切屑排出,切屑可能堵塞在钻头的排屑槽里,这不仅影响加工精度,还可能扭断钻头,而且切削时会产生大量高温切屑,如不采取有效措施确保钻头的冷却和润滑,钻头的磨损将会加剧。G73、G83 指令用于钻削深孔,加工时,采用间歇进给,即加工到一定深度,快速退刀,再进给加工,如此反复进给加工,快速退刀,直到加工到孔底为止。这样容易实现断屑与排屑,并保证冷却与润滑。

指令格式:

G73 (G83) X_ Y_ Z_ R_ Q_ F_;

G73、G83 指令的循环过程如图 2.43 所示,其中虚线表示快速移动,实线表示切削进给,箭头表示刀具移动方向。

G73 与 G83 指令的区别是,每次钻削一定深度 Q 后,G73 指令快退一距离 d,然后再切削进给,退刀量 d 由参数(CYCR)设定,而 G83 指令每次钻削一定深度 Q 后都快退到 R 点,然后再快进到离前一次切削进给加工点的距离为 d 时,由快进转为工进,距离 d 由参数(CYCD)设定。深孔钻削固定循环加工时,最后一次进给深度 $\leq Q$。用 G83 指令钻孔时,排屑和散热情况比用 G73 指令好,而 G73 指令加工效率比 G83 指令高。

2. 钻孔循环指令 G81、G82

指令格式:

G81 X_ Y_ Z_ R_ F_;

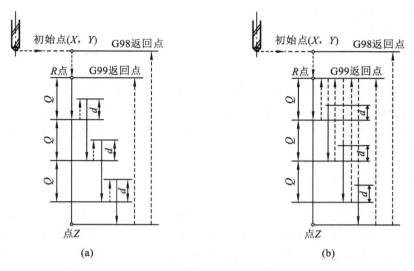

图 2.43　深孔钻削固定循环指令

(a)G73　(b)G83

G82 X_ Y_ Z_ R_ P_ F_;

G82 指令与 G81 指令比较,唯一不同之处是 G82 指令在孔底增加了暂停,因而适合于锪孔、镗阶梯孔或钻盲孔,以提高孔深精度,降低孔底表面粗糙度值。而 G81 指令用于钻通孔。

3. 攻丝循环指令 G74(左旋)、G84(右旋)

指令格式:

G74 (G84) X_ Y_ Z_ R_ P_ F_;

固定循环指令 G74、G84 用于加工左旋、右旋螺纹,指令中,根据主轴转速与螺纹螺距计算 F 值。G74 指令使主轴反转攻左旋螺纹,到孔底后,暂停,正转以进给速度退出,返回到 R 点后主轴恢复反转;G84 指令使主轴正转攻右旋螺纹,到孔底后,暂停,反转以进给速度退出,返回到 R 点后主轴恢复正转。在攻螺纹期间,忽略进给倍率且不能停车,即使使用了进给保持,机床仍然加工,直至完成该固定循环才停止加工。

4. 精镗孔循环指令 G85、精镗阶梯孔循环指令 G89

G85 指令格式:

G85 X_ Y_ Z_ R_ F_;

G85 指令格式与 G81 指令格式完全相同,但退刀动作不同,G85 指令加工方式是刀具以进给方式加工到孔底,然后又以切削进给方式返回到 R 点平面或初始平面。它主要适用于精镗孔加工。

G89 指令格式:

G89 X_ Y_ Z_ R_ P_ F_;

G89 指令格式与 G82 指令格式完全相同,用于精镗阶梯孔,加工方式与 G85 指令比较,只是在孔底增加了暂停,其他动作完全一样。

5. 镗孔指令 G86

指令格式:

G86 X_ Y_ Z_ R_ F_;

G86 指令格式也与 G81 指令格式完全相同,但加工到孔底后主轴停止,然后快速返回到

R 点或初始点,主轴再重新启动。

6. 镗孔指令 G88

指令格式:

G88 X_ Y_ Z_ R_ P_ F_;

G88 指令使刀具到达孔底暂停后,主轴停转且系统进入进给保持状态,在此情况下可以执行手动操作,但为了安全起见,应当先把刀具从孔中退出。为了再启动加工,手动操作后应再转换到"存储器"方式,按"循环启动"按键,刀具快速返回 R 点或初始点,然后主轴正转。

7. 精镗孔循环指令 G76

指令格式:

G76 X_ Y_ Z_ R_ P_ Q_ F_;

G76 指令用于精镗孔,其动作过程如图 2.44 所示,图中虚线表示快速移动,实线表示切削进给,箭头表示刀具移动方向,P 表示进给暂停,OSS 表示主轴准停,其动作过程为镗刀快速定位到初始点(X、Y),然后镗刀沿 Z 轴快速运动到 R 点平面,再镗孔加工到孔底,镗刀在孔底有三个动作,首先进给暂停,暂停时间由地址 P 定,单位为 ms;接着主轴准停(定向停止);最后镗刀沿刀尖的反向偏置 Q 值。完成这三个动作后,镗刀快速退回到 R 点或初始平面。这样可以保证刀具不划伤孔的表面,当镗刀快速返回到 R 点或初始点时,取消刀尖的反向偏置 Q。

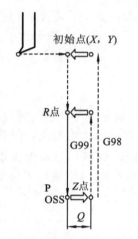

图 2.44　精镗孔固定循环指令 G76

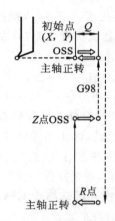

图 2.45　反镗孔固定循环指令 G87

8. 反镗孔循环指令 G87

指令格式:

G87 X_ Y_ Z_ R_ P_ Q_ F_;

反镗孔的动作过程如图 2.45 所示,镗刀在初始平面由当前位置快速定位到孔中心(X、Y),即初始点后,主轴定向停止,刀具沿刀尖相反的方向偏移 Q 值,然后沿 Z 轴快速移动到孔底(R 点),在 R 点,刀具按偏移量 Q 值返回,主轴正转,沿 Z 轴向上加工到 Z 点,在 Z 点主轴再次定向停止,刀具再次按偏移量 Q 值沿刀尖反向移动,并沿 Z 轴快速返回到初始平面,到初始平面后再按偏移量 Q 值返回到孔中心位置(X、Y),然后主轴正转,继续下一个程序段。反镗孔循环方式只能让刀具返回到初始点而不能返回到 R 点,因为 R 点平面低于 Z 点平面。

9. 撤销固定循环指令 G80

指令格式:

G80;

G80 指令为撤销固定循环指令,它与其他孔加工循环指令成对使用。孔加工固定循环指令及 Z、R、Q、P 等参数都是模态的,只是撤销时才被清除,因此只要开始时指定了这些,在后续的加工中不必重新指定。取消孔加工固定循环方式除用 G80 指令外,G00、G01 的出现也会取消孔加工固定循环方式。

2.5.3　数控铣床、加工中心加工程序编制举例

例 2.11　图 2.46 所示为凸轮零件,零件厚度为 10 mm。编写凸轮外轮廓精铣程序。

步骤 1　设定工件坐标系,如图 2.46 所示,原点 O 在工件上表面。

步骤 2　计算基点坐标及圆弧圆心。

基点坐标如下。

点 1:(2.857,19.795)。

点 2:(-2.105,18.232)。

点 3:(10,0)。

点 4:(20,0)。

圆心坐标如下。

圆心 5:(2,13.856)。

圆心 6:(5,0)。

圆心 7:(15,0)。

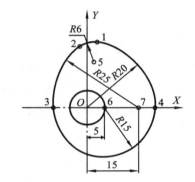

图 2.46　凸轮轮廓零件图

步骤 3　选用 φ10 mm 立铣刀,采用刀具半径左补偿方式加工,其数控加工程序如下。

O0001;

N05 G54 G94;

N10 G00 X0 Y0;

N15 Z100.0;

N20 X30.0 Y20.0 S500 M03;

N25 G01 Z-12.0 F20 M08;

N30 G41 G01 X20.0 Y10.0 D01 F100;

N35 Y0;

N40 G02 X-10.0 I-15.0 J0.0;

N45 X-2.105 Y18.232 I25.0 J0.0;

N50 X2.857 Y19.795 I4.105 J-4.376;

N55 X20.0 Y0.0 I-2.857 J-19.795;

N60 G01 Y-10.0;

N65 G40 G01 X30.0 Y-25.0 M09;

N70 G00 Z100;

N75 X0 Y0;

N80 M30;

例 2.12　如图 2.47 所示零件,要求对该型腔进行粗、精加工。编写数控加工程序。

步骤 1　设定工件坐标系,如图 2.47 所示,原点 O 位于对称中心并在工件的上表面。

步骤 2　对于型腔的粗铣加工,一般先钻一个工艺孔至型腔底面并留一定精加工余量。加

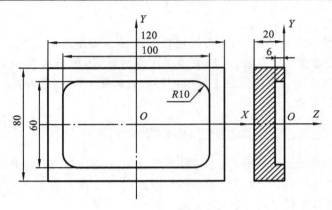

图 2.47　内轮廓型腔零件图

工工艺路线为:用 φ22 mm 钻头在中心 O 钻孔,在型腔底面留 0.5 mm 精加工余量,用 φ20 mm 立铣刀从工艺孔垂直进刀,留底面 0.5 mm 精加工余量,向周边扩展粗铣型腔,在型腔周边留 0.5 mm 精加工余量(型腔深度大时,可分层铣削),如图 2.48 所示。用 φ10 mm 的键槽铣刀精铣型腔,从中心垂直进刀,向周边扩展精铣型腔,如图 2.49 所示。其切削用量如表 2.3 所示。

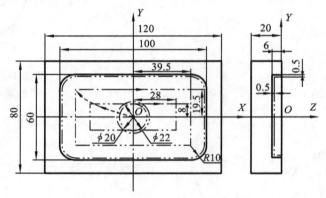

图 2.48　粗铣型腔刀具轨迹

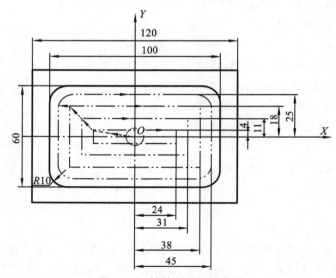

图 2.49　精铣型腔刀具轨迹

表 2.3 切削用量

切削用量 切削表面	主轴转速/(r/min)	进给速度/(mm/min)
钻工艺孔	600	40
粗铣型腔	300	70
精铣型腔	1 000	100

步骤 3 编写的数控加工程序如下。

O0002;

N01 G54 G94 T01;

N02 G91 G28 Z0 M06;

N03 S600 M03;

N04 G90 G43 G00 H01 Z100.0;

N05 G99 G81 X0 Y0 Z−5.5 R3.0 F40 T02;

N06 G91 G28 Z0 M06;

N07 S300 M03;

N08 G90 G43 G00 H02 Z100.0;

N09 X0 Y0;

N10 Z3.0;

N11 G01 Z−5.5 F40;

N12 X−28.0 Y8.0 F70;

N13 X28.0;

N14 Y−8.0;

N15 X−28.0;

N16 Y8.0;

N17 X−39.5 Y19.5;

N18 X39.5;

N19 Y−19.5;

N20 X−39.5;

N21 Y19.5;

N22 Z 3.0 T03;

N23 G91 G28 Z0 M06;

N24 S1000 M03;

N25 G90 G43 G00 H03 Z100.0;

N26 X0 Y0;

N27 Z3.0;

N28 G01 Z−6.0 F40;

N29 X−24.0 Y4.0 F100;

N30 X24.0;

N31 Y−4.0;

N32 X-24.0;

N33 Y4.0;

N34 X-31.0 Y11.0;

N35 X31.0;

N36 Y-11.0;

N37 X-31.0;

N38 Y11.0;

N39 X-38.0 Y18.0;

N40 X38.0;

N41 Y-18.0;

N42 X-38.0;

N43 Y18.0;

N44 X-45.0;

N45 Y20.0;

N46 G02 X-40.0 Y25.0 R10.0;

N47 G01 X40.0;

N48 G02 X45.0 Y20.0 R10.0;

N49 G01 Y-20.0;

N50 G02 X40.0 Y-25.0 R10.0;

N51 G01 X-40.0;

N52 G02 X-45.0 Y-20.0 R10.0;

N53 G01 Y 20.0;

N54 Z3.0;

N55 G00 Z100.0 M05;

N56 M30;

例 2.13　如图 2.50 所示的板料零件。编写孔加工程序,板料厚度 10 mm,孔为通孔。

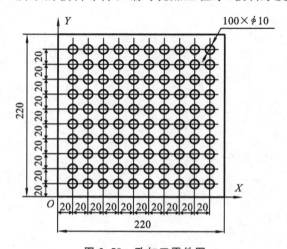

图 2.50　孔加工零件图

步骤 1　工件坐标系原点选在板料左下角上表面,如图 2.50 所示。

步骤 2　选取主轴转速 1 000 r/min,进给速度 50 mm/min。

步骤 3　编写数控加工程序,见如下。

主程序如下。

O0004；

N10 G54 G94；

N20 T01；

N30 G91 G28 Z0 M06；

N40 G90 G43 G00 Z200.0 H01 S1000 M03；

N50 X20 Y0 M08；

N60 M98 P0005 L5；

N70 M09；

N80 G00 Z200 M05；

N90 M30；

子程序如下。

O0005；

N10 G91 G99 G81 Y20.0 Z−12.0 R3.0 F50；

N20 X20 L9；

N30 Y20；

N30 X−20 L9；

N40 M99；

例 2.14　如图 2.51 所示零件,该工件上有 13 个孔,其中所有的孔加工精度要求较高,孔径的尺寸公差为 H7,表面粗糙度为 $Ra1.6$。编写孔加工程序。

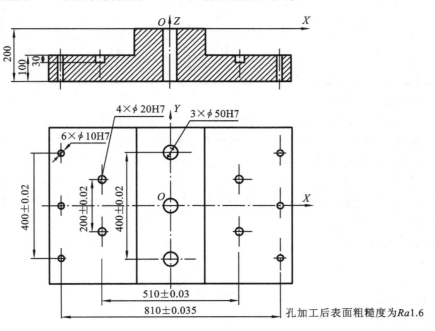

图 2.51　孔加工零件

步骤 1　工件坐标系的原点选在工件对称中心的上表面,如图 2.51 所示。

步骤 2　各孔的加工工艺及流程如下。

(1) 采用 $\phi 3$ mm 中心钻对所有孔进行预钻孔定位。当零件中孔的位置精度要求较高时,如果直接用钻头进行钻孔,因钻头有较长的横刃,定位性能不好,很难保证孔的位置精度要求,因此宜采用中心钻进行预钻孔。

(2) 对于 $6 \times \phi 10$ mm 的通孔,其工艺及流程为:$\phi 8.5$ mm 钻头钻孔→$\phi 9.8$ mm 扩孔钻扩孔→$\phi 10$H7 mm 铰刀铰孔。

(3) 对于 $4 \times \phi 20$ mm 的盲孔,其工艺及流程为:$\phi 15$ mm 钻头钻孔→$\phi 12$ mm 立铣刀铣孔→$\phi 20$ 精镗刀镗孔。

(4) 对于 $3 \times \phi 50$ mm 的盲孔,其工艺及流程为:$\phi 20$ mm 钻头钻孔→$\phi 30$ mm 扩孔钻扩孔→$\phi 48$ mm 镗刀粗镗孔→$\phi 50$H7 mm 精镗刀镗孔。

步骤 3　刀具与切削用量的选择如表 2.4 所示。

表 2.4　加工参数表

刀具名称	刀具直径/mm	进给量/(mm/min)	转速/(r/min)	刀号	半径补偿号	长度补偿号
中心钻	$\phi 3$	120	2 000	T1		H1
麻花钻	$\phi 8.5$	150	1 000	T2		H2
	$\phi 15$	75	600	T3		H3
	$\phi 20$	65	500	T4		H4
扩孔钻	$\phi 9.8$	120	800	T5		H5
	$\phi 30$	100	600	T6		H6
铰刀	$\phi 10$	25	100	T7		H7
立铣刀	$\phi 12$	150	800	T8	D1	H8
镗刀	$\phi 20$	60	400	T9		H9
	$\phi 48$	50	300	T10		H10
	$\phi 50$	50	300	T11		H11

步骤 4　编制加工程序。

O0010 为主程序,O8888 为换刀子程序,O0110 为中心钻钻孔子程序,O0120 为 $\phi 8.5$ mm 钻头钻孔子程序,O0130 为 $\phi 9.8$ mm 扩孔钻扩孔子程序,O0140 为 $\phi 10$ mm 铰刀铰孔子程序,O0150 为 $\phi 15$ mm 钻头钻孔子程序,O0160 为 $\phi 12$ mm 立铣刀铣孔子程序,O0170 为 $\phi 20$ mm 镗刀精镗孔子程序,O0180 为 $\phi 20$ mm 钻头钻孔子程序,O0190 为 $\phi 30$ mm 扩孔钻扩孔子程序,O0200 为 $\phi 48$ mm 镗刀粗镗孔子程序,O0210 为 $\phi 50$ mm 镗刀精镗孔子程序,O1001 为 $\phi 19.8$ mm 孔插补子程序。

编制的加工程序如下。

```
O0010;
G94 G54 G94;
T01 M98 P8888;
G90 G00 X0 Y0;
G43 G00 Z100.0 H01;
S2000 M03;
```

M08；

M98 P0110；

T02 M98 P8888；

G90 G00 X0 Y0；

G43 G00 Z100.0 H02；

S1000 M03；

M08；

M98 P0120；

T05 M98 P8888；

G90 G00 X0 Y0；

G43 G00 Z100.0 H05；

S800 M03；

M08；

M98 P0130；

T07 M98 P8888；

G90 G00 X0 Y0；

G43 G00 Z100.0 H07；

S100 M03；

M08；

M98 P0140；

T03 M98 P8888；

G90 G00 X0 Y0；

G43 G00 Z100.0 H03；

S600 M03；

M08；

M98 P0150；

T08 M98 P8888；

G90 G00 X0 Y0；

G43 G00 Z100.0 H08；

S800 M03；

M08；

M98 P0160；

T09 M98 P8888；

G90 G00 X0 Y0；

G43 G00 Z100.0 H09；

S400 M03；

M08；

M98 P0170；

T04 M98 P8888；

G90 G00 X0 Y0；

```
G43 G00 Z100.0 H04；
S500 M03；
M08；
M98 P0180；
T06 M98 P8888；
G90 G00 X0 Y0；
G43 G00 Z100.0 H06；
S600 M03；
M08；
M98 P0190；
T10 M98 P8888；
G90 G00 X0 Y0；
G43 G00 Z100.0 H10；
S300 M03；
M08；
M98 P0200；
T11 M98 P8888；
G90 G00 X0 Y0；
G43 G00 Z100.0 H11；
S300 M03；
M08；
M98 P0210；
M30；

O8888；
M05；
M09；
G80 G49；
G91 G28 Z0 M06；
M99；

O0110；
G99 G81 X−405.0 Y−200.0 Z−106.0 R−95.0 F150；
Y0；
Y200.0；
X−255.0 Y100.0；
G98 Y−100.0；
G99 X0 Y−200.0 Z−6.0 R5.0；
Y0；
Y200.0；
```

X255.0 Y100.0 Z－106.0 R－95.0；
Y－100.0；
X405.0 Y－200.0；
Y0；
G98 Y200.0；
M99；

O0120；
G99 G83 X－405.0 Y－200.0 Z－205.0 R－95.0 Q10.0 F150；
Y0；
G98 Y200.0；
G99 X405.0；
Y0；
G98 Y－200.0；
M99；

O0130；
G99 G83 X－405.0 Y－200.0 Z－205.0 R－95.0 Q10.0 F120；
Y0；
G98 Y200.0；
G99 X405.0；
Y0；
G98 Y－200.0；
M99；

O0140；
G99 G85 X－405.0 Y－200.0 Z－205.0 R－95.0 F25；
Y0；
G98 Y200.0；
G99 X405.0；
Y0；
G98 Y－200.0；
M99；

O0150；
G99 G83 X－255.0 Y－100.0 Z－130.0 R－95.0 Q10.0 F75；
G98 Y100.0；
G99 X255.0；
G98 Y－100.0；
M99；

O0160；
G90 G00 X－255.0 Y－100.0；
Z－95.0；
G01 Z－100.0 F80；
M98 P1001 L6；
G00 Z－95.0；
Y100.0；
G01 Z－100.0 F80；
M98 P1001 L6；
G00 Z5.0；
X255.0；
G01 Z－100.0 F80；
M98 P1001 L6；
G00 Z－95.0；
Y－100.0；
G01 Z－100.0 F80；
M98 P1001 L6；
G00 Z100；
M99；

O1001；
G91 G01 Z－5.0；
G41 G01 X－9.6 D01 F150；
G03 X19.2 Y0 I9.6 J0；
G90 G40 G01 X－255.0；
M99；

O0170；
G99 G76 X －255.0 Y－100.0 Z－130.0 R－95.0 P1000 Q1.0 F60；
G98 Y100.0；
G99 X255.0；
G98 Y－100.0；
M99；

O0180；
G99 G83 X0 Y－200.0 Z－210.0 R5.0 Q10.0 F65；
Y0；
G98 Y200.0；
M99；

O0190；

G99 G83 X0 Y－200.0 Z－210.0 R5.0 Q10.0 F100；

Y0；

G98 Y200.0；

M99；

O0200；

G99 G85 X0 Y－200.0 Z－210.0 R5.0 F50；

Y0；

G98 Y200.0；

M99；

O0210；

G99 G76 X0 Y－200.0 Z－210.0 R5.0 Q1.0 F50；

Y0；

G98 Y200.0；

M99；

例 2.15　如图 2.52 所示零件,毛坯为经过预先铣削加工的规则合金铝锭,尺寸为 100 mm×100 mm×50 mm,其中正五边形外接圆直径为 80 mm,该零件主要由四边形和五边形的外轮廓以及孔系组成。编写零件数控加工程序。

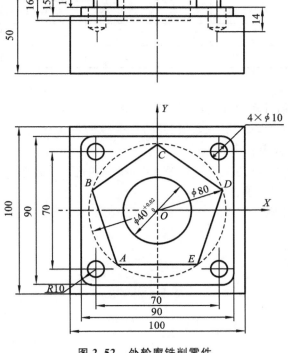

图 2.52　外轮廓铣削零件

步骤 1　工件坐标系原点选在工件对称中心的上表面,如图 2.52 所示。

步骤 2　工艺分析。

根据先面后孔、先粗后精、先主后次的加工顺序,该零件工艺及流程定为:粗加工 90 mm×90 mm×15 mm 四边形→粗加工五边形→粗加工 ϕ40 内圆→精加工四边形、五边形、ϕ40 mm 内圆→加工 4×ϕ10 mm 内孔。

切削用量的选择原则:粗加工时,选择较大的背吃刀量和进给量,采用较低的切削速度;精加工时,选择较小的背吃刀量和进给量和高的切削速度。选用 ϕ20 mm 的两刃立铣刀粗铣四边形、五边形外轮廓和 ϕ40 mm 内圆,选用 ϕ16 mm 的四刃立铣刀精铣四边形、五边形外轮廓和 ϕ40 mm 内圆,粗铣后留精铣余量 0.2 mm。

步骤 3　刀具与切削参数的选择。

轮廓粗铣选用 ϕ20 mm 两刃立铣刀,刀号设定为 T01;轮廓精铣选用 ϕ16 mm 四刃立铣刀,刀号设定为 T02;ϕ10 mm 的四孔先选用 ϕ10 mm 的中心钻打定位孔,设定刀号为 T03,再选用 ϕ10 mm 的麻花钻钻孔,设定刀号为 T04。刀具与切削参数如表 2.5 所示。

表 2.5　加工参数表

加工内容	刀具名称	刀具直径 /mm	转速 /(r/min)	进给量 /(mm/min)	背吃刀量 /mm	刀号	长度 补偿号	半径 补偿号
粗铣四边形	两刃 立铣刀	ϕ20	800	300	14.8	T01	H01	D11(10) D12(20)
粗铣五边形					9.8			
粗铣 ϕ40 孔					15.8			
精铣四边形	四刃 立铣刀	ϕ16	1 200	240	15	T02	H02	D21(8)
精铣五边形					10			
精铣 ϕ40 孔					16			
打定位孔	中心钻	ϕ10	3 000	200	5	T03	H03	
钻 4×ϕ10 孔	麻花钻	ϕ10	1 600	200	5	T04	H04	

步骤 4　基点计算。

根据平面几何关系,计算出五边形顶点坐标:$A(-23.51, -32.36)$, $B(-38.04, 12.36)$, $C(0, 40)$, $D(38.04, 12.36)$, $E(23.51, -32.36)$。

步骤 5　编写加工程序。

O0020 为主程序,O8999 为换刀子程序,O2001 为四边形子程序,O2002 为五边形子程序,O2003 为 ϕ40 mm 圆精加工子程序。

编写的加工程序如下。

O0020;

G54 G94;

T01;

M98 P8999;

S800 M06;

G00 X0 Y0;

G43 Z100.0 H01 T02 M08;

Y－60.0;

Z5.0;

G01 Z－14.8 F200;

D11;

M98 P2001;

Z－9.8;

D12;

M98 P2002;

D11;

M98 P2002;

G00 Z5.0;

Y0;

G01 Z－15.8 F200;

X9.8 F300;

G02 I－9.8;

G00 X0;

Z100.0;

M98 P8999;

S1200 M03;

G43 G00 Z100.0 H02 T03 M08;

Y－60.0;

Z5.0;

G01 Z－15.0 F200;

D21;

F240;

M98 P2001;

Z－10.0;

M98 P2002;

G01 Z5.0;

X0 Y0;

G01 Z－16.0 F200;

D21;

M98 P2003;

M98 P8999;

S3000 M03 T04;

G43 G00 Z100.0;

G90 G98 G81 X－35.0 Y－35.0 Z－18.0 R －5.0 F200;

Y35.0;

X35.0;

Y－35.0;

```
G00 X0 Y0；
M98 P8999；
S1600 M03；
G43 G00 Z100.0 H04 M08；
G90 G98 G73 X-35.0 Y-35.0 Z-22.0 R -5.0 Q5.0 F200；
Y35.0；
X35.0；
Y-35.0；
G00 X0 Y0；
M30；


O8999；
M05；
M09；
G49；
G91 G28 Z0 M06；
M99；


O2001；
G90 G41 G01 X-35.0 Y-45.0；
G02 X-45.0 Y-35.0 R10.0；
G01 Y35.0；
G02 X -35.0 Y45.0 R10.0；
G01 X35.0；
G02 X45.0 Y35.0 R10.0；
G01 Y-35.0；
G02 X35.0 Y-45.0 R10.0；
G01 X-35；
G40 G00 X0 Y-60.0；
M99；


O2002；
G41 G01 X-23.51 Y-32.36 F300；
X-38.04 Y12.36；
X0 Y40.0；
X38.04 Y12.36；
X23.51 Y-32.36；
X-23.51；
G40 G01 X0 Y-60.0；
M99；
```

O2003；

G90 G41 G01 X10.0 F240；

G02 I-10.0；

G01 X20.0；

G02 I-20.0；

G40 G01 X0 Y0；

G00 Z100.0；

M99；

思考题与习题

2.1　简述数控程序编制的内容和步骤。

2.2　简述数控程序段格式。

2.3　简述数控坐标系及运动方向的规定。

2.4　执行 G00 和 G01 指令时的轨迹是否相同？有何区别？

2.5　刀具补偿类型有哪些？如何实现刀具的补偿？

2.6　何谓主程序和子程序？子程序的调用主要应用在什么场合？

2.7　M01 指令和 M00 指令有何不同？

2.8　什么是模态指令、非模态指令？

2.9　什么是机床坐标系、工件坐标系、机床原点、机床参考点和工件原点？

2.10　数控车削程序编制的特点有哪些？

2.11　数控加工时，如何设定工件坐标系？

2.12　何谓对刀点，如何实现对刀？

2.13　简述数控程序的编制方法及特点。

2.14　何谓零件轮廓的基点和节点？

2.15　图 2.53 所示零件的毛坯为 φ53 的棒料，材料为 45 钢。编写零件的加工程序。

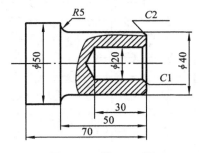

图 2.53　题 2.15 图

2.16　图 2.54 所示零件的毛坯为 φ82 的棒料，材料为 45 钢。编写零件的加工程序。

2.17　图 2.55 所示零件为一盖板零件，毛坯为一块 180 mm×90 mm×12 mm 板料，各孔已加工完。编写铣削外轮廓零件程序。

2.18　如图 2.56 所示，编写钻 50 个孔的加工程序。

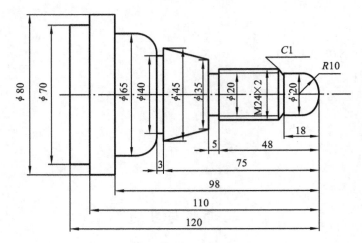

图 2.54　题 2.16 图

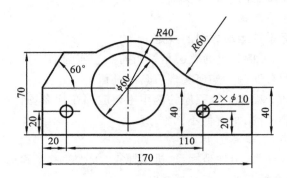

图 2.55　题 2.17 图

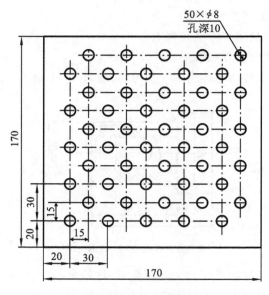

图 2.56　题 2.18 图

2.19　如图 2.57 所示零件,材料为铸铁。编写其 3 个孔的钻、镗、锪加工程序。

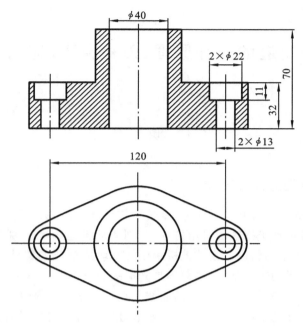

图 2.57　题 2.19 图

第 3 章　运动轨迹的插补原理、刀补原理、运动误差补偿原理

3.1　概　　述

3.1.1　运动轨迹的插补概念

　　计算机数控装置的一个最基本的任务,就是按零件的外形轮廓尺寸及精度要求编制的加工程序,计算出机床各运动坐标轴的进给指令,分别驱动各运动坐标轴产生协调运动,以获得刀具相对于工件的理想运动轨迹。在数控机床中,刀具(或机床的移动部件)的最小移动量是一个脉冲当量,刀具的运动轨迹是折线,而不是光滑的曲线。刀具不能严格地沿着要求加工的曲线运动,只能用折线轨迹逼近所要加工的曲线。在这个处理过程中,采用的方法就是插补方法。在数控装置中,插补是指根据给定的数学函数,诸如线性函数、圆函数或高次函数,在理想的轨迹或轮廓上的已知点之间确定一些中间点的一种方法。插补的实质是根据有限的信息完成“数据密化”工作。

3.1.2　运动轨迹的插补方法

　　数控装置中完成插补工作的部件称为插补器,根据插补器结构的不同,可分为硬件插补器、软件插补器和软硬件结合插补器三类。硬件插补器由分立元件或集成电路组成,它的特点是运算速度快,但灵活性差,不易更改。软件插补器利用微处理器,通过编程完成各种插补功能,这种插补器的特点是灵活多变,但速度较慢。在硬件数控系统中,插补是由专门设计的硬件数字电路完成的,即采用硬件插补;而在计算机数控装置中,插补采用两种方法实现:一种是由计算机的程序软件和硬件配合实现,另一种是全部采用计算机的程序软件实现,即采用软件插补的方法。大多数计算机数控装置都采用第二种方法。现代数控装置采用软件插补或软、硬件插补结合的方法,由软件完成粗插补,硬件完成精插补。所谓粗插补采用软件方法,即将加工轨迹分割为线段,而精插补采用硬件插补器,对粗插补分割的线段进一步密化其数据点。粗、精插补结合的方法对数控装置运算速度要求不高,可节省存储空间,且响应速度和分辨率都较高。

　　直线和圆弧是构成工件轮廓的基本线条,因此大多数数控装置都具有直线插补和圆弧插补的功能。实际的零件轮廓可能既不是直线,也不是圆弧,这时必须对零件的轮廓线进行直线和圆弧的拟合(即用多段直线、圆弧逼近零件轮廓线),才能对零件进行插补加工。三坐标及三坐标以上联动的数控装置一般还有螺旋线插补等功能。一些高档数控装置已出现了抛物线插补、渐开线插补、正弦线插补、样条曲线插补和球面螺旋线插补等功能。本章只讨论直线和圆弧的插补算法。

　　在编程人员编制的零件数控加工程序中,一般都会提供零件轮廓上直线的起点和终点,圆弧的起点和终点,顺圆还是逆圆,圆弧圆心相对于圆弧起点的偏移量或圆弧的半径,同时还给出进给速度和相关的刀具参数。插补的任务就是根据零件数控加工程序中给定的进给速度,

在零件轮廓的起点和终点之间计算出若干中间点的坐标值。对于轮廓控制系统来说,插补运算是最重要的计算任务。插补运算一般采用迭代算法,这样可以避免三角函数计算,同时减少乘、除及开方运算。插补对机床控制必须是实时的。插补运算速度直接影响数控系统的控制速度,而插补计算精度又影响到整个数控系统的精度。人们一直在努力探求一种计算速度快、计算精度高的插补算法。

目前普遍应用的插补算法分为两大类:基准脉冲插补和数据采样插补。基准脉冲插补(脉冲增量插补、行程标量插补)方法每次插补结束时向各运动坐标轴输出一个基准脉冲序列,驱动各坐标轴进给电动机的运动。每个脉冲使坐标轴产生 1 个脉冲当量的增量,代表刀具或工件的最小位移;脉冲数量表示刀具或工件移动的位移量;脉冲序列频率表示刀具或工件运动的速度。这种方法的特点是运算简单,用硬件电路实现,运算速度快,适用步进电动机驱动的、中等精度或中等速度要求的开环数控系统。有的数控系统将其用于数据采样插补中的精插补。常用的基准脉冲插补方法有逐点比较法、数字积分法、比较积分法、数字脉冲乘法器法、最小偏差法、矢量判别法、单步追踪法、直接函数法等,但应用较多的是逐点比较法和数字积分法。

数据采样插补(数据增量插补、时间分割法)方法采用时间分割思想,根据编程的进给速度,将轮廓曲线分割为每个插补周期的进给直线段(又称轮廓步长)进行数据密化,以此来逼近轮廓曲线。第一步为粗插补:时间分割,把加工一段直线或圆弧的整段时间细分为许多相等的称为插补周期 T 的时间间隔,在每个 T 内,计算轮廓步长 $L=FT$,将轮廓曲线分割为若干条长度为轮廓步长 L 的微小直线段。第二步为精插补:在粗插补算出的每一微小直线段的基础上再做“数据点密化”工作。一般将粗插补运算称为插补,由软件完成,精插补可由软件、硬件实现。数据采样插补也称为时间标量插补,适用于闭环和半闭环(以直流或交流伺服电动机为驱动装置)的位置采样数控系统。插补程序的周期可以和数控装置的位置采样周期相同,也可以是采样周期的整数倍。在前一种情况下,插补程序在每一个采样周期中被调用一次,算出坐标轴在一个周期中的位置增量,由此位置增量算出坐标轴相应的指令位置,将此指令位置作为坐标轴的位置闭环控制系统的输入。在数据采样插补方式中,由于采用较低的插补频率(60~125 Hz),计算机是易于管理和实现的。在这种系统中,插补程序的运行时间不多于计算机时间负荷的 30%~40%,在其余时间内,计算机可以实现包括编程、存储、采集运行的状态数据、监视系统和机床等数控功能。数控系统所能实现的轨迹速度,就插补输出而言,一般可以达到10 m/min 以上。随着微型计算机(以下简称微机)的发展和应用,数控系统的构成产生革命性变化。小巧、廉价的微机构成的 MNC 系统已成为计算机数控的主流。为了克服目前微机存在的速度慢、字长短的缺点,MNC 系统通常是软/硬件配合两级插补方案的单微机系统。在这种系统中,为了减短计算机的插补程序运行时间,将插补任务分为两部分,即由计算机软件和附加的插补器硬件共同承担。软件插补称为粗插补,类似采样插补,把工件轮廓按 10~20 ms 的周期插补为若干段。硬件插补称为细插补,完成对粗插补输出的直线段的细插补,形成输出脉冲。软件完成插补任务的绝大部分,而时间负荷要比仅仅用一级软件插补的方案小得多。利用软件、硬件结合的数控系统,需要较小的计算机容量和较小的插补时间负荷,这一方案已被许多数控系统所采用。

3.2　基准脉冲插补

3.2.1　逐点比较法插补

逐点比较法的基本思路是被控制对象在数控装置的控制下,按要求的轨迹运动时,每走一步都要和规定的轨迹比较,根据比较的结果决定下一步移动的方向。逐点比较法既可以作直线插补,又可以作圆弧插补。这种算法的特点是运算直观,插补误差最大不超过一个脉冲当量,而且输出脉冲均匀,输出脉冲的速度变化小,调节方便,因此在两坐标的数控系统中应用较为普遍。

1. 逐点比较法直线插补

如图 3.1 所示,在 XY 平面第一象限内,假设待加工零件轮廓的某一段为直线,若该直线

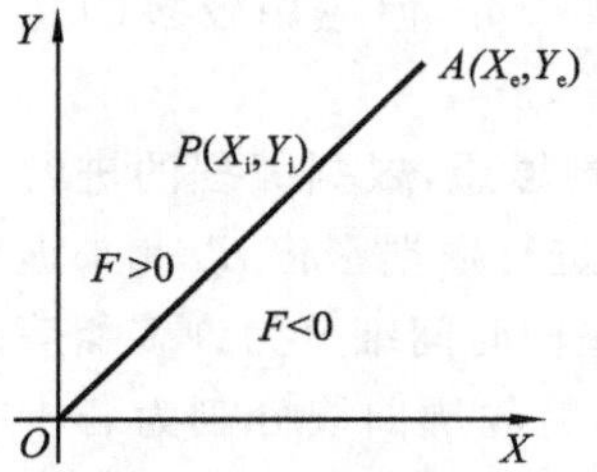

图 3.1　逐点比较法直线
插补示意

加工起点坐标为坐标原点 O,终点 A 的坐标为 (X_e,Y_e)(以脉冲当量为单位,X_e,Y_e 为各坐标轴终点对应的脉冲个数)。设点 $P(X_i,Y_i)$ 为任一加工点,若点 P 正好处在直线 OA 上,则有

$$\frac{Y_i}{X_i} = \frac{Y_e}{X_e}$$

即
$$X_eY_i - X_iY_e = 0$$

若加工点 $P(X_i,Y_i)$ 在直线 OA 的上方(严格地说,在直线 OA 与 Y 轴所成夹角区域内),则有

$$\frac{Y_i}{X_i} > \frac{Y_e}{X_e}$$

即
$$X_eY_i - X_iY_e > 0$$

若加工点 $P(X_i,Y_i)$ 在直线 OA 的下方(严格地说,在直线 OA 与 X 轴所成夹角区域内),则有

$$\frac{Y_i}{X_i} < \frac{Y_e}{X_e}$$

即
$$X_eY_i - X_iY_e < 0$$

设偏差函数为 F,则有

$$F = X_eY_i - X_iY_e \tag{3.1}$$

于是有如下结论:

当 $F=0$ 时,点 $P(X_i,Y_i)$ 在直线上;

当 $F>0$ 时,点 $P(X_i,Y_i)$ 在直线的上方;

当 $F<0$ 时,点 $P(X_i,Y_i)$ 在直线的下方。

式(3.1)称为"直线加工偏差判别式",也称"偏差判别函数",F 的数值称为偏差,根据偏差就可以判别点与直线的相对位置。

从图 3.2 可以看出,对于起点在原点,终点为 $A(X_e,Y_e)$ 的第一象限直线 OA 来说,当点 P 在直线上方(即 $F>0$)时,应该向 $+X$ 方向发一个脉冲,使机床刀具向 $+X$ 方向前进一步,以接近该直线;当点 P 在直线下方(即 $F<0$)时,应该向 $+Y$ 方向发一个脉冲,使刀具向 $+Y$ 方向前进一步,趋向该直线。当点 P 正好在直线上(即 $F=0$)时,既可向 $+X$ 方向,又可向 $+Y$ 方向发一个脉冲,但通常将 $F>0$ 和 $F=0$ 归于一类,即 $F \geqslant 0$ 时向 $+X$ 方向发一个脉冲。这样从坐

标原点开始,走一步,算一算,判别 F,逐点接近直线 OA。当两个方向所走的步数和终点坐标 $A(X_e,Y_e)$ 值相等时,发出终点到达信号,停止插补。

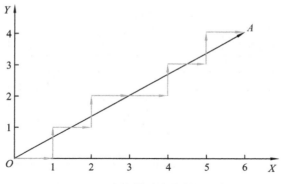

图 3.2　逐点比较法直线插补示例

按照上述法则进行偏差 F 运算时,要做乘法和减法运算。通常采用的方法是迭代法,或称递推法,即每走一步后,新加工点的偏差用前一点的偏差递推出来。下面分两种情况导出递推公式。

(1) 当偏差值 $F \geqslant 0$ 时,应向 X 轴正方向发出一进给脉冲,刀具从现加工点 (X_i,Y_i) 向 X 轴正方向前进一步,到达新加工点 (X_{i+1},Y_i),则新加工点的偏差值为

$$F_{i+1,i} = X_e Y_i - X_{i+1} Y_e = X_e Y_i - (X_i + 1)Y_e = X_e Y_i - X_i Y_e - Y_e$$

即
$$F_{i+1,i} = F - Y_e \tag{3.2}$$

(2) 当偏差值 $F < 0$ 时,应向 Y 轴正方向发出一个进给脉冲,刀具从现加工点向 Y 轴正方向前进一步,则新加工点 (X_i,Y_{i+1}) 的偏差值为

$$F_{i,i+1} = X_e Y_{i+1} - X_i Y_e = X_e(Y_i + 1) - X_i Y_e = X_e Y_i + X_e - X_i Y_e$$

即
$$F_{i,i+1} = F + X_e \tag{3.3}$$

由式(3.2)和式(3.3)可以看出,新加工点的偏差完全可以用前一加工点的偏差和 X_e、Y_e 递推出来。

综上所述,在逐点比较法的直线插补过程中,每走一步要进行以下四个步骤,其工作步骤如图 3.3 所示。

步骤 1　偏差判别。根据偏差值确定刀具相对加工直线的位置。

步骤 2　坐标进给。根据偏差判别的结果,决定控制沿哪个坐标轴(X 或 Y)移动一步。

步骤 3　偏差计算。对新的加工点计算出能反映偏离加工直线位置情况的新偏差,为下一步偏差判别提供依据。

步骤 4　终点判别。在计算偏差的同时,还要进行终点判别,以确定是否到达终点。如果已经到达终点,就不再进行运算,并发出停机或转换程序段的信号;如果未到终点,则返回步骤 1 继续插补。

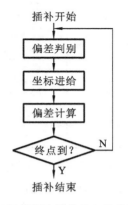

图 3.3　逐点比较法工作步骤

逐点比较法第一象限直线插补流程如图 3.4 所示。

例 3.1　设欲加工直线 OA 如图 3.2 所示,直线的起点坐标为坐标原点,终点坐标为 $X_e =$

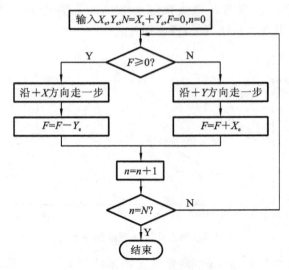

图 3.4　逐点比较法直线插补流程

$6, Y_e = 4$。试用逐点比较法对该段直线进行插补,并画出插补轨迹。

解　插补运算过程如表 3.1 所示,表中 X_e、Y_e 是直线终点坐标,n 为插补循环次数,N 为刀具沿 X 轴和 Y 轴进给的总步数,F_i 是第 i 个插补循环时的偏差函数值,起始时 $F_0 = 0$。表中第一栏是插补时钟发出的脉冲个数。

表 3.1　逐点比较法直线插补运算过程

脉冲个数	偏差判别	进给方向	偏差计算	终点判别
0			$F_0 = 0, X_e = 6, Y_e = 4$	$n = 0, N = 10$
1	$F = 0$	$+X$	$F_1 = F_0 - Y_e = -4$	$n = 0 + 1 = 1 < N$
2	$F < 0$	$+Y$	$F_2 = F_1 + X_e = 2$	$n = 1 + 1 = 2 < N$
3	$F > 0$	$+X$	$F_3 = F_2 - Y_e = -2$	$n = 2 + 1 = 3 < N$
4	$F < 0$	$+Y$	$F_4 = F_3 + X_e = 4$	$n = 3 + 1 = 4 < N$
5	$F > 0$	$+X$	$F_5 = F_4 - Y_e = 0$	$n = 4 + 1 = 5 < N$
6	$F = 0$	$+X$	$F_6 = F_5 - Y_e = -4$	$n = 5 + 1 = 6 < N$
7	$F < 0$	$+Y$	$F_7 = F_6 + X_e = 2$	$n = 6 + 1 = 7 < N$
8	$F > 0$	$+X$	$F_8 = F_7 - Y_e = -2$	$n = 7 + 1 = 8 < N$
9	$F < 0$	$+Y$	$F_9 = F_8 + X_e = 4$	$n = 8 + 1 = 9 < N$
10	$F > 0$	$+X$	$F_{10} = F_9 - Y_e = 0$	$n = 9 + 1 = 10 = N$,到达终点

插补程序开始时,由于偏差值 $F_0 = 0$,刀具应该向 X 轴正方向走一步。插补时钟发出第 1 个脉冲,刀具沿 X 轴走一步后,偏差值 F_1 为 -4。第一个插补循环结束前,插补循环数 n 应增加到 1,由于它小于总脉冲数 N,说明直线没有加工完毕,应继续进行下一个循环。

脉冲个数为 2 时,偏差函数的当前值 $F_1 = -4 < 0$,刀具应沿 Y 轴正方向走一步。刀具进给后偏差值 F_2 变为 2,插补循环数 n 增加到 2,仍小于 N,因此应继续进行插补。

插补工作一直如此往下进行,直到插补时钟发出第 10 个脉冲,这时插补循环数为 10,与 N 相等,说明直线已加工完毕,插补过程结束。

刀具在整个加工过程中的运动轨迹如图 3.2 中的折线所示。

2. 逐点比较法圆弧插补

加工一个圆弧，很容易联想到把加工点到圆心的距离和该圆弧的名义半径相比较来反映加工偏差。设要加工图 3.5 所示第一象限逆时针走向的圆弧 AB，半径为 R，以原点为圆心，起点 A 坐标为 (X_0, Y_0)，圆弧上任一加工点 P 的坐标为 (X_i, Y_i)，P 点与圆心的距离 R_P 的平方为 $R_P^2 = X_i^2 + Y_i^2$。下面以第一象限逆圆弧为例，导出逐点比较法偏差计算公式。

若点 $P(X_i, Y_i)$ 正好落在圆弧上，则

$$X_i^2 + Y_i^2 = X_0^2 + Y_0^2 = R^2$$

若加工点 $P(X_i, Y_i)$ 在圆弧外侧，则 $R_P > R$，即

$$X_i^2 + Y_i^2 > X_0^2 + Y_0^2$$

若加工点 $P(X_i, Y_i)$ 在圆弧内侧，则 $R_P < R$，即

$$X_i^2 + Y_i^2 < X_0^2 + Y_0^2$$

将上面各式分别改写为

$$(X_i^2 - X_0^2) + (Y_i^2 - Y_0^2) = 0 \quad (\text{在圆弧上})$$
$$(X_i^2 - X_0^2) + (Y_i^2 - Y_0^2) > 0 \quad (\text{在圆弧外侧})$$
$$(X_i^2 - X_0^2) + (Y_i^2 - Y_0^2) < 0 \quad (\text{在圆弧内侧})$$

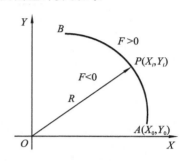

图 3.5　逐点比较法圆弧插补

由此可见，逐点比较法圆弧插补的偏差判别式为

$$F = (X_i^2 - X_0^2) + (Y_i^2 - Y_0^2)$$

若点 $P(X_i, Y_i)$ 在圆弧外侧或圆弧上，即满足 $F \geqslant 0$ 的条件，则向 X 轴发出一负方向进给脉冲 $(-\Delta X)$，向圆内走一步；若点 $P(X_i, Y_i)$ 在圆弧内侧，即满足 $F < 0$ 的条件，则向 Y 轴发出一正方向进给脉冲 $(+\Delta Y)$，向圆弧外走一步。为简化偏差判别式的运算，仍用递推法算出下一步新的加工偏差。

设加工点 $P(X_i, Y_i)$ 在圆弧外侧或圆弧上，则加工偏差 $F \geqslant 0$，刀具需向 X 坐标负方向进给一步，即移到新的加工点 $P(X_{i+1}, Y_i)$。新加工点的加工偏差为

$$F_{i+1,i} = (X_i - 1)^2 - X_0^2 + Y_i^2 - Y_0^2 = X_i^2 - 2X_i + 1 - X_0^2 + Y_i^2 - Y_0^2$$

即
$$F_{i+1,i} = F - 2X_i + 1 \tag{3.4}$$

设加工点 $P(X_i, Y_i)$ 在圆弧内侧，则加工偏差 $F < 0$，刀具需向 Y 坐标正方向进给一步，即移到新的加工点 $P(X_i, Y_{i+1})$。该点的加工偏差为

$$F_{i,i+1} = X_i^2 - X_0^2 + (Y_i + 1)^2 - Y_0^2 = X_i^2 - X_0^2 + Y_i^2 + 2Y_i + 1 - Y_0^2$$

即
$$F_{i,i+1} = F + 2Y_i + 1 \tag{3.5}$$

综上所述，逐点比较法第一象限逆圆弧插补时坐标进给方向和新偏差为

当 $F \geqslant 0$ 时，应走 $-\Delta X$，新偏差 $F_{i+1,i} = F - 2X_i + 1$；

当 $F < 0$ 时，应走 $+\Delta Y$，新偏差 $F_{i,i+1} = F + 2Y_i + 1$。

圆弧插补时，由偏差递推公式 (3.4) 和式 (3.5) 可知，除加、减运算外，只有乘 2 运算，算法比较简单。但在计算偏差的同时，还要对加工点的坐标 (X_i, Y_i) 进行加 1 或减 1 运算，为下一点的偏差计算做好准备。

与直线插补一样，逐点比较法圆弧插补除要进行偏差计算外，还要进行终点判别。

逐点比较法第一象限逆圆插补流程如图 3.6 所示。

例 3.2　设要加工图 3.7 所示逆圆弧 AB，圆弧的起点为 $A(4, 0)$，终点为 $B(0, 4)$。试对该段圆弧进行插补，并画出插补轨迹。

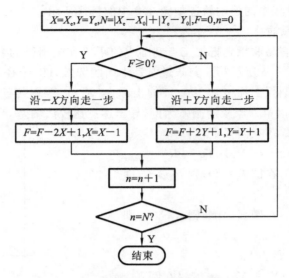

图 3.6　逐点比较法第一象限逆圆插补流程

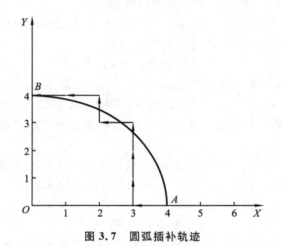

图 3.7　圆弧插补轨迹

解　加工图 3.7 所示圆弧,终点判别值为

$$N = \mid X_B - X_A \mid + \mid Y_B - Y_A \mid = \mid 0 - 4 \mid + \mid 4 - 0 \mid = 8$$

插补运算过程和刀具运动轨迹分别如表 3.2 和图 3.7 中的折线所示。

表 3.2　逐点比较法圆弧插补运算过程

脉冲个数	偏差判别	进给方向	偏差计算	坐标计算	终点判别
0			$F_0 = 0$	$X_0 = X_A = 4, Y_0 = Y_A = 0$	$n = 0, N = 8$
1	$F_0 = 0$	$-X$	$F_1 = F_0 - 2X_0 + 1 = -7$	$X_1 = 3, Y_1 = 0$	$n = 0 + 1 = 1 < N$
2	$F_1 < 0$	$+Y$	$F_2 = F_1 + 2Y_1 + 1 = -6$	$X_2 = 3, Y_2 = 1$	$n = 1 + 1 = 2 < N$
3	$F_2 < 0$	$+Y$	$F_3 = F_2 + 2Y_2 + 1 = -3$	$X_3 = 3, Y_3 = 2$	$n = 2 + 1 = 3 < N$
4	$F_3 < 0$	$+Y$	$F_4 = F_3 + 2Y_3 + 1 = 2$	$X_4 = 3, Y_4 = 3$	$n = 3 + 1 = 4 < N$

续表

脉冲个数	偏差判别	进给方向	偏差计算	坐标计算	终点判别
5	$F_4>0$	$-X$	$F_5=F_4-2X_4+1=-3$	$X_5=2, Y_5=3$	$n=4+1=5<N$
6	$F_5<0$	$+Y$	$F_6=F_5+2Y_5+1=4$	$X_6=2, Y_6=4$	$n=5+1=6<N$
7	$F_6>0$	$-X$	$F_7=F_6-2X_6+1=1$	$X_7=1, X_7=4$	$n=6+1=7<N$
8	$F_7>0$	$-X$	$F_8=F_7-2X_7+1=0$	$X_8=0, Y_8=4$	$n=7+1=8=N$,到达终点

3. 坐标转换、自动过象限和终点判别

1) 象限与坐标转换

前面讨论的用逐点比较法进行直线和圆弧插补的原理、计算公式,只适用于第一象限直线和第一象限逆时针圆弧。对于不同象限和不同走向的圆弧来说,其插补计算公式和脉冲进给方向都是不同的。要将各象限不同走向的圆弧的插补公式统一于第一象限逆圆的计算公式,就需要将坐标和进给方向根据象限等的不同而进行转换,转换以后不管哪个象限的圆弧和直线都按第一象限逆圆和直线进行插补计算,而进给脉冲的方向则按实际象限和线型决定。

用 $SR1$、$SR2$、$SR3$、$SR4$ 分别表示第一、第二、第三、第四象限的顺圆弧(ISO 代码为 G02);用 $NR1$、$NR2$、$NR3$、$NR4$ 分别表示第一、第二、第三、第四象限的逆圆弧(ISO 代码为 G03);用 $L1$、$L2$、$L3$、$L4$ 分别表示第一、第二、第三、第四象限的直线;它们如图 3.8 所示。由图 3.8 可以看出,若按第一象限逆圆 $NR1$ 线型插补运算,则只需将 X 轴的进给反向,即可走出第二象限顺圆 $SR2$;或者将 Y 轴的进给反向,即可走出 $SR4$;或者 X 轴和 Y 轴两者进给都反向即可走出 $NR3$。此时 $NR1$、$NR3$、$SR2$、$SR4$ 四种线型都取相同的偏差运算公式。

从图 3.8 还可看出,若按 $NR1$ 线型插补,则把运算公式的坐标 X 和 Y 对调,即以 X 作为 Y,以 Y 作为 X,就可得到 $SR1$ 的走向。仿照上述做法,应用 $NR1$ 同一运算公式,适当改变进给方向也可获得其余线型 $SR3$、$NR2$、$NR4$ 的走向。

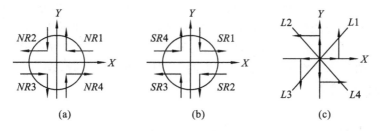

图 3.8　圆弧和直线的象限与坐标的转换

(a)逆圆　(b)顺圆　(c)直线

由上面讨论可知,若针对不同象限建立类似于第一象限的坐标,就可用统一公式作插补运算,然后根据不同的象限发出不同方向的进给脉冲。图 3.8 所示为 8 种圆弧和 4 种直线的坐标建立情况,据此可得到表 3.3 所示的进给脉冲分配类型。从表 3.3 可以看出,对于直线(ISO 代码为 G01)来说,按第一象限直线偏差计算公式得到的 ΔX、ΔY 脉冲,根据不同的象限,分配到机床不同坐标(X、Y)的正、负方向上。若是第二象限直线,则 ΔX 应发往 $+Y$ 坐标,若是第三象限直线,则 ΔX 应发往 $-X$ 坐标,等等。

表 3.3　象限与坐标转换脉冲分配的类型

线　　型	脉　　冲	象限和坐标			
		第一象限	第二象限	第三象限	第四象限
直线 G01	ΔX	$+X$	$+Y$	$-X$	$-Y$
	ΔY	$+Y$	$-X$	$-Y$	$+X$
顺圆弧 G02	ΔX	$-Y$	$+X$	$+Y$	$-X$
	ΔY	$+X$	$+Y$	$-X$	$-Y$
逆圆弧 G03	ΔX	$-X$	$-Y$	$+X$	$+Y$
	ΔY	$+Y$	$-X$	$-Y$	$+X$

2）圆弧插补自动过象限

前面讨论直线和圆弧插补时，是将第二、三、四象限的直线和顺圆、逆圆问题通过坐标转换变为按第一象限直线和逆圆插补。当加工的圆弧跨象限时，为了简化编程，需要进行自动过象限处理，以便在一个程序段内可插补跨象限的圆弧。

圆弧插补自动过象限大致要经过以下几个步骤。首先要进行边界处理，即当待加工圆弧起点和终点坐标值为零时，要给零赋以符号（正零或负零），以确定圆弧的加工方向。然后要对圆弧作过象限判断，若加工的圆弧过象限，则要置过象限标志，接着进行过象限处理。过象限处理就是对跨象限圆弧加工过程中边界点进行处理。所谓边界点是指跨象限圆弧与坐标轴的交点，如图 3.9 中的 B、C、D 和 E 点。边界点的处理是把圆弧起点所在象限的边界点（见图 3.9 中的 B 点）作为本段圆弧（图 4.9 中的圆弧

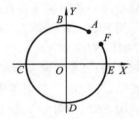

图 3.9　圆弧插补自动过象限

AB）插补的终点，再把这一点作为下一象限圆弧（用 3.9 中的圆弧 BC）插补的起点，其他边界点的处理可依此类推。图 3.9 所示跨象限圆弧要作四次过象限判断和过象限处理，并要进行五次插补计算才能到达圆弧的终点。圆弧加工自动过象限的详细处理方法在此不做介绍。

另外，也有采用相应坐标查"0"的方式进行自动过象限处理，如图 3.9 所示，当圆弧 AB 走到点 B 时，必然 $X_i=0$，也就是说 $X_i=0$ 可作为开始走第二象限圆弧 BC 段的标志，当查询到 $X_i=0$ 时，即可根据表 3.3 确定坐标的进给方向。同理，当 $Y_i=0$ 时，表示要跨入圆弧 CD 段，其他各段圆弧可依此类推。

3）终点判别

逐点比较法的终点判别有下面几种方式。

（1）插补运算开始前计算出两个坐标进给的总步数 N，$N=|X_e-X_0|+|Y_e-Y_0|$，在插补过程中 X 或 Y 每走一步，就从总步数 N 中减 1，当 $N-1$ 为零时，表示到达终点。

（2）插补前分别计算两个坐标进给的总步数 N_X 和 N_Y，其中 $N_X=|X_e-X_0|$，$N_Y=|Y_e-Y_0|$，当 X 坐标进给一步时，计算 N_X-1，当 Y 坐标进给一步时，计算 N_Y-1，两坐标进给的总步数均减为零时，表示到达终点。

（3）插补直线时，终点判别还可在插补前计算长轴进给总步数 N，如 $|X_e-X_0|>|Y_e-Y_0|$，长轴为 X，取 $N=|X_e-X_0|$，在插补过程中，每当 X 坐标进给一步，计算 $N-1$，当 N 减为零时，表示到达终点。同理，如 $|Y_e-Y_0|>|X_e-X_0|$，长轴为 Y，取 $N=|Y_e-Y_0|$，每当 Y 坐标进给一步，则从 N 中减去 1，当 N 减为零时，表示到达终点。如 $|X_e-X_0|=|Y_e-Y_0|$，则应取

$N=|Y_e-Y_0|$ 为进给总步数,因为此时进给的第一步为 X,最后一步走的必定是 Y。

(4) 插补圆弧时,终点判别还可根据圆弧终点是靠近 X 轴,还是靠近 Y 轴来确定。若圆弧终点落在 X 轴两侧 45°区域内,最后进给的一步必定为 Y,因此终点判别应计算 Y 轴进给的总步数;若圆弧终点落在 Y 轴两侧 45°区域内,最后进给的一步必定为 X,则终点判别应计算 X 坐标进给的总步数。

对上述几种终点判别方式,若插补的是跨象限的圆弧,则终点判别计算的总步数应为圆弧所跨象限进给步数的绝对值之和。

逐点比较法的终点判别也可用累加的方法实现,即将进给的步数进行累加,当累加的进给总步数与插补前计算的总步数相等时,表示到达终点。例 3.1 和例 3.2 均用累加的方法实现终点判别。

4. 逐点比较法的进给速度

刀具的进给速度是插补方法的重要性能指标,也是选择插补方法的依据。以下讨论逐点比较法直线插补和圆弧插补的进给速度。

设直线 OA(见图 3.1)与 X 轴的夹角为 α,直线的长度为 L,加工该段直线时刀具的运动速度为 v,插补时钟所发脉冲的频率为 f,插补完直线 OA 所需的插补循环数为 N。刀具从直线起点运动到直线终点所需的时间为 L/v,完成 N 个插补循环所需时间为 N/f。由于插补与刀具进给同步进行,因此以上两个时间应该相等,即

$$\frac{L}{v}=\frac{N}{f}$$

则刀具的进给速度为

$$v=\frac{L}{N}f \tag{3.6}$$

如前所述,逐点比较法插补时,插补循环数与刀具沿 X、Y 轴所走总步数(总长度)相等,即

即　　　　　　　　　　$N=X_e+Y_e=L\cos\alpha+L\sin\alpha$

将此式代入式(3.6),可得到刀具的进给速度为

$$v=\frac{f}{\cos\alpha+\sin\alpha} \tag{3.7}$$

式(3.7)说明,刀具的进给速度与插补时钟的频率 f 和所加工直线的倾角 α 有关。v 与 f 成正比,与 α 的关系如图 3.10 所示。由图 3.10 可知,如果插补时钟的频率保持不变,则刀具的进给速度会随着被加工直线的倾角变化而变化。加工 0°和 90°倾角的直线时,刀具进给速度最大(为 f),加工 45°倾角的直线时,速度最小(为 $0.707f$)。

如图 3.11 所示,P 是圆弧 AB 上任意一点,cd 是圆弧在 P 点的切线,切线与 X 轴的夹角为 α。在 P 点附近很小的范围内,切线 cd 与圆弧非常接近。在这个范围内,对切线的插补和对圆弧的插补,刀具的进给速度基本相等。对切线 cd 进行插补时,刀具的进给速度由式(3.7)计算。由图 3.11 可见,α 也是 P 点到坐标原点 O 的连线与 Y 轴的夹角。

式(3.7)与图 3.11 说明,如果插补时钟的频率不变,则加工圆弧时刀具的进给速度不均匀,是不断变化的。

由上面分析可知,逐点比较法直线插补和圆弧插补进给速度的变化范围为 $1\sim 0.707f$,其最大速度与最小速度之比为 1.414,对一般机床来说,这样的速度变化范围是能满足要求的,所以逐点比较法的进给速度是较平稳的。

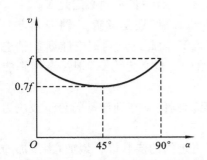

图 3.10　逐点比较法速度的变化

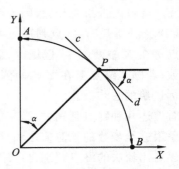

图 3.11　圆弧插补速度分析

3.2.2　数字积分法

数字积分法是利用数字积分的方法,计算刀具沿各坐标轴的位移,使得刀具沿着所加工的曲线运动。

利用数字积分的原理构成的插补装置称为数字积分器,又称数字微分分析器(digital differential analyzer,DDA)。数字积分器具有运算速度快、脉冲分配均匀、易于实现多坐标联动,可以进行空间直线插补及描绘平面各种函数曲线的特点。因此,数字积分器在轮廓控制数控系统中有着广泛的应用。下面分别介绍数字积分原理、直线和圆弧插补原理。

1. 数字积分原理

如图 3.12 所示,从时刻 $t=0$ 到 t 求函数 $X=f(t)$ 曲线所包围的面积时,可用积分公式

$$S = \int_0^t f(t)\,\mathrm{d}t$$

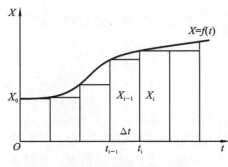

图 3.12　数字积分原理

如果将 $0 \sim t$ 的时间划分为间隔为 Δt 的子区间,当 Δt 足够小时,可得近似公式

$$S = \int_0^t f(t)\,\mathrm{d}t = \sum_{i=1}^n X_{i-1}\Delta t \tag{3.8}$$

式中:X_i 为 $t=t_i$ 时的 $f(t)$ 值。式(3.8)说明,求积分的过程可以用数的累加来近似。在几何上就是用一系列的微小矩形面积之和近似表示函数 $f(t)$ 以下的面积,式(3.8)称为矩形公式。数字运算时,Δt 一般取最小的基本单位"1",则式(3.8)可简化为

$$S = \sum_{i=1}^n X_{i-1} \tag{3.9}$$

为了进一步提高精度,可以用梯形求和的方法来表示积分公式。设 t_{i-1}、t_i 时刻的 $f(t)$ 值分别为 X_{i-1} 和 X_i,则微小梯形面积为

$$\Delta S = \frac{X_i + X_{i-1}}{2}\Delta t$$

同样,若取 $\Delta t=1$ 时,则梯形公式为

$$S = \int_0^t f(t)\,\mathrm{d}t = \sum_{i=1}^n \frac{X_i + X_{i-1}}{2} \tag{3.10}$$

2. 数字积分直线插补

如图 3.13 所示,设要对 XY 平面上的直线 OA 进行插补,直线起点在原点,终点 A 的坐标

为$(X_e、Y_e)$。

令 v 为动点沿直线 OA 方向的速度,v_X、v_Y 分别表示其在 X 轴和 Y 轴方向的速度,根据积分公式(3.8),在 X 轴,Y 轴方向上的微小位移增量 ΔX,ΔY 应为

$$\Delta X = v_X \Delta t, \quad \Delta Y = v_Y \Delta t$$

设直线 OA 的长度为 L,则 L 可表示为

$$L = \sqrt{X_e^2 + Y_e^2}$$

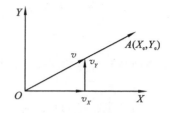

图 3.13　数字积分直线插补原理

对于直线函数来说,v_X、v_Y、v 和 L 应满足

$$\frac{v_X}{v} = \frac{X_e}{L}, \quad \frac{v_Y}{v} = \frac{Y_e}{L}$$

从而有

$$v_X = \frac{v}{L}X_e = KX_e, \quad v_Y = \frac{v}{L}Y_e = KY_e$$

上式中若进给速度是均匀的,则有

$$\frac{v}{L} = \frac{v_X}{X_e} = \frac{v_Y}{Y_e} = K$$

因此坐标轴的位移增量为

$$\Delta X = KX_e\Delta t, \quad \Delta Y = KY_e\Delta t$$

若取 $\Delta t = 1$,则各坐标轴的位移量为

$$\left. \begin{array}{l} X = K \sum_{i=1}^{n} X_e \\ Y = K \sum_{i=1}^{n} Y_e \end{array} \right\} \tag{3.11}$$

据此可以作出 XY 平面数字积分器直线插补流程,如图 3.14 所示。

由图 3.14 可见,数字积分直线插补器由两个数字积分器组成。其被积函数寄存器中分别存放坐标终点值 X_e 和 Y_e,Δt 相当于插补控制脉冲源发出的控制信号,每来一个累加信号,被积函数寄存器里的内容在相应的累加器中相加一次,相加后的溢出作为驱动相应坐标轴的进给脉冲 ΔX(或 ΔY),而余数仍寄存在积分累加器中。

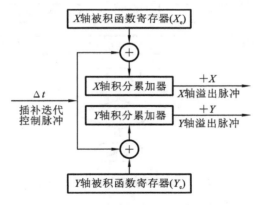

图 3.14　数字积分直线插补流程

设积分累加器为 n 位,则累加器的容量为 2^n,其最大存数为 2^n-1,当计至 2^n 时必然发生

溢出。若将 2^n 规定为单位 1(相当于一个输出脉冲),那么积分累加器中的存数总小于 2^n,即为小于 1 的数,该数称为积分余数。例如将 X_e 累加 m 次后的 X 积分值应为

$$X = \sum_{i=1}^{m} \frac{X_e}{2^n} = \frac{mX_e}{2^n}$$

式中商的整数部分表示溢出的脉冲数,而余数部分存放在累加器中,这种关系可表示为

$$积分值＝溢出脉冲数＋余数$$

当两个坐标轴同步插补时,溢出脉冲数必然符合式(3.11),用它们去控制机床进给,就可走出所需的直线轨迹。

当插补叠加次数 $m = 2^n$ 时,则

$$X = X_e, \quad Y = Y_e$$

两个坐标轴将同时到达终点。

由上可知,数字积分法直线插补的终点判别比较简单。每个程序段只需完成 $m = 2^n$ 次累加运算就可到达终点位置。因此,只要设置一个位数为 n 位(与被积函数寄存器和累加器的位数相同)的终点计数器,用来记录累加次数,当计数器记满 2^n 时,停止运算,插补完成。

数字积分第一象限直线插补程序流程如图 3.15 所示。

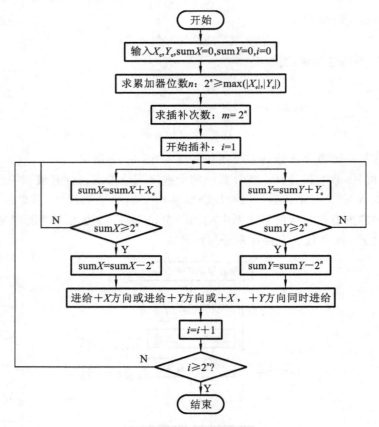

图 3.15 数字积分直线插补程序流程

例 3.3 用数字积分对图 3.16 所示直线 OA 进行插补,并画出插补轨迹。

解 由于直线 OA 的起点为坐标原点,终点坐标为 $A(5,3)$,则被积函数寄存器为三位二进制寄存器,累加器和终点计数器也为三位二进制计数器,当迭代次数 $m = 2^3 = 8$ 次时,插补

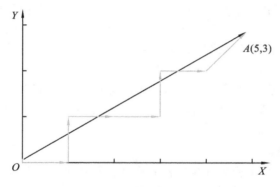

图 3.16　数字积分直线插补轨迹

完成。其插补运算过程如表 3.4 所示。

表 3.4　数字积分直线插补运算过程

插补脉冲个数	积　　分　　值		进给方向	积　分　修　正		终点判别
	$sumX = sumX + X_e$	$sumY = sumY + Y_e$		$sumX = sumX - 8$	$sumY = sumY - 8$	
0	0	0				$i = 0$
1	$0 + 5 = 5$	$0 + 3 = 3$				$i = 1$
2	$5 + 5 = 10$	$3 + 3 = 6$	$+X$	$10 - 8 = 2$		$i = 2$
3	$2 + 5 = 7$	$6 + 3 = 9$	$+Y$		$9 - 8 = 1$	$i = 3$
4	$7 + 5 = 12$	$1 + 3 = 4$	$+X$	$12 - 8 = 4$		$i = 4$
5	$4 + 5 = 9$	$4 + 3 = 7$	$+X$	$9 - 8 = 1$		$i = 5$
6	$1 + 5 = 6$	$7 + 3 = 10$	$+Y$		$10 - 8 = 2$	$i = 6$
7	$6 + 5 = 11$	$2 + 3 = 5$	$+X$	$11 - 8 = 3$		$i = 7$
8	$3 + 5 = 8$	$5 + 3 = 8$	$+X, +Y$	$8 - 8 = 0$	$8 - 8 = 0$	$i = 8$，到达终点

　　程序开始运行时,被积函数寄存器 $sumX$ 和 $sumY$ 均为零,迭代次数(即累加次数)i 也为零。插补迭代控制脉冲个数为 1 时,进行第一次迭代,首先计算积分 $sumX$ 和 $sumY$,即

$$sumX = sumX + X_e = 0 + 5 = 5$$
$$sumY = sumY + Y_e = 0 + 3 = 3$$

$sumX$ 和 $sumY$ 的值均小于 2^3,说明刀具沿 X、Y 轴的位移小于一个脉冲当量,刀具不进给。第一个插补循环结束前,累加次数 i 应增加到 1,由于 i 小于 8,说明直线还没有插补完毕,应继续进行插补。

　　当插补迭代控制脉冲个数为 2 时,X 轴和 Y 轴的积分分别为

$$sumX = sumX + X_e = 5 + 5 = 10$$
$$sumY = sumY + Y_e = 3 + 3 = 6$$

　　X 轴的积分值大于 2^3,Y 轴的积分值小于 2^3,说明刀具沿 X 轴的位移大于一个脉冲当量,而沿 Y 轴的位移小于一个脉冲当量。因此,应让刀具沿 X 轴正向走一步,沿 Y 轴不进给。刀具进给后应对积分值加以修正,即从 X 轴的积分值中减去 2^3。第二个插补循环结束前,累加

次数应增加到 2。由于 i 仍然小于 8,说明直线没有插补完毕,应继续插补。

插补工作一直如此进行,直到插补时钟发出第 8 个脉冲,由表 3.4 可知,此时积分值 $\mathrm{sum}X=8, \mathrm{sum}Y=8$,$X$ 轴和 Y 轴累加器均溢出一个脉冲,即刀具同时沿 X 轴和 Y 轴正向走一步。而累加次数也为 8,说明直线已插补完毕,插补运算结束。

刀具的运动轨迹如图 3.16 中折线所示。由图可见,刀具运动轨迹中有 45° 的斜线,这是由于在一个插补循环中,刀具沿 X、Y 轴同时走了一步。数字积分直线插补轨迹与理论曲线的最大误差不超过一个脉冲当量。

3. 数字积分圆弧插补

从上面的讨论可知,数字积分直线插补的物理意义是使动点沿速度方向前进,这同样适用于圆弧插补。现以第一象限逆圆为例,说明数字积分圆弧插补原理。

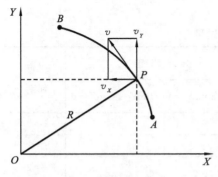

图 3.17 数字积分圆弧插补原理

如图 3.17 所示,设刀具沿圆弧 AB 移动,半径为 R,刀具的切向速度为 v,$P(X,Y)$ 为动点,由图中相似三角形的关系可得

$$\frac{v}{R} = \frac{v_X}{Y} = \frac{v_Y}{X} = K$$

即有

$$v_X = KY, \quad v_Y = KX$$

上式中由于半径 R 为常数,若切向速度 v 为匀速,则 K 可视为常数。

设在 Δt 时间间隔内,X、Y 坐标轴方向的位移量分别为 ΔX 和 ΔY,并考虑到在第一象限逆圆情况下,X 坐标轴方向的位移量为负值,Y 轴方向的位移量为正值,因此位移增量的计算式为

$$\left. \begin{array}{l} \Delta X = -KY\Delta t \\ \Delta Y = KX\Delta t \end{array} \right\} \tag{3.12}$$

式(3.12)是第一象限逆圆弧的情况,若为第一象限顺圆弧时,式(3.12)变为

$$\left. \begin{array}{l} \Delta X = KY\Delta t \\ \Delta Y = -KX\Delta t \end{array} \right\}$$

设上式中系数 $K=1/2^n$,其中 2^n 为 n 位积分累加器的容量,根据式(3.12),可以写出第一象限逆圆弧的数字积分圆弧插补公式为

$$\left. \begin{array}{l} X = -\dfrac{1}{2^n} \displaystyle\sum_{i=1}^{m} Y_i \Delta t \\ Y = \dfrac{1}{2^n} \displaystyle\sum_{i=1}^{m} X_i \Delta t \end{array} \right\} \tag{3.13}$$

由此构成如图 3.18 所示的数字积分圆弧插补流程。

数字积分圆弧插补运算步骤如下。

步骤 1 运算开始时,X 轴和 Y 轴被积函数寄存器中分别存放 Y、X 的起点坐标值 Y_0、X_0。

步骤 2 X 轴被积函数寄存器的数与其累加器的数累加得出的溢出脉冲发到 $-X$ 方向,Y 轴被积函数寄存器的数与其累加器的数累加得出的溢出脉冲发到 $+Y$ 方向。

步骤 3 每发出一个进给脉冲后,必须将被积函数寄存器内的坐标值加以修正,即当 X 轴

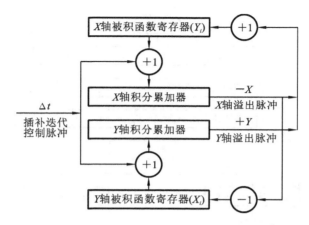

图 3.18 数字积分圆弧插补原理框图

方向发出进给脉冲时，使 Y 轴被积函数寄存器内容减 1；当 Y 轴方向发出进给脉冲时，使 X 轴被积函数寄存器内容加 1。也就是说，圆弧插补时，被积函数寄存器内随时存放着坐标的瞬时值；而直线插补时，被积函数寄存器内存放的是不变的终点坐标值 X_e，Y_e。

对于顺圆、逆圆及其他象限的插补运算过程和积分器结构基本上与第一象限逆圆是一致的。其不同在于控制各坐标轴进给脉冲 ΔX、ΔY 的进给方向不同（用符号"+""−"表示），以及修改被积函数寄存器内容时是加 1（用符号 ⊕ 表示），还是减 1（用符号 ⊖ 表示）。数字积分圆弧插补进给方向和被积函数的修正关系如表 3.5 所示。

表 3.5 数字积分圆弧插补进给方向和被积函数的修正关系

名称 ＼ 线型	SR1	SR2	SR3	SR4	NR1	NR2	NR3	NR4
X 轴进给方向符号	+	+	−	−	−	−	+	+
Y 轴进给方向符号	−	+	+	+	+	−	+	−
X 轴被积函数在插补中的修正符号	⊖	⊕	⊖	⊖	⊕	⊖	⊕	⊖
Y 轴被积函数在插补中的修正符号	⊕	⊖	⊕	⊖	⊕	⊖	⊖	⊕

圆弧插补的终点判别，由随时计算出的坐标轴进给步数 mX、mY 值与圆弧的终点和起点坐标之差的绝对值作比较，当某个坐标轴进给的步数与终点和起点坐标之差的绝对值相等时，说明该轴到达终点，不再有脉冲输出，当两坐标都到达终点后，则插补完成。

第一象限数字积分逆圆插补程序流程如图 3.19 所示。流程图中 X_0，Y_0 为圆弧的起点坐标；X_e，Y_e 为圆弧的终点坐标；mX 和 mY 分别为 X 轴方向和 Y 轴方向进给的步数；N 为 X 向和 Y 向进给的总步数；X 和 Y 分别为 X 轴和 Y 轴被积函数寄存器；$\mathrm{sum}X$ 和 $\mathrm{sum}Y$ 分别为 X 轴和 Y 轴的积分累加器。

例 3.4 用数字积分对图 3.20 所示圆弧 AB（点画线）进行插补，并画出插补轨迹。

解 由于圆弧 AB 的起点坐标 $A(5,0)$，终点坐标 $B(0,5)$，则被积函数寄存器和累加器的容量应大于 5，这里采用三位二进制寄存器和累加器，其插补运算过程如表 3.6 所示。

插补轨迹如图 3.20 中实线所示。由此看出，当插补第一象限逆圆时，Y 坐标率先到达终点，即 $mY = |Y_e - Y_0| = |5 - 0| = 5$。这时若不强制 Y 向停止迭代，将会出现超差，不能到达正确的终点。故第 9 个脉冲以后，Y 向将停止迭代。同理，当第 14 个脉冲后，即 $mX = |X_e - X_0|$

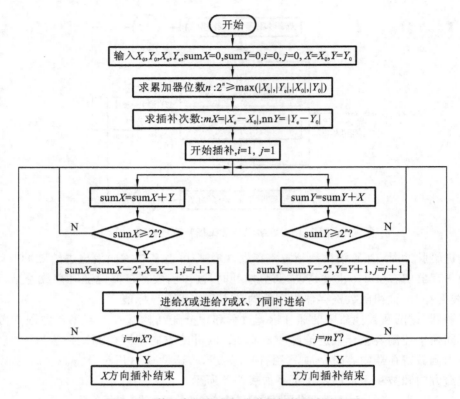

图 3.19　第一象限数字积分逆圆插补程序流程图

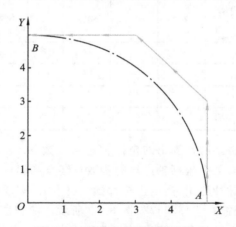

图 3.20　数字积分圆弧插补轨迹

$=|0-5|=5$ 时，X 坐标也到达终点，插补结束。

表 3.6　数字积分圆弧插补运算过程举例

插补脉冲个数	积 分 计 算		进给方向	积 分 修 正		坐 标 计 算		终 点 判 别	
	$\text{sum}X=$ $\text{sum}X+Y$	$\text{sum}Y=$ $\text{sum}Y+X$		$\text{sum}X=$ $\text{sum}X-2^n$	$\text{sum}Y=$ $\text{sum}Y-2^n$	$X=$ $X-1$	$Y=$ $Y+1$	i	j
0	0	0				5	0	0	0
1	$0+0=0$	$0+5=5$				5	0	0	0

续表

插补脉冲个数	积分计算		进给方向	积分修正		坐标计算		终点判别	
	sumX=sumX+Y	sumY=sumY+X		sumX=sumX-2^n	sumY=sumY-2^n	X=X-1	Y=Y+1	i	j
2	0+0=0	5+5=10	+Y		10-8=2	5	1	0	1
3	0+1=1	2+5=7				5	1	0	1
4	1+1=2	7+5=12	+Y		12-8=4	5	2	0	2
5	2+2=4	4+5=9	+Y		9-8=1	5	3	0	3
6	4+3=7	1+5=6				5	3	0	3
7	7+3=10	6+5=11	+X +Y	10-8=2	11-8=3	4	4	1	4
8	2+4=6	3+4=7				4	4	1	4
9	6+4=10	7+4=10	+X +Y	10-8=2	10-8=2	3	5	2	$j=5$,Y轴到达终点,停止插补
10	2+5=7					3	5	2	5
11	7+5=12		+X	12-8=4		2	5	3	5
12	4+5=9		+X	9-8=1		1		4	5
13	1+5=6					1	5	4	5
14	6+5=11		+X	11-8=3		0	5	$i=5$,X轴到达终点,插补结束	5

4. 数字积分法插补质量的提高

1) 进给速度的均匀化

从前面讨论可知,数字积分器溢出脉冲的频率与被积函数寄存器中的存数成正比。如用数字积分作直线插补时,每个程序段的时间间隔是固定不变的,因为不论加工行程长短,都必须完成 $m=2^n$ 次的累加运算。就是说行程长,走刀快;行程短,走刀慢。所以各程序段的进给速度是不一致的,这将影响加工件的表面质量,并且行程短的程序段,生产效率也低。为了克服这一缺点,使溢出脉冲均匀,溢出速度提高,通常采用左移规格化处理。

所谓左移规格化处理是指当被积函数比较小,被积函数寄存器从最高位起有 i 个零(简称前零)时,若直接迭代,至少需要迭代 2^i 次才能输出一个脉冲,致使输出脉冲的速率下降。因此在实际的数字积分器中,往往把被积函数寄存器中的前零移去,即对被积函数进行左移规格化处理。经过左移规格化处理后,在寄存器中最高位为"1"的数,即是规格化数。反之,最高位为"0"的数称为非规格化数。显然,规格化的数累加两次必有一次溢出,而非规格化数必须做两次以上或多次累加才有一次输出。下面将分别介绍直线插补和圆弧插补的左移规格化处理。

(1) 直线插补的左移规格化处理　直线插补时,将被积函数寄存器中的非规格化数 X_e,Y_e 同时左移(最低有效位移为零),并记下左移位数,当其中任一坐标的被积函数寄存器的前零全部移去时,说明该坐标数据已变成规格化数。也就是说,直线插补的左移规格化是使坐标值最大的被积函数寄存器的最高有效位为"1"。两坐标同时左移,意味着把 X 轴、Y 轴方向的脉冲分配速度扩大同样的倍数，两者数值之比不变，所以直线斜率也不变。因为规格化后每累加运算两次必有一次溢出，溢出速度比较均匀，所以加工的效率和质量都大为提高。

左移规格化处理后，在一个程序段时间间隔内，各坐标分配脉冲数最后应该等于 X_e 及 Y_e 值。这样，作为终点判别的累加次数 m 必须减少，因为积分器的数每左移一位，数值增大了一倍，这时 KX_e（或 KY_e）的比例常数 K 必须更改为 $K=1/2^{n-1}$，而 $m=2^{n-1}$。若左移 Q 位后，数值增大 2^Q 倍，即 $K=1/2^{n-Q}$，$m=2^{n-Q}$ 次。换句话说，每左移一位，累加次数应减少一半，相当于终点判别计数器的长度要缩短一位。要达到这个目的并不难，只要在被积函数寄存器左移的同时，将终点判别计数器用"1"从最高位输入进行右移，缩短计数长度。

表 3.7 所示为左移规格化处理及修改终点判别计数长度的实例。

表 3.7　左移规格化处理实例

名　称	非 规 格 化	规　格　化	
	左移前	左移一位	左移三位
X 被积函数寄存器 X_e	000011	000110	011000
Y 被积函数寄存器 Y_e	000101	001010	101000
终点判别计数器 J_Σ	000000	100000	111000

(2) 圆弧插补的左移规格化处理　圆弧插补时，也可用左移规格化处理的方法提高溢出速度和匀化进给速度。但在圆弧插补过程中，被积函数寄存器中的数 (X,Y) 随着加工过程的进行不断地修改，可能不断增加，如仍取数码最高位"1"作规格化数，增加的结果可能导致溢出。为避免溢出，将被积函数寄存器数码次高位为"1"的数称为规格化数，且寄存器容量要大于被加工圆弧半径的两倍。容量之所以要增加是因为规格化数提前一位之故。

左移规格化处理后又带来一个新的问题：左移 Q 位，相当于坐标 X、Y 扩大了 2^Q 倍，亦即 X 和 Y 被积函数寄存器的数分别为 $2^Q Y$ 和 $2^Q X$，这样当被积函数积分器有一脉冲溢出时，则 X 被积函数寄存器中的数应改为

$$2^Q(Y+1) = 2^Q Y + 2^Q$$

显然，若左移规格化 Q 位，当 Y 被积函数积分器中溢出一个脉冲时，X 被积函数寄存器应该加 2^Q（而不是加"1"），即 X 寄存器 $Q+1$ 位加"1"。同理，若 X 被积函数积分器溢出一个脉冲时，Y 被积函数寄存器应该减少 2^Q，即第 $Q+1$ 位减"1"。

由此可见，虽然直线插补和圆弧插补时的规格化数不一致，但均能提高溢出速度。直线插补时，经规格化后最大坐标的被积函数可能的最大值为 $111\cdots111$，可能的最小值为 $100\cdots000$，最大值每次迭代都有溢出，而最小值每两次迭代也会有溢出，可见其溢出速率仅相差一倍；而在圆弧插补时，经规格化处理后最大坐标的被积函数可能的最大值为 $011\cdots111$，可能的最小值为 $010\cdots000$，其溢出速率也相差一倍。因此，经过左移规格化后，不仅提高了溢出速度，而且使溢出脉冲变得比较均匀。

2) 插补精度的提高

前面谈到，数字积分直线插补的插补误差小于一个脉冲当量。但是数字积分圆弧插补的插补误差有可能大于一个脉冲当量，原因是数字积分器溢出脉冲的频率与被积函数寄存器的存数成正比，当在坐标轴附近进行插补时，一个积分器的被积函数值接近于零，而另一个积分器的被积函数值却接近最大值（圆弧半径）。这样，后者可能连续溢出，而前者几乎没有溢出脉冲，两个积分器的溢出脉冲速率相差很大，致使插补轨迹偏离理论曲线，如图 3.21 所示。

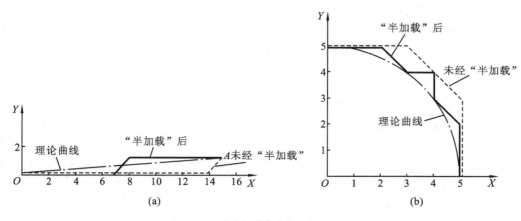

图 3.21 "半加载"减小了插补误差

（a）直线插补"半加载" （b）圆弧插补"半加载"

为了减小插补误差,提高插补精度,可以把积分器的位数增多,从而增加迭代次数。这相当于把图 3.12 矩形积分的区间 Δt 取得更小。这么做可以减小插补误差,但是进给速度却降低了,所以不能无限制地增加寄存器位数。在实际的积分器中,常常应用一种简便而行之有效的方法——积分累加器中余数寄存器预置数(也称余数寄存器预置数),即在数字积分插补之前,将余数寄存器预置某一数值(不是零),这一数值可以是最大数(2^n-1),也可以是小于最大数的某一个数,如 $2^n/2$,常用的则是预置最大数和预置 0.5。下面以预置 0.5 为例来说明。

预置 0.5 称为"半加载",意即在数字积分迭代前,余数寄存器的初值不是置零,而是置 $100\cdots000$(即 0.5),这样只要再叠加 0.5,余数寄存器就可以产生第一个溢出脉冲,使积分器提前溢出。这在被积函数较小,迟迟不能产生溢出的情况下,有很重要的实际意义,它改善了溢出脉冲的时间分布,减小了插补误差。

"半加载"可以使直线插补的误差减小到半个脉冲当量以内。若直线 OA 的起点为坐标原点,终点坐标为 $A(15,1)$,没有"半加载"时,X 积分器除第一次迭代无溢出外,其余 15 次均有溢出;而 Y 积分器只有在第 16 次迭代才有溢出脉冲。若进行"半加载",则 X 积分器除第 9 次迭代无溢出外,其余 15 次均有溢出;而 Y 积分器的溢出提前到第 8 次迭代有溢出,这就改善了溢出脉冲的时间分布,提高了插补精度,如图 3.21(a)所示。

"半加载"使圆弧插补的精度也能得到明显提高。若对例 3.4 进行"半加载",其插补轨迹如图 3.21(b)所示。由图可见,"半加载"使 X 积分器的溢出脉冲提前了,从而提高了插补精度,具体插补运算过程请读者自行分析。

5. 数字积分的进给速度

数字积分插补的特点是控制脉冲源每产生一个脉冲做一次积分运算。每次运算中,X 轴方向平均进给的比率为 $X/2^n$(2^n 是累加器的容量),而 Y 方向进给的比率为 $Y/2^n$,所以合成的轮廓进给速度为

$$v = 60\delta \frac{f}{2^n} \sqrt{X^2 + Y_2} = 60\delta \frac{L}{2^n} f \tag{3.14}$$

式中:δ——脉冲当量;

f——插补迭代控制脉冲源频率;

L——程编的插补段的行程,即 $L = \sqrt{X^2 + Y^2}$,直线插补时为直线段长度,圆弧插补时为

圆弧的半径,即 $L=R$。

插补合成的轮廓速度 v 与插补迭代控制源虚拟速度 v_g(假定每发一个插补控制脉冲后坐标轴走一步的速度)的比值称为插补速度变化率,可表示为

$$\frac{v}{v_g} = \frac{60\delta \frac{L}{2^n} f}{60\delta f} = \frac{L}{2^n} = \frac{L}{N}$$

式中:$N=2^n$。可见速度的变化率与程序段的行程 L 成正比。当插补迭代控制脉冲源频率 f 一定时,行程长,脉冲溢出快,走刀快;行程短,脉冲溢出慢,走刀慢。由于行程的变化范围在 $0\sim 2^n$ 间,所以合成速度的变化范围是 $v=(0\sim 1)v_g$。这种变化在加工中是不允许的,必须设法加以改善,一个常用的方法就是前面已讨论过的左移规格化处理。由于左移规格化处理的结果,使寄存器中数值变化范围缩小了,即缩小了 L 的数值范围,其可能的最小数是

$$X = 2^{n-1}, \quad Y = 0$$
$$L_{min} = X = 2^{n-1}$$

最大数是

$$X = 2^n - 1, \quad Y = 2^n - 1$$
$$L_{max} = \sqrt{2} X \approx \sqrt{2} 2^n$$

上式中 n 为寄存器字长,故合成速度变化率的最大、最小值为

$$\left(\frac{v}{v_g}\right)_{max} = \frac{\sqrt{2} 2^n}{2^n} = 1.414$$

$$\left(\frac{v}{v_g}\right)_{min} = \frac{2^{n-1}}{2^n} = 0.5$$

其速度变化范围为 $v=(1.414\sim 0.5)v_g$,比未采取左移规格化时的速度大为稳定。但这样的速度变化仍嫌太大,所以还需要与速度的编程方法结合起来考虑,如按速度比例系数(FRN)选择速度指令 F,可进一步减小速度的变化率。

3.3　数据采样插补

现代计算机数控系统一般是采用直流伺服电动机或交流伺服电动机为驱动元件的计算机闭环数字控制系统,在这些数控系统中,一般都采用不同类型的数据采样插补算法。数据采样插补算法也称为时间间隔法,即计算机数控系统的插补程序以插补采样频率运行,在每次采样间隔中,计算出各坐标轴的位置增量,作为下一个插补采样间隔内各坐标轴的增量进给指令。

3.3.1　插补周期的选择

插补周期是指插补程序每两次计算各坐标轴增量进给指令间的时间,采样周期是指坐标轴位置闭环数字控制系统的采样时间。对数控系统而言,插补周期与采样周期是固定不变的两个时间间隔。

采样周期必须小于或等于插补周期。采样周期与插补周期不相等时,插补周期应该是采样周期的整数倍,这样便于编程处理。减小采样周期的目的是为了提高位置反馈响应速度,使机床实际进给速度变化更加均匀。因为插补运算较复杂,而电动机的位置闭环数字控制算法比较简单,CPU 的处理时间较短,因此每次插补运算的结果可供多次使用。

1. 插补周期与采样周期的选择

插补周期对数控系统的稳定性没有影响,但对数控系统的轮廓轨迹精度有直接影响。采样周期对系统的稳定性和轮廓轨迹精度均有影响。因此在选择插补周期时,主要从插补精度的角度去考虑;而在选择采样周期时,则要从位置闭环伺服系统的稳定性和精度的角度去考虑。

一方面,插补计算误差是与插补周期成正比的,插补周期越长,插补计算误差越大。因此,从减少插补计算误差考虑,插补周期应该选得尽量短。但另一方面,插补周期不能选得太短,一般来说,插补周期必须大于插补运算所占用的 CPU 时间。这是因为,当计算机数控系统进行轮廓控制时,数控装置除了要完成插补运算外,还必须实时地完成其他一些工作,如显示、监控甚至精插补。插补周期必须大于插补运算时间与完成其他实时任务所需时间之和。

计算机数控系统必须选择一个合理的插补周期。根据有关资源介绍,数控系统插补周期不得短于 20 ms,一般认为插补周期为 10 ms 的是理想方案。A-B 公司的 7360 数控系统的插补周期为 10.24 ms,SIEMENS 公司的 System-7 数控系统的插补周期为 8 ms。随着微处理器的运算速度越来越高,为了提高数控系统的响应速度和轨迹精度,插补周期将会越来越短。

计算机数控系统的采样周期目前一般在 4～20 ms 之间。采样周期的选择形式有两种:一种是与插补周期相同,如 7360 数控系统;另一种是插补周期为采样周期的整数倍,如 System-7 数控系统采样的采样周期为 4 ms,即插补周期为采样周期的两倍,在每个 4 ms 的采样周期中,仅将插补计算的位置增量的一半作为该周期的增量命令,这样一来,在几乎不改变计算机速度要求的条件下,提高了闭环伺服系统的采样频率,使进给速度更加平稳,提高了系统的动态特性。

2. 插补周期与精度、速度的关系

在直线插补中,插补形成的每个小线段与给定的直线重合,不会造成轨迹误差。在圆弧插补中,一般采用切线、内接弦线和内外均差弦线逼近圆弧的办法,其中切线近似具有较大的轮廓误差而不宜采用。下面对弦线逼近圆弧作以下说明。

如图 3.22 所示,对于内接弦线,最大半径误差 e_r 与步距角 δ 的关系为

$$e_r = r\left(1 - \cos\frac{\delta}{2}\right) \tag{3.15}$$

由此得出最大允许步距角,即不超过差弦线对应的内接角为

$$\delta_{max} = 2\arccos\left(1 - \frac{e_r}{r}\right) \tag{3.16}$$

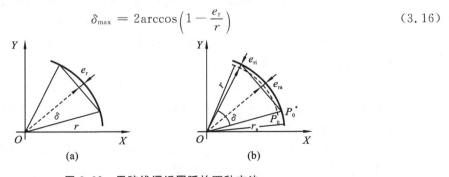

图 3.22　用弦线逼近圆弧的两种方法

(a)内接弦线法　(b)内外均差弦线法

对于半径为 r 的圆弧的内外均差弦线,在直线段中点处的圆弧内侧,产生一个半径偏差 e_{ri},在半径为 r_a 的圆上的交点处向圆弧 r 外产生一个偏差。当 $e_{ri}=e_{ra}=e_r$ 时,得到的内外均差弦线的最大允许步距角为

$$\delta_{max}^* = 2\arccos\left[1 - \frac{1 - \dfrac{e_r}{r}}{1 + \dfrac{e_r}{r}}\right] \tag{3.17}$$

这个解的先决条件是完成半径为 $r_a = r + e_r$ 和偏移的起点 $P_0^*(X_0^*, Y_0^*)$ 的圆弧插补。

将 δ_{max} 和 δ_{max}^* 进行幂级数展开,得

$$\frac{\delta_{max}^*}{\delta_{max}} = \sqrt{\frac{2}{1 + \dfrac{e_r}{r}}} = \sqrt{2}, \quad \frac{e_r}{r} \ll 1$$

可见,内外均差弦线的最大允许步长 δ_{max}^* 比内接弦线的 δ_{max} 大 $\sqrt{2}$ 倍,一般宁愿采样内接弦线法解决。

将内接弦线的最大半径误差 e_r 表达式展开成幂级数形式,有

$$e_r = r - r\cos\frac{\delta}{2} = r\left\{1 - \left[1 - \frac{\left(\dfrac{\delta}{2}\right)^2}{2!} + \frac{\left(\dfrac{\delta}{2}\right)^2}{4!} - \cdots\right]\right\}$$

由于

$$\frac{\left(\dfrac{\delta}{2}\right)^2}{4!} = \frac{\delta^4}{384} \ll 1$$

$$\delta = \frac{f}{r}$$

$$f = vT$$

因此

$$e_r = \frac{\delta^2}{8}r = \frac{f^2}{8}\frac{1}{r} = \frac{(vT)^2}{8}\frac{1}{r} \tag{3.18}$$

式中:T——插补周期;

v——刀具移动速度;

f——轮廓步长,即弦的长度。

由式(3.18)可以看出,在圆弧插补时,插补周期 T 分别与精度 e_r,半径 r 和速度 v 有关。

如图 3.22 所示,内接弦线法中用弦进给代替弧进给是造成插补轮廓误差的主要因素。由于加工曲线各处曲率不一样,等步长逼近时,轮廓误差最大值 e_{max} 在最小曲率半径处,即在 $r = r_{min}$ 处。显然,轮廓步长 $f = vT$ 满足

$$f = 2\sqrt{r_{min}^2 - (r_{min} - e_{rmax})^2} = \sqrt{8r_{min}e_{rmax}} \tag{3.19}$$

可以看出,当 e_{rmax} 确定(不大于一个脉冲当量)时,对于给定的加工曲线,插补轮廓步长 f 受到了限制,不能太大,即切削进给速度 v 不能太大。

事实上,数据采样插补法的精度取决于插补采样周期 T、切削进给速度 v 和加工曲线的最小曲率半径 r_{min}。T 越大,v 越高,插补精度越低。同样,r_{min} 越小,插补精度越低。对于给定弦线误差极限的加工曲线来说,插补采样周期应尽可能短,以获得尽可能高的切削进给速度。同样,在相同情况下,大曲率半径的加工曲线可获得较高的允许切削进给速度。

对于给定的加工曲线来说,当系统插补采样周期确定后,为保证插补精度,必须对最大切削进给速度加以限制。事实上,加工速度和加工精度之间存在着矛盾,需要折中考虑加工速度和加工精度的要求,选择合适的切削进给速度。

3.3.2　时间分割法插补原理

在数控系统中,数字增量插补通常采用"时间分割"的插补方法,它把加工一段直线或圆弧的整段时间分为许多相等的时间间隔,该时间间隔即为插补周期。也即通过速度计算程序将进给速度 v(mm/min)分割成插补周期的轮廓进给步长 f,然后进行插补计算,求出各坐标轴的每个插补周期的进给增量。如果数控系统的插补周期为 8 ms,则在每次 8 ms 插补中断服务中,调用一次插补程序。

1. 直线插补原理

设刀具在 XY 平面中作直线运动,由 O 点移动到 P_e 点,则 X 轴和 Y 轴的移动增量值为 X_e 和 Y_e。在插补计算中,取增量值大的轴为长轴,增量值小的轴为短轴。如图 3.23 所示,设 X 轴为长轴,Y 轴为短轴。当要求刀具沿直线 OP_e 点从 O 点移动到 P_e 点时,则 X 轴和 Y 轴的速度必须保持一定的比例,且同时到达终点 X_e 和 Y_e。

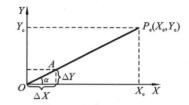

图 3.23　内接弦线法直线插补原理

设进给速度为 v(mm/min),插补周期为 T(ms),速度倍率系数为 K,则每个插补周期的进给步长为

$$f = \frac{T}{60 \times 1\,000} Kv \tag{3.20}$$

设刀具移动方向 OP_e 与长轴 X 的夹角为 α,则

$$\tan\alpha = \frac{Y_e}{X_e}$$

$$\cos\alpha = \frac{1}{\sqrt{1 + \tan^2\alpha}}$$

由此,可求得长轴的插补进给量为

$$\Delta X = f\cos\alpha \tag{3.21}$$

由长轴的插补进给量 ΔX 可导出短轴的插补进给量为

$$\Delta Y = \frac{Y_e}{X_e}\Delta X \tag{3.22}$$

2. 圆弧插补原理

圆弧插补原理如图 3.24 所示,顺圆上点 B 是继点 A 之后的插补瞬时点,其坐标分别为 $A(X_i, Y_i)$、$B(X_{i+1}, Y_{i+1})$,所谓插补,在这里是指由点 $A(X_i, Y_i)$ 求出下一点 $B(X_{i+1}, Y_{i+1})$,实质是求在一次插补周期的时间内,X 轴和 Y 轴的进给量 ΔX 和 ΔY。图中弦 AB 正是圆弧插补时每周期的进给步长 f。AP 是点 A 切线,M 是弦的中点,$OM \perp AB$,$ME \perp AF$,E 为 AF 的中点。圆心角可表示为

$$\varphi_{i+1} = \varphi_i + \delta$$

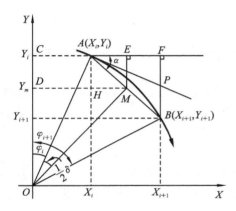

图 3.24　内接弦线法圆弧插补原理

式中:δ——进给步长 f 所对应的角增量,δ 称为步距角。因为

$$OA \perp AP$$

所以　　　　　　　　　　　　　　$\triangle AOC \backsim \triangle PAF$

$$\angle AOC = \angle PAF = \varphi_i$$

因为　　　　　　　　　　　　　　AP 为切线

所以　　　　　　　　　$\angle BAP = \frac{1}{2}\angle AOB = \frac{\delta}{2}$

$$\alpha = \angle BAP + \angle PAF = \varphi_i + \frac{\delta}{2}$$

在 $\triangle MOD$ 中

$$\tan\left(\varphi_i + \frac{\delta}{2}\right) = \frac{DH + HM}{OC - CD}$$

将 $DH = X_i, OC = Y_i, HM = f\cos\left(\frac{\alpha}{2}\right) = \frac{\Delta X}{2}$ 和 $CD = f\sin\left(\frac{\alpha}{2}\right) = \frac{\Delta Y}{2}$ 代入上式,则有

$$\tan\alpha = \tan\left(\varphi_i + \frac{\delta}{2}\right) = \frac{X_i + \frac{1}{2}f\cos\alpha}{Y_i - \frac{1}{2}f\sin\alpha} \tag{3.23}$$

又因 $\tan\alpha = \dfrac{FB}{FA} = \dfrac{\Delta Y}{\Delta X}$,由此可以推出 (X_i, Y_i) 与 ΔX、ΔY 的关系式,即

$$\frac{\Delta Y}{\Delta X} = \frac{X_i + \frac{1}{2}\Delta X}{Y_i - \frac{1}{2}\Delta Y} = \frac{X_i + \frac{1}{2}f\cos\alpha}{Y_i - \frac{1}{2}f\sin\alpha} \tag{3.24}$$

式(3.24)充分反映了圆弧上任意相邻两点间坐标之间的关系。只要找到计算 ΔX 和 ΔY 的恰当方法,就可求出新的插补点坐标,即

$$\left.\begin{array}{l} X_{i+1} = X_i + \Delta X \\ Y_{i+1} = Y_i + \Delta Y \end{array}\right\} \tag{3.25}$$

关键是对 ΔX 和 ΔY 的求解。在式(3.24)中,$\cos\alpha$ 和 $\sin\alpha$ 都是未知数,难以求解,所以采用了近似算法,用 $\cos45°$ 和 $\sin45°$ 来取代,即

$$\tan\alpha = \frac{X_i + \frac{1}{2}f\cos\alpha}{Y_i - \frac{1}{2}f\sin\alpha} \approx \frac{X_i + \frac{1}{2}f\cos 45°}{Y_i - \frac{1}{2}f\sin 45°}$$

从而造成了 $\tan\alpha$ 的偏差,在 $\alpha = 0°$ 处且进给速度较大时偏差较大。

如图 3.25 所示,设由于近似计算 $\tan\alpha$,使 α 角成为 α'(因在 $0° \sim 45°$ 间,$\alpha' < \alpha$),使 $\cos\alpha'$ 变大,因而影响到 ΔX 值,使之为 $\Delta X'$,即

$$\Delta X' = f\cos\alpha' = AF'$$

但是这种偏差不会使插补点离开圆弧轨迹,这是由式(3.24)保证的。因为圆弧上任意相邻两点必定满足

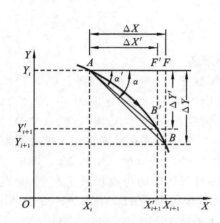

图 3.25　近似计算引起的进给速度偏差

$$\Delta Y = \frac{\left(X_i + \dfrac{1}{2}\Delta X\right)\Delta X}{Y_i - \dfrac{1}{2}\Delta Y}$$

反言之,若平面上任意两点只要其坐标及增量满足上式,则两点必在同一圆弧上。因此当已知 X_i、Y_i 和 $\Delta X'$ 时,若按

$$\Delta Y' = \frac{\left(X_i + \dfrac{1}{2}\Delta X'\right)\Delta X'}{Y_i - \dfrac{1}{2}\Delta Y'}$$

求出 $\Delta Y'$,那么这样确定的点 B' 一定在圆弧上。这样采用近似算法引起的偏差仅仅是 $\Delta X \to \Delta X'$,$\Delta Y \to \Delta Y'$,$AB \to AB'$,即 $f \to f'$。这种算法能够保证圆弧插补每一瞬时点位于圆弧上,它仅造成每次插补进给量 f 的微小变化,实际进给速度的变化小于命令进给速度的 1%,而这种变化在实际切削加工中是微不足道的,完全可以认为插补的速度是均匀的。

在这种算法中,以弦进给来代替弧进给,径向误差主要是弦线误差。

3.3.3　扩展数字积分插补原理

扩展数字积分算法是在数字积分法的基础上发展起来的,具有简单易行、精度高、运行速度快、易于扩展到多坐标轴控制的特点,适合于在微机上用软件编程实现。

1. 直线插补原理

假设直线轨迹如图 3.26 所示,由通过起点 $P_0(X_0, Y_0)$ 和终点 $P_e(X_e, Y_e)$ 的直线段给出。根据编程进给速度的要求,设线段 $P_0 P_e$ 在 T_1 时间内走完,刀具在任一时刻 $t \in (0, T_i)$ 的位置 $P(X, Y)$ 可由各坐标轴向的速度分量积分得到

$$\left.\begin{array}{l} X = X_0 + \displaystyle\int_0^t v_X \mathrm{d}t = X_0 + \int_0^t \dfrac{X_e - X_0}{T_1}\mathrm{d}t \\[3mm] Y = Y_0 + \displaystyle\int_0^t v_Y \mathrm{d}t = Y_0 + \int_0^t \dfrac{Y_e - Y_0}{T_1}\mathrm{d}t \end{array}\right\} \tag{3.26}$$

式中:v_X 和 v_Y——沿 X 轴和 Y 轴的速度分量。

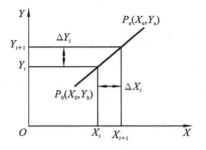

图 3.26　直线插补

将时间 T_1 用插补周期 T 分割为 n 个子区间。取 $n \geqslant T_1 / T$ 的最接近的整数,对式(3.26)进行离散化处理,由此可得出直线的数字积分插补公式为

$$X_i = X_0 + \sum_{j=1}^{i} \frac{X_e - X_0}{n} = X_0 + \sum_{j=1}^{i} \Delta X_j \left.\right\}$$
$$Y_i = Y_0 + \sum_{j=1}^{i} \frac{Y_e - Y_0}{n} = Y_0 + \sum_{j=1}^{i} \Delta Y_j \left.\right\}$$
$$i = 1,2,3,\cdots,n \tag{3.27}$$

由式(3.27)可以导出直线数字积分插补的迭代公式为

$$X_{i+1} = X_i + \Delta X_{i+1} \left.\right\}$$
$$Y_{i+1} = Y_i + \Delta Y_{i+1} \left.\right\}$$
$$i = 1,2,3,\cdots,n \tag{3.28}$$

由于假设是匀速运动,则 X 和 Y 方向的每次增量满足

$$\Delta X_1 = \Delta X_2 = \cdots = \Delta X_n = \Delta X$$
$$\Delta Y_1 = \Delta Y_2 = \cdots = \Delta Y_n = \Delta Y$$

这样,在直线插补中,每次迭代形成一个子线段,子线段的斜率即等于直线段 $P_0 P_e$ 的斜率,即

$$\frac{\Delta X}{\Delta Y} = \frac{\frac{X_e - X_0}{n}}{\frac{Y_e - Y_0}{n}} = \frac{X_e - X_0}{Y_e - Y_0}$$

在直线插补中,坐标轴的进给步长 ΔX 和 ΔY 是轮廓步长沿 X 轴、Y 轴的分量,其大小取决于编程速度值。ΔX 和 ΔY 的表达式为

$$\Delta X = vT\sin\alpha = vT\frac{X_e - X_0}{\sqrt{(X_e-X_0)^2+(Y_e-Y_0)^2}} = \lambda_t FRN(X_e - X_0) \left.\right\}$$
$$\Delta Y = vT\cos\alpha = vT\frac{Z_e - Z_0}{\sqrt{(X_e-X_0)^2+(Y_e-Y_0)^2}} = \lambda_t FRN(Y_e - Y_0) \left.\right\} \tag{3.29}$$

式中:α——直线段 $P_0 P_e$ 的倾角;

v——编程的进给速度(mm/min);

FRN——进给速度数,$FRN = \Delta X = vT\sin\alpha = v/\sqrt{(X_e-X_0)^2+(Y_e-Y_0)^2}$;

T——插补周期,量纲为 ms;

λ_t——根据插补周期换算后的时间系数,即 $\lambda_t = T\times10^{-3}/60$。

为了计算方便,令 $\lambda_d = \lambda_t FRN = (T\times10^{-3}/60)(v/\sqrt{(X_e-X_0)^2+(Y_e-Y_0)^2})$,称之为步长系数,它与编程的进给速度成正比,与直线运动距离成反比,提供了轮廓步长向各坐标轴分配的基数。因此式(3.29)变为

$$\Delta X = \lambda_d(X_e - X_0) \left.\right\}$$
$$\Delta Y = \lambda_d(Y_e - Y_0) \left.\right\} \tag{3.30}$$

可见直线轨迹插补十分简单,依据式(3.28)即可完成,其中的坐标轴步长在插补前已按照式(3.30)算好待用,这种计算工作在插补前数据处理程序中进行。

2. 数字积分圆弧插补原理

如图 3.27 所示,在机床 XY 坐标系中,设圆弧起点为 $A(X_0,Y_0)$,终点为 $B(X_e,Y_e)$,圆心为 C,坐标轴原点平移到点 A 后构成 IK 坐标系,圆心在 $C(I_0,K_0)$,坐标 I_0、K_0 为相对于 IK 坐标系的值,圆弧轨迹为

$$(I - I_0)^2 + (K - K_0)^2 = R^2 \qquad (3.31)$$

将式(3.31)对时间变量 t 求导数,得

$$(I - I_0)\frac{\mathrm{d}I}{\mathrm{d}t} + (K - K_0)\frac{\mathrm{d}K}{\mathrm{d}t} = 0 \qquad (3.32)$$

根据编程速度要求,各坐标轴应在 T_1 时间内走完轨迹,对式(3.32)进行变换,得

$$\frac{\frac{\mathrm{d}K}{\mathrm{d}t}}{\frac{\mathrm{d}I}{\mathrm{d}t}} = \frac{-\frac{(I - I_0)}{T_1}}{\frac{(K - K_0)}{T_1}} \qquad (3.33)$$

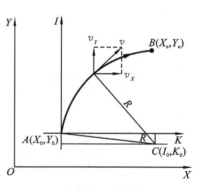

图 3.27　数字积分圆弧插补

可得各坐标轴的速度表达式,为

$$\left. \begin{aligned} v_X &= \frac{\mathrm{d}I}{\mathrm{d}t} = \frac{K - K_0}{T_1} \\ v_Y &= \frac{\mathrm{d}K}{\mathrm{d}t} = -\frac{I - I_0}{T_1} \end{aligned} \right\} \qquad (3.34)$$

由此导出任意时刻 $t \in (0, T_i)$ 刀具在 XY 平面的位置坐标为

$$\left. \begin{aligned} X &= X_0 + \int_0^t \frac{K - K_0}{T_1}\mathrm{d}t \\ Y &= Y_0 - \int_0^t \frac{I - I_0}{T_1}\mathrm{d}t \end{aligned} \right\} \qquad (3.35)$$

与直线插补相类似,将 T_1 区间以插补周期 T 分割为 n 个子区间,可得圆弧插补公式

$$\left. \begin{aligned} X_i &= X_0 + \sum_{j=1}^i \frac{K_{j-1} - K_0}{n} = X_0 + \sum_{j=1}^i \Delta X_j \\ Y_i &= Y_0 - \sum_{j=1}^i \frac{I_{j-1} - I_0}{n} = Y_0 + \sum_{j=1}^i \Delta Y_j \end{aligned} \right\} \qquad (3.36)$$

$i = 1, 2, 3, \cdots, n$

由此推导出圆弧插补的迭代公式为

$$\left. \begin{aligned} X_i &= X_{i-1} + \Delta X_i \\ Y_i &= Y_{i-1} + \Delta Y_i \end{aligned} \right\} \qquad (3.37)$$

$i = 1, 2, 3, \cdots, n$

式中：ΔX_i、ΔY_i——第 i 次迭代时的坐标轴的进给步长。

第 i 次插补迭代的步长之比为

$$\frac{\Delta X_i}{\Delta Y_i} = -\frac{K_{i-1} - K_0}{I_{i-1} - I_0}$$

这是圆弧上刀具所在点 (I_{i-1}, K_{i-1}) 的切线斜率。可见在 T_1 时间内,圆弧上从点 A_{i-1} 到点 A_i 的弧进给被沿着 A_i 点切线方向的直线插补进给代替。因此,圆弧插补与直线插补的迭代公式相同,但是在圆弧插补时,随着刀具的移动,切线斜率在不断变化,坐标轴步长之比 $\Delta X / \Delta Y$ 是一个变量,但 ΔX 和 ΔY 的合成距离则始终为编程进给速度所要求的轮廓步长,即

$$\delta = \sqrt{\Delta X_i^2 + \Delta Y_i^2} = vT$$

上述圆弧插补方法的关键问题是各轴进给步长 ΔX 和 ΔY 的求解。

在用户编制的零件程序中,对于圆弧插补的程序段,提供了圆弧在 XY 平面中的起点、终点及圆心相对于圆弧起点的偏移量 I_0、K_0 值。现以第一象限的顺圆为例,说明数字积分圆弧

插补的实现。

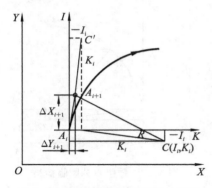

图 3.28 数字积分圆弧插补的实现

如图 3.28 所示，IK 坐标系原点 A_i 即刀具位置，随着刀具而移动，圆心 C 相对于原点 A_i 的坐标值 (I,K) 是变量。第 i 次迭代之后，刀具按照插补命令移动到点 A_i，这时圆心 C 的坐标为 (I_i,K_i)。在第 $i+1$ 次迭代中，刀具将沿着切线 A_iC' 方向移动，于是将按斜率为 $-K_i/I_i$ 的切线进行一次插补迭代，刀具移动到 A_{i+1} 点。此时圆心 C 相对于点 A_{i+1} 的坐标为 (I_{i+1},K_{i+1})。而

$$\left. \begin{aligned} I_{i+1} &= I_i - \Delta X_{i+1} \\ K_{i+1} &= K_i - \Delta Y_{i+1} \end{aligned} \right\} \tag{3.38}$$

第 $i+1$ 次迭代时，X 和 Y 两个坐标轴的进给步长可以根据编程速度，按斜率为 $-K_i/I_i$ 的直线 A_iC' 计算，即

$$\left. \begin{aligned} \Delta X_{i+1} &= vT\sin\alpha = \frac{vTK_i}{\sqrt{I_i^2+K_i^2}} = \lambda_d K_i \\ \Delta Y_{i+1} &= vT\cos\alpha = \frac{vT(-I_i)}{\sqrt{I_i^2+K_i^2}} = -\lambda_d I_i \end{aligned} \right\} \tag{3.39}$$

因此，第一象限顺圆的数字积分圆弧插补迭代公式为

$$\left. \begin{aligned} \Delta X_i &= \lambda_d K_{i-1} \\ \Delta Y_i &= -\lambda_d I_{i-1} \\ I_i &= I_{i-1} - \Delta X_i \\ K_i &= K_{i-1} - \Delta Y_i \\ X_i &= X_{i-1} + \Delta X_i \\ Y_i &= Y_{i-1} + \Delta Y_i \\ i &= ,2,3,\cdots,n \end{aligned} \right\} \tag{3.40}$$

式(3.40)中第一组公式用来计算第 i 次插补周期中坐标轴的进给步长，第二组公式用来修正圆心相对于刀具位置的现时坐标，第三组公式用来计算刀具应该到达的命令位置。

图 3.29(a)所示的轨迹是根据式(3.39)的数字积分圆弧插补算法形成的轨迹曲线，它是理论圆弧的扩展，这是由于用切线逼近圆弧的插补算法本身的积累误差所引起的，径向误差较大。数字积分圆弧插补算法实际上是不能采用的。

3. 扩展数字积分圆弧插补

扩展数字积分圆弧插补算法采用了巧妙的方法，使得用切线逼近圆弧的方法转化为弦线逼近法，从而大大提高了圆弧的插补精度。采用扩展数字积分算法对图 3.29(a)给定的圆弧进行插补所形成的轨迹如图 3.29(b)所示。

扩展数字积分圆弧插补算法的思想可以通过图 3.30 来说明。图 3.30 中的直线段 $A_{i-1}A_i$ 是按式(3.40)所示的第一象限数字积分顺圆迭代公式插补一次所形成的进给切线段，其长度为轮廓步长 δ，δ 的分量为

$$\left. \begin{aligned} \Delta X_i &= \lambda_d K_{i-1} \\ \Delta Y_i &= -\lambda_d I_{i-1} \end{aligned} \right\} \tag{3.41}$$

从图 3.30 中可以看出，形成的指令位置 A_i 点偏离圆较远。通过 $A_{i-1}A_i$ 线段的中点 B 作

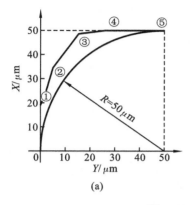 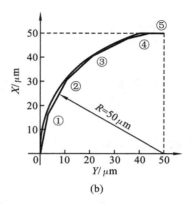

图 3.29　圆弧插补轨迹

（a）数字积分插补　（b）扩展的数字积分插补

半径为 BC 的圆 BC 弧的切线 BA'_i，且通过点 A_{i-1} 作直线 $A_{i-1}H$，使 $A_{i-1}H$ 平行于 BA'_i。在 $A_{i-1}H$ 上截取直线段 $A_{i-1}A''_i$，使

$$A_{i-1}A''_i = A_{i-1}A_i = \delta$$

因为　　　　$BA'_i /\!/ A_{i-1}H,\quad BA'_i \perp BC$

所以　　　　　　$A_{i-1}H \perp BC$

又因　　　　$A_{i-1}E < A_{i-1}B = \delta/2$

所以

$$EA''_i = A_{i-1}A''_i - A_{i-1}E = \delta - A_{i-1}E > \delta/2$$

即 $EA''_i > A_{i-1}E$，所以 A''_i 必定在圆弧之外。显然用直线段 $A_{i-1}A''_i$ 进给来代替 $A_{i-1}A_i$ 的切线进给，使数字积分圆弧插补造成的径向误差减小了。

切线 BA'_i 的斜率为

图 3.30　扩展的数字积分插补示例

$$\mu_{AB'} = -\frac{K_{i-1} - \frac{1}{2}\Delta Y_i}{I_{i-1} - \frac{1}{2}\Delta X_i}$$

在扩展数字积分圆弧插补算法中，圆弧插补不是按切线计算，而是以起点在刀具位置 A_{i-1}，斜率为 μ_{AB} 的弦割线 $A_{i-1}A''_i$ 进行的。

设圆弧插补的起点为 $P_0(X_0,Y_0)$，终点为 $P_e(X_e,Y_e)$，圆心相对于圆弧起点的偏差量为 I_0 和 K_0，进给速度为 v，插补周期为 T，则应用扩展数字积分圆弧插补的步骤如下。

步骤 1　预先计算步长系数。

$$\lambda_d = \begin{cases} -\dfrac{T}{\sqrt{I_0^2 + K_0^2}}v, & \text{顺圆时} \\[4mm] \dfrac{T}{\sqrt{I_0^2 + K_0^2}}v, & \text{逆圆时} \end{cases} \tag{3.42}$$

步骤 2　计算半步长。

$$\left.\begin{array}{l} \xi = \dfrac{1}{2}\lambda_{\mathrm{d}} I_{i-1} \\[2mm] \eta = \dfrac{1}{2}\lambda_{\mathrm{d}} K_{i-1} \end{array}\right\} \tag{3.43}$$

步骤 3　计算进给量。

$$\left.\begin{array}{l} \Delta X_i = \lambda_{\mathrm{d}}(\xi - K_{i-1}) \\[2mm] \Delta Y_i = \lambda_{\mathrm{d}}(\eta + I_{i-1}) \end{array}\right\} \tag{3.44}$$

步骤 4　修正圆心坐标。

$$\left.\begin{array}{l} I_i = I_{i-1} - \Delta X_i \\[2mm] K_i = K_{i-1} - \Delta Y_i \end{array}\right\} \tag{3.45}$$

步骤 5　计算命令位置。

$$\left.\begin{array}{l} X_i = X_{i-1} + \Delta X_i \\[2mm] Y_i = Y_{i-1} + \Delta Y_i \end{array}\right\} \tag{3.46}$$

步骤 6　判别是否到达终点,若是转步骤 7,否则 i 加 1 后转步骤 2。

步骤 7　结束。

图 3.29(b)所示为采用扩展的数字积分算法进行采样插补的圆弧轨迹,其计算的条件与图 3.29(a)所示的一样,对比图 3.29(a)和图 3.29(b)可知,扩展的数字积分圆弧插补的径向误差比数字积分圆弧插补小。

4. 圆弧插补参数 I、K 的符号判别

在圆弧加工的数控编程时,一般输入圆弧的终点和圆心相对于起点的坐标轴偏移量 I、K 值。不同的数控系统对 I、K 值的要求有所不同,一般分为两种情况:一种是有符号数;一种是无符号数。I、K 为有符号数时,不需对 I、K 作处理。I、K 不编入符号时,由计算机软件依据圆弧逆顺及所处象限来确定。坐标轴位移 $\mathrm{DTG}X$、$\mathrm{DTG}Y$ 表示为

$$\left.\begin{array}{l} \mathrm{DTG}X = X_{\mathrm{e}} - X_0 \\[2mm] \mathrm{DTG}Y = Y_{\mathrm{e}} - Y_0 \end{array}\right\} \tag{3.47}$$

各象限顺圆及逆圆的 I、K 的符号如图 3.31 所示。I、K 的符号与程序段中坐标轴位移 $\mathrm{DTG}X$、$\mathrm{DTG}Y$ 的符号的对应关系如表 3.8 所示。I、K 的符号由软件确定,符号处理的流程如图 3.32 所示,将 I、K 符号处理后即可用扩展的数字积分方法进行插补计算。

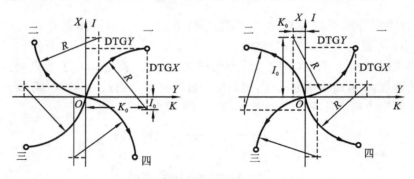

图 3.31　各象限顺圆及逆圆的 I、K 的符号

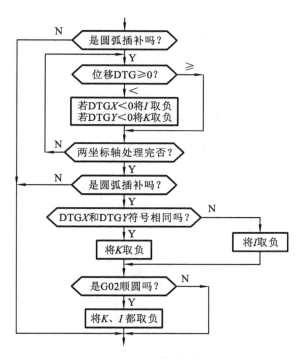

图 3.32 符号逻辑处理流程

表 3.8 I、K 的符号与 DTGX、DTGY 符号的对应关系

象限 名称	顺　圆				逆　圆			
	一	二	三	四	一	二	三	四
DTGX	+	+	−	−	+	+	−	−
DTGY	+	−	−	+	+	−	−	+
I	−	+	+	−	+	−	−	+
K	+	+	−	−	−	−	+	+

5. 扩展的数字积分圆弧插补分析

对扩展的数字积分圆弧插补可以进行数学分析。如图 3.33 所示,圆弧以参量为 φ 的解析式给出,设要求的逆圆恒定轨迹速度为 v,在两次插补迭代的时间间隔 T 中,角 φ 的增长由相应的公式表示,即

$$\delta = v\frac{T}{R} = \lambda_{\mathrm{d}}$$

式中: δ——步距角。它与前述的步长系数 λ_{d} 具有相同的表达式,其范围受到半径、轨迹速度和采样周期数值范围的限制。

每插补一次必然得到新的参量 φ 值,即 $\varphi_i = \varphi_{i-1} + \delta$,将圆弧的参量方程

$$\begin{cases} I_i = R\sin\varphi_i \\ K_i = R\cos\varphi_i \end{cases}$$

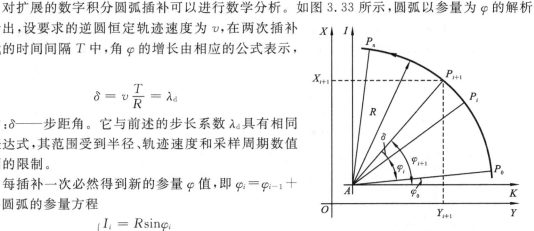

图 3.33 圆弧插补步距角示例

代入 $\varphi_i = \varphi_{i-1} + \delta$ 及两角和的三角函数公式,有

$$\begin{cases} I_i = R\sin\varphi_i = R\sin(\varphi_{i-1} + \delta) = R\sin\varphi_{i-1}\cos\delta + R\cos\varphi_{i-1}\sin\delta \\ K_i = R\cos\varphi_i = R\cos(\varphi_{i-1} + \delta) = R\cos\varphi_{i-1}\cos\delta - R\sin\varphi_{i-1}\sin\delta \end{cases}$$

即有一阶递归插补公式为

$$\begin{cases} I_i = I_{i-1}\cos\delta + K_{i-1}\sin\delta \\ K_i = K_{i-1}\cos\delta - I_{i-1}\sin\delta \end{cases}$$

对其中的三角函数进行二阶近似 $\left(\sin\delta = \delta, \cos\delta = 1 - \dfrac{1}{2}\delta^2\right)$ 后得

$$\begin{cases} I_i = I_{i-1}\left(1 - \dfrac{1}{2}\delta^2\right) + \delta K_{i-1} = I_{i-1} - \delta\left(\dfrac{1}{2}\delta I_{i-1} - K_{i-1}\right) \\ K_i = K_{i-1}\left(1 - \dfrac{1}{2}\delta^2\right) - \delta I_{i-1} = K_{i-1} - \delta\left(\dfrac{1}{2}\delta K_{i-1} + I_{i-1}\right) \end{cases}$$

令

$$\begin{cases} \Delta X_i = \delta\left(\dfrac{1}{2}\delta I_{i-1} - K_{i-1}\right) \\ \Delta Y_i = \delta\left(\dfrac{1}{2}\delta K_{i-1} + I_{i-1}\right) \end{cases}$$

有

$$\begin{cases} I_i = I_{i-1} - \Delta X_i \\ K_i = K_{i-1} - \Delta Y_i \end{cases}$$

由此,式(3.42)至式(3.46)算法得到证明。因此扩展数字积分插补也可称为一阶递归二阶近似插补。由于近似计算,可知插补点 A_i'' 不能落在圆弧上,由图 3.30 可见,插补点 A_i'' 总是在圆的外缘。点 A_i'' 引起的半径误差为

$$e_{ri} = R\left[\sqrt{\left(1 + \dfrac{1}{4}\delta^4\right)^i} - 1\right]$$

对于步数为 $n = \pi/(2\delta)$ 的一个象限 1/4 圆,可得

$$e_{ri} = R\left[\sqrt{\left(1 + \dfrac{1}{4}\delta^4\right)^{\pi/(4\delta)}} - 1\right]$$

可以证明,插补点所造成的径向误差一般小于以弦线逼近圆弧时所造成的弦线误差 e_r,因此弦线误差 e_r 是扩展数字积分插补的主要误差。如图 3.34 所示,对半径一定的圆弧来说,e_r 取决于轮廓步长的大小,步长越大,径向弦线误差 e_r 越大,减少采样周期或降低进给速度都可以使 e_r 下降。扩展数字积分插补的弦线误差 e_r 介于内接弦线和内外均差弦线的径向误差之间,即

$$R\left[\dfrac{1 - \cos\dfrac{\delta}{2}}{1 + \cos\dfrac{\delta}{2}}\right] \leqslant e_r \leqslant R\left(1 - \cos\dfrac{\delta}{2}\right)$$

当要求径向误差为 $e_r \leqslant 1\ \mu\mathrm{m}$ 时,对进给速度的限制为

$$v \leqslant 60T \times 2\sqrt{Re_r} = T\sqrt{28\ 800R}\text{(按内弦线计算)}$$

式中:T——采样周期,s;

　　R——圆弧半径,μm;

　　v——最大允许程编的进给速度,μm/min。

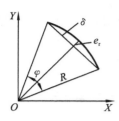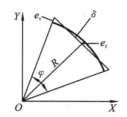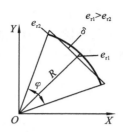

图 3.34 径向误差比较

可见,扩展的数字积分只需要进行加减法和两次乘法运算,没有超越函数的计算,充分表现了其简单性和高速度。由于它采用了弦线逼近圆弧,能够实现插补精度为 1 μm 的精度要求。这种算法在 7360 数控系统中应用时,采用双精度(共 32 位)进行计算,其中连同符号位在内的有效位为 27 位,可控行程 30 m,插补周期 $T=10.24$ ms,其中,圆弧插补的时间负荷为最大(2.5 ms)。

3.4 刀具半径补偿

3.4.1 刀具半径补偿的概念

在轮廓加工过程中,由于刀具总有一定的半径(如铣刀半径或线切割机的钼丝半径等),刀具中心的运动轨迹与所需加工零件的实际轮廓并不重合,在图 3.35 中,粗实线为所需加工的零件轮廓,虚线为刀具中心轨迹。可见,在进行内轮廓加工时,刀具中心偏离零件的内轮廓表面一个刀具半径值;在进行外轮廓加工时,刀具中心偏离零件的外轮廓表面一个刀具半径值。这种偏移习惯上称为刀具半径补偿,简称刀补。

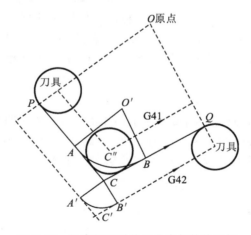

图 3.35 轮廓加工时的刀具半径补偿示例

根据 ISO 标准,当刀具中心轨迹在编程轨迹(即零件轮廓)前进方向的右边时,称为右刀补,用 G42 表示;反之,称为左刀补,用 G41 表示;注销刀具半径补偿时用 G40 表示。

需要指出的是,刀具半径补偿通常不是程序编制人员完成的,程序编制人员只是按零件的加工轮廓编制程序。数控系统根据零件轮廓尺寸(直线或圆弧及其起点和终点)和刀具运动的方向指令,以及实际加工中所用的刀具半径值自动地完成刀具半径补偿计算。

在实际轮廓加工过程中,刀具半径补偿执行过程一般可分为以下三步。

（1）建立刀具补偿　刀具从原点接近工件,刀具中心轨迹由 G41 或 G42 确定,在原来的程序轨迹基础上偏移一个刀具半径值,如图 3.36 所示。

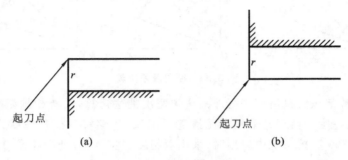

图 3.36　建立刀具补偿

(a)建立刀具补偿 G41　　(b)建立刀具补偿 G42

（2）进行刀具补偿　在刀具补偿进行期间,刀具中心轨迹始终偏离编程轨迹一个刀具半径值的距离。

（3）撤销刀具补偿　和建立刀具补偿时一样,刀具中心轨迹也要比编程轨迹偏移一个刀具半径值,使刀具撤离工件,回到起始位置。

刀具半径补偿仅在指定的二维坐标平面内进行,而平面的指定是由指令 G17(XY 平面),G18(YZ 平面)和 G19(ZX 平面)来实现。

3.4.2　刀具半径补偿计算

刀具半径补偿计算是要根据零件尺寸和刀具半径值计算出刀具中心的运动轨迹。对于一般的数控装置,所能实现的轮廓控制仅限于直线和圆弧。对直线而言,刀具补偿后的刀具中心轨迹仍然是与原直线相平行的直线,因此刀具补偿计算只要计算出刀具中心轨迹的起点和终点坐标值。对于圆弧而言,刀具补偿后的刀具中心轨迹仍然是一个与圆弧同心的一段圆弧。因此,对圆弧的刀具半径补偿计算只需计算出刀补后圆弧的起点和终点坐标值及刀具补偿后的圆弧半径值。

1. 直线刀具补偿计算

如图 3.37 所示,被加工直线段的起点在坐标原点 O,终点 A 的坐标为(X,Y)。假设上一程序段加工完后,刀具中心在 O' 点且其坐标已知,刀具半径为 r。现在需要计算的是刀具补偿后直线段 $O'A'$ 的终点坐标(X',Y')。设直线段终点刀具半径 r 在坐标轴上的投影为$(\Delta X, \Delta Y)$,则

$$X' = X + \Delta X'$$
$$Y' = Y + \Delta Y'$$

因为
$$\angle XOA = \angle A'AK = \alpha$$

所以
$$\Delta X' = r\sin\alpha = r\,\frac{Y}{\sqrt{X^2 + Y^2}}$$

$$\Delta Y' = -r\cos\alpha = -r\,\frac{X}{\sqrt{X^2 + Y^2}}$$

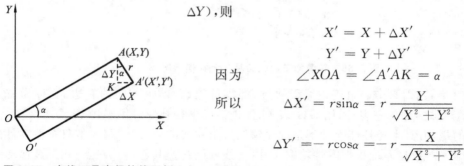

图 3.37　直线刀具半径补偿示例

将上式代入前式,故直线刀具半径补偿公式为

$$X' = X + \frac{rY}{\sqrt{X^2 + Y^2}}$$

$$Y' = Y - \frac{rX}{\sqrt{X^2 + Y^2}}$$

2. 圆弧刀具半径补偿计算

如图 3.38 所示,被加工圆弧的圆心在坐标原点,圆弧半径为 R,圆弧起点 A 的坐标为 (X_0, Y_0),圆弧终点 B 的坐标为 (X_e, Y_e),刀具半径为 r。

假定上一程序段加工结束后刀具中心点为 A',且其坐标 (X'_0, Y'_0) 为已知,那么圆弧刀具半径计算的目的就是要计算出刀具中心圆弧 $A'B'$ 的终点坐标 (X'_e, Y'_e)。设 r 在坐标轴上的投影为 $(\Delta X, \Delta Y)$,则

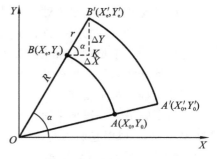

图 3.38　圆弧刀具半径补偿示例

$$X'_e = X_e + \Delta X$$

$$Y'_e = Y_e + \Delta Y$$

因为　　　　　　$\angle BOX = \angle B'BK = \alpha$

所以　　　　　　$\Delta X = r\cos\alpha = r\dfrac{X_e}{R}$

$$\Delta Y = r\sin\alpha = r\frac{Y_e}{R}$$

将上式代入前式,得圆弧刀具半径补偿公式为

$$X'_e = X_e + \frac{rX_e}{R}$$

$$Y'_e = Y_e + \frac{rY_e}{R}$$

通过以上讨论可以看出,一般的刀具半径补偿(也称为 B 刀具补偿,简称 B 刀补)只能计算出直线或圆弧终点的刀具中心值,而对于两个程序段之间在刀补后可能出现的一些特殊情况没有考虑。实际上,当编程人员按零件的轮廓编制程序时,各程序段间是连续过渡的,没有间断点,也没有重合段。但是,当进行 B 刀补偿后,在两个程序段之间的刀具中心轨迹就可能会出现间断点和交叉点。因此,对于只有 B 刀补的数控装置,编程人员必须事先估计出在进行刀具补偿后可能出现的间断点和交叉点的情况,并进行人为处理。如图 3.35 所示,如遇到间断点时,可以在两个间断点之间增加一个半径为刀具半径的过渡圆弧段 $A'B'$。如遇到交叉点时,事先在两程序段之间增加一个过渡圆弧段 AB。上述刀具半径补偿的方法有一个共同点,即加工轮廓的连接是以圆弧进行的,这就产生了一些无法避免的缺点。首先,当遇到加工外轮廓尖角时,如图 3.35 所示的点 C,由于轮廓尖角处始终处于切削状态,尖角加工的工艺性就比较差。在磨削加工中尤其突出,所需加工的尖角往往会被加工成小圆角。其次,在加工内轮廓时,由于刀具中心轨迹的交点不易求得,如图 3.35 中的 C'' 点,因此不得不人为编制一个辅助加工的过渡圆弧,并且还要求这个过渡圆弧的半径必须大于刀具的半径。这就给编程工作带来了麻烦,一旦疏忽,就会因刀具干涉而产生过切削现象。这就限制了 B 刀具半径补偿方法在一些复杂的、要求较高的数控装置中的应用。

实际上,最早也是最容易为人们所想到的刀具半径补偿方法,就是由数控装置根据和实际轮廓完全一样的轨迹编程,并直接算出刀具中心轨迹的转接交点 C' 和 C'',然后再对原来的编程轨迹作偏移一个刀具半径的修正。

　　以往 C' 和 C'' 点不易求得,主要是受到数控装置的运算速度和硬件结构的限制。随着数控技术的发展,数控装置的工作方式、运算速度及存储器容量都有了很大的改进和增加,采用直线或圆弧过渡,直接求出刀具中心轨迹交点的刀具半径补偿方法已经能够实现了,这种方法被称为 C 功能刀具半径补偿,简称 C 刀补。

3.4.3　C 功能刀具半径补偿

1. C 刀具半径补偿的基本设计思想

　　B 刀具半径补偿方法对编程限制的主要原因是在确定刀具中心轨迹时,采用读一段,算一段,再走一段的控制方法,这样就无法预计由于刀具半径而造成的下一段加工轨迹对本段加工轨迹的影响。于是对于给定的加工轮廓轨迹来说,当加工内轮廓时,为了避免刀具干涉,就必须合理地选择刀具的半径及在相邻加工轨迹转接处选用恰当的过渡圆弧等,而这些问题就不得不靠编程人员来处理。

　　为了解决下一段加工轨迹对本段加工轨迹的影响,在计算完本段轨迹后,提前将下一段程序读入,然后根据它们之间转接的具体情况,再对本段的轨迹作适当的修正,得到正确的本段加工轨迹。图 3.39(a)所示为普通数控装置的工作方法,加工轨迹作为输入数据送到工作寄存器 AS 后,由运算器进行刀具补偿运算,运算结果送输出寄存器 OS,直接作为伺服系统的控制信号。图 3.39(b)所示为改进后的数控装置的工作方法。与图 3.39(a)相比,增加了一组数据输入的缓冲寄存器 BS,节省了数据的读入时间。往往是 AS 中存放着正在加工的程序段信息,而 BS 中已经存放了下一段所要加工的信息。图 3.39(c)所示为在数控装置中采用 C 刀具补偿的方法。与前两种方法不同的是,数控装置内部设置了一个刀具补偿缓冲区 CS。零件程序的输入参数在 BS、CS 和 AS 中的存放格式是完全一样的。实际上,BS、CS 和 AS 各自还包括一个计算区域,编程轨迹的计算及刀具补偿修正计算都是在这些计算区域中进行的。当固定不变的输入参数在 BS、CS 和 AS 间传送时,对应的计算区域的内容也就跟随一起传送。因此,也可以认为这些计算区域对应的是 BS、CS 和 AS 的一部分。

　　C 刀具补偿的工作流程是:当数控装置启动后,第一段程序先被读入 BS,在 BS 中算得的

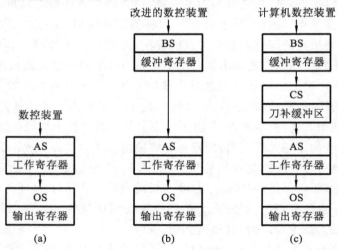

图 3.39　几种数控装置的工作流程

(a)一般方法　(b)改进后的方法　(c)C 刀补偿的方法

第一段编程轨迹被送到 CS 暂存后,又将第二段程序读入 BS,算出第二段的编程轨迹。接着对第一和第二两段的编程轨迹的连接方式进行判别。根据判别结果,再对 CS 中的第一段编程轨迹作相应的修正。修正结束后,顺序将修正后的第一段编程轨迹由 CS 送 AS,第二段编程轨迹由 BS 送入 CS。随后,由 CPU 将 AS 中的内容送到 OS 进行插补运算,运算结果送伺服装置予以执行。当修正了的第一段编程轨迹开始被执行后,利用插补间隙,CPU 又将第三段程序读入 BS,接着又根据 BS、CS 中的第三与第二段编程轨迹的连接方式,对 CS 中的第二段编程轨迹进行修正,依次进行下去。由此可见,在 C 刀补工作状态时,数控装置内部总是同时存有三个程序段的信息。在具体实现时,为了便于交点的计算以及对各种编程情况进行综合分析,从中找出规律,必须将 C 刀具补偿方法的所有编程输入轨迹都当做矢量看待。显然,直线段本身就是一个矢量。圆弧是将其起点、终点的半径及起点到终点的弦长都看作矢量。同时,也要将刀具半径作为矢量看待。刀具半径矢量是指在加工过程中,始终垂直于编程轨迹,大小等于刀具半径值、方向指向刀具中心的一个矢量。在直线加工时,刀具半径矢量始终垂直于刀具移动方向。在圆弧加工时,刀具半径矢量始终垂直于编程圆弧的瞬时切点的切线,它的方向不断在改变。

2. 程序段间转接情况分析

在实际加工过程中,随着前后两段编程轨迹的连接方式不同,相应刀具中心的轨迹也会产生不同的形式。在大多数数控装置中,实际所能控制的轮廓轨迹一般只有直线段和圆弧。因而前后两段程编轨迹有以下几种转接形式。

(1) 直线与直线转接。

(2) 直线与圆弧转接。

(3) 圆弧与圆弧转接。

根据两段程序轨迹的矢量夹角 α 和刀具补偿方向的不同,又有几种转接过渡类型,即伸长型、缩短型和插入型。

1) 直线与直线转接

图 3.40 所示为对直线与直线转接进行左刀具补偿的情况。图中编程轨迹为 $OA \rightarrow AF$。

在图 3.40(a)和(b)中,AB、AD 为刀具半径。对应于编程轨迹 OA、AF,刀具中心轨迹 JB 与 DK 将在点 C 相交。这样相对于 OA 与 AF 来说,将缩短 CB 与 DC 的长度。因此,称这种转接为缩短型转接。

在图 3.40(d)中,点 C 处于 JB 与 DK 的延长线上,因此称为伸长型转接。

对于图 3.40(c)和图 3.40(e)所示的情况来说,若仍采用伸长型转接,势必要增加刀具非切削的空行程时间。为了解决这个问题,对于图 3.40(c)所示的情况来说,令 BC 等于 $C'D$ 且等于刀具半径长度 AB 和 AD,同时在中间插入过渡直线 CC'。也就是说,刀具中心除了沿原来的编程轨迹伸长移动一个刀具半径长度外,还必须增加一个沿直线 CC' 的移动。对于图 3.40(e)所示的情况来说,直接在两段刀具轨迹之间插入一段圆弧。因此,对于图 3.40(c)和图 3.40(e)所示的情况来说,都是相对于原来的程序段,在中间再插入一个程序段,称这种转接类型为插入型转接。

图 3.41 所示的是对直线与直线转接进行右刀具补偿的情况。

在图 3.40 和图 3.41 中,$\overrightarrow{OA}$ 为第一段编程矢量,$\overrightarrow{AF}$ 为第二段编程矢量,AG 为第一段编程矢量的延长线,α_1、α_2 分别为矢量 $\overrightarrow{OA}$、$\overrightarrow{AF}$ 与 X 轴正方向的夹角,α 角为第一段编程矢量逆时针

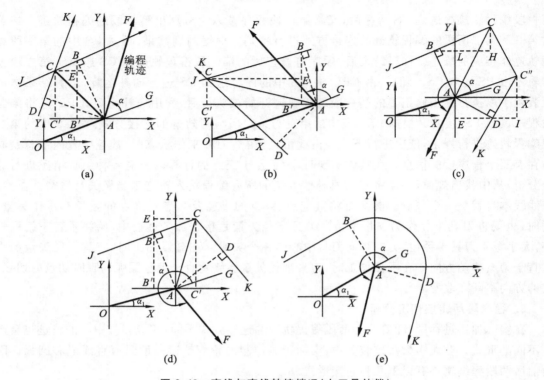

图 3.40 直线与直线转接情况(左刀具补偿)

(a)、(b)缩短型转接 (c)、(e)插入型转接 (d)伸长型转接

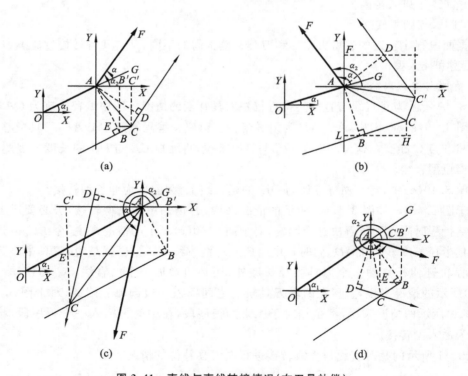

图 3.41 直线与直线转接情况(右刀具补偿)

(a)伸长型转接 (b)插入型转接 (c)、(d)缩短型转接

旋转到第二段编程矢量的夹角。很显然，$\alpha = \alpha_2 - \alpha_1$，$\alpha$ 角即为逆时针转向的 $\angle GAF$。在同一个坐标平面内直线与直线转接 α 角在 $0° \sim 360°$ 范围内变化时，相应刀具中心轨迹的转接将顺序地以上述三种类型进行。

对应图 3.40 和图 3.41，表 3.9 列出了直线与直线转接时的全部情况。

表 3.9　直线与直线转接时的分类

编程轨迹的连接	刀补方向	$\sin\alpha \geqslant 0$①	$\cos\alpha \geqslant 0$	象限	转接类型	对应图号
G41G01/G41G01	G41	1	1	Ⅰ	缩短	图 3.40(a)
		1	0	Ⅱ		图 3.40(b)
		0	0	Ⅲ	插入	图 3.40(c)
		0	1	Ⅳ	伸长	图 3.40(d)
G42G01/G42G01	G42	1	1	Ⅰ	伸长	图 3.41(a)
		1	0	Ⅱ	插入	图 3.41(b)
		0	0	Ⅲ	缩短	图 3.41(c)
		0	1	Ⅳ		图 3.41(d)

①$\sin\alpha \geqslant 0$、$\cos\alpha \geqslant 0$ 时用"1"表示，否则用"0"表示。

2）圆弧与圆弧转接

圆弧与圆弧转换时转接类型的区分，和直线与直线转换时一样，也可以通过相接两圆的起点和终点半径矢量的夹角 α 的大小来判别。但为了分析方便，往往将圆弧等效为直线处理。

在图 3.42 中，当编程轨迹为 PA 转接 AQ 时，$\overrightarrow{O_1A}$、$\overrightarrow{O_2A}$ 分别为起点和终点半径矢量。若为左刀具补偿，α 角将仍为 $\angle GAF$。以图 3.42(a) 为例，$\alpha = \angle XO_2A - \angle XO_1A = \angle XO_2A - 90° - (\angle XO_1A - 90°) = \angle GAF$。

比较图 3.40 与图 3.42，它们转接类型的分类和判别是完全相同的，即当左刀具补偿顺圆接顺圆（G41G02/G41G02）时，它的转接类型的判别等效于左刀具补偿直线与直线转换（G41G01/G41G01）。

3）直线与圆弧的转接

由图 3.42 可以看出，圆弧与圆弧的转接还可以看做是直线与圆弧的转接，即 G41G01/G41G02（OA 接 AQ）和 G41G02/G41G01）（PA 接 AF）。因此，它们的转接类型的判别也等效于直线与直线转接 G41G01/G41G01。

由以上分析可知，根据刀具补偿方向、等效规律及 α 角的变化这三个条件，各种轨迹间的转接类型的分类是不难区分的。

图 3.43 所示为直线与直线转接分类判别的程序流程。

3. 转接矢量的计算

所谓转接矢量，在图 3.40 至图 3.41 中就是指刀具半径矢量 $\overrightarrow{AB}$、$\overrightarrow{AD}$ 和从直线转接交点指向刀具中心轨迹交点的矢量 $\overrightarrow{AC}$、$\overrightarrow{AC'}$。

1）刀具半径矢量的计算

刀具半径矢量以 $\boldsymbol{r}_D$ 表示，α_1 表示对应的直线程编矢量与 X 轴的夹角，见图 3.40(a) 与图 3.41(a)。若 $\boldsymbol{r}_D = \overrightarrow{AB}$，那么 $\alpha_1 = \angle XOA$，可得

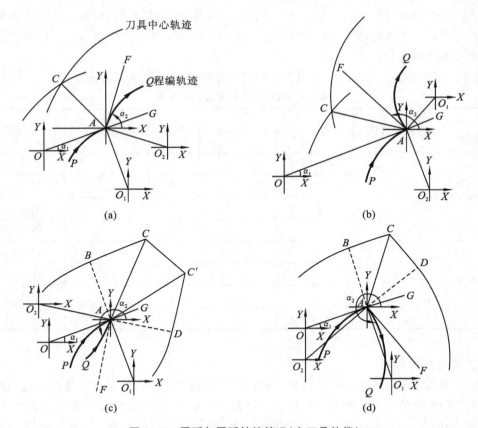

图 3.42　圆弧与圆弧转接情况（左刀具补偿）

(a)、(b)等效于图 3.40(a)、(b)　(c)等效于图 3.40(c)　(d)等效于图 3.40(d)

$$G41 \qquad r_{DX} = |\boldsymbol{r}_D| (-\sin\alpha_1); r_{DY} = |\boldsymbol{r}_D| \cos\alpha_1$$

$$G42 \qquad r_{DX} = |\boldsymbol{r}_D| (\sin\alpha_1); r_{DY} = |\boldsymbol{r}_D| (-\cos\alpha_1)$$

圆弧的起、终点半径矢量也可由上式求得，只是事先要按圆弧的刀具补偿方向作适当修正。

2）转接交点矢量的计算

由图 3.40 至图 3.42 可见，对于伸长型和插入型的交点矢量$\overrightarrow{AC}$和$\overrightarrow{AC'}$来说，无论线型和连接方式怎样变化，计算方法是一样的。但对于缩短型来说，直线与直线、直线与圆弧以及圆弧与圆弧转接时的交点位置是变化的。因此，这三种情况的交点矢量计算完全不同。

（1）伸长型交点矢量$\overrightarrow{AC}$的计算　　以图 3.41(a)所示的图形为例，图中$\overrightarrow{OA}$、$\overrightarrow{AF}$、$\overrightarrow{AD}$和α_1、α_2为已知量，$r_D = AB = AD$。为了求出图中刀具中心轨迹，则应求出$\overrightarrow{AC}$。

先求$\overrightarrow{AC}$的 X 轴分量$(\overrightarrow{AC})_X$。由图 3.41(a)可见

$$(AC)_X = AC' = AB' + B'C'$$

$$AB' = r_D\cos\angle XAB = r_D\sin\alpha_1$$

$$B'C' = |BC| \cos\alpha_1$$

因为　　　　　　　　　　　　$\triangle ADC \cong \triangle ABC$

所以　　　　　　　　　　　　$\angle BAC = \frac{1}{2}\angle BAD$

而且　　　　　　　　　　　$\angle BAD = \angle XAD - \angle XAB$

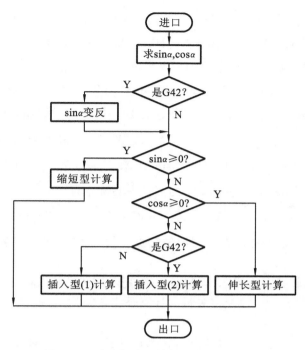

图 3.43　直线与直线转接分类的程序流程

又因　　　　　　　　　　　$\angle XAD = \alpha_2 - 90°, \angle XAB = \alpha_1 - 90°$

所以　　　　　　　　　　　　　　$\angle BAD = \alpha_2 - \alpha_1$

则　　　　　　　　　　　　　　　$\angle BAC = \dfrac{1}{2}(\alpha_2 - \alpha_1)$

由于　　　　　　　　$|\overrightarrow{BC}| = r_D \tan \angle BAC = r_D \tan \dfrac{1}{2}(\alpha_2 - \alpha_1)$

故　　　　　　　　　　$B'C' = r_D \tan \dfrac{1}{2}(\alpha_2 - \alpha_1)\cos\alpha_1$

于是，$(\overrightarrow{AC})_X = r_D \sin\alpha_1 + r_D \tan \dfrac{1}{2}(\alpha_2 - \alpha_1)\cos\alpha_1 = r_D \dfrac{\sin\alpha_1 + \sin\alpha_2}{1 + \cos(\alpha_2 - \alpha_1)}$

用同样的方法可求得$\overrightarrow{AC}$的 Y 轴分量为

$$|\overrightarrow{AC}|_Y = r_D \dfrac{-\cos\alpha_1 - \cos\alpha_2}{1 + \cos(\alpha_2 - \alpha_1)}$$

只要求出$\overrightarrow{AC}$，则对于编程轨迹$\overrightarrow{OA}$、$\overrightarrow{AF}$来说，对应的刀具中心轨迹显然为

$$\overrightarrow{OA} + (\overrightarrow{AC} - \overrightarrow{AB}) \quad 与 \quad (\overrightarrow{AD} - \overrightarrow{AC}) + \overrightarrow{AF}$$

（2）插入型交点矢量$\overrightarrow{AC}$和$\overrightarrow{AC'}$的计算　　现以直线过渡插入型为例，说明插入型交点矢量$\overrightarrow{AC}$和$\overrightarrow{AC'}$的计算。根据刀具补偿方向（G41 和 G42）的不同，插入型交点矢量的计算可相应地分为插入（1）型和插入（2）型两种。

对于插入（1）型，由图 3.40(c)所示图形可求得

$$(\overrightarrow{AC})_X = r_D \cos\angle XOA + r_D \cos(\angle XOA + 90°) = r_D(\cos\alpha_1 - \sin\alpha_1)$$

$$(\overrightarrow{AC})_Y = r_D \sin\angle XOA + r_D \sin(\angle XOA + 90°) = r_D(\sin\alpha_1 + \cos\alpha_1)$$

$$(\overrightarrow{AC'})_X = r_D\cos(\angle XAF + 90°) + r_D\cos(\angle XAF + 180°) = r_D(-\sin\alpha_2 - \cos\alpha_2)$$

$$(\overrightarrow{AC'})_Y = r_D\sin(\angle XAF + 90°) + r_D\sin(\angle XAF + 180°) = r_D(\cos\alpha_2 - \sin\alpha_2)$$

对于插入(2)型,由图 3.41(b)所示图形可求得

$$(\overrightarrow{AC})_X = r_D\cos\angle XOA + r_D\cos(\angle XOA - 90°) = r_D(\cos\alpha_1 + \sin\alpha_1)$$

$$(\overrightarrow{AC})_Y = r_D\sin\angle XOA + r_D\sin(\angle XOA - 90°) = r_D(\sin\alpha_1 - \cos\alpha_1)$$

$$(\overrightarrow{AC'})_X = r_D\cos(\angle XAF - 90°) + r_D\cos(\angle XAF + 180°) = r_D(\sin\alpha_2 - \cos\alpha_2)$$

$$(\overrightarrow{AC'})_Y = r_D\sin(\angle XAF - 90°) + r_D\sin(\angle XAF + 180°) = r_D(-\cos\alpha_2 - \sin\alpha_2)$$

当求出 $\overrightarrow{AC}$ 和 $\overrightarrow{AC'}$ 后,编程轨迹 $\overrightarrow{OA}$、$\overrightarrow{AF}$ 的刀具中心轨迹为

$$\overrightarrow{OA} + (\overrightarrow{AC} - \overrightarrow{AB}),\ \overrightarrow{AC'} - \overrightarrow{AC}\ 和(\overrightarrow{AD} - \overrightarrow{AC'}) + \overrightarrow{AF}$$

(3) 缩短型交点矢量 $\overrightarrow{AC}$ 的计算　缩短型交点矢量 $\overrightarrow{AC}$ 的计算比较复杂,下面分三种类型进行分析。

① 直线与直线的转接　由图 3.40 和图 3.41 所示的图形可以看出,直线与直线转接时的缩短型交点矢量的计算与伸长型交点矢量的计算是完全一样的,但在计算时要注意转接矢量的方向。

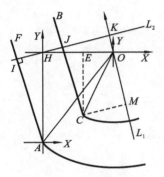

图 3.44　直线与圆弧连接时的缩短型转接

② 直线与圆弧的转接　在图 3.44 所示图形中,已知量为直线矢量 $\overrightarrow{FA}$ 和圆弧起点半径矢量 $\overrightarrow{OA}$ 以及刀具半径矢量 $\boldsymbol{r}_D$。由图 3.44 可见,交点矢量 $\overrightarrow{AC} = \overrightarrow{OC} - \overrightarrow{OA}$,因此只要求出矢量 $\overrightarrow{OC}$,则 $\overrightarrow{AC}$ 即可求得。下面分析其具体计算方法。

在图 3.44 所示图形中,$OH = (OA)_X$,过 O 点作 $L_1 /\!/ AF$,过 H 点作 $L_2 \perp AF$,L_2 交 L_1 于点 K,交 AF 或其延长线于点 I,交刀具轨迹或其延长线于点 J,CM 为 CB 与 L_1 之间的距离,可知

$$(OC)_X = |\overrightarrow{OC}|\cos\angle XOC$$

$$\angle XOC = \angle XOM - \angle COM$$

$$\angle XOM = \angle XAF + 180°$$

所以

$$(OC)_X = |\overrightarrow{OC}|\cos(180° + \angle XAF - \angle COM)$$

$$= |\overrightarrow{OC}|(-\cos\angle XAF\cos\angle COM - \sin\angle XAF\sin\angle COM)$$

同理

$$(OC)_Y = |\overrightarrow{OC}|\sin\angle XOC$$

$$(OC)_Y = |\overrightarrow{OC}|\sin(180° + \angle XAF - \angle COM)$$

$$= |\overrightarrow{OC}|[-\sin\angle XAF\cos\angle COM + \cos\angle XAF\sin\angle COM]$$

又因

$$\sin\angle COM = \frac{|\overrightarrow{CM}|}{|\overrightarrow{OC}|}$$

$$\cos\angle COM = \frac{\sqrt{|\overrightarrow{OC}|^2 - |\overrightarrow{CM}|^2}}{|\overrightarrow{OC}|^2}$$

$$|\overrightarrow{OC}| = |\overrightarrow{OA}| - r_D = R - r_D$$

同时，$|\overrightarrow{CM}|$ 可通过 $\triangle OHK$ 与 $\triangle AHI$ 求得，即

$$|\overrightarrow{CM}| = |\overrightarrow{OA}|_X \sin\angle HOK + |\overrightarrow{OA}|_Y \cos\angle AHI - r_D$$

因为

$$\angle HOK = 180° - \angle XAF = \angle AHI$$

$$|\overrightarrow{OA}|_X = (OA)_X$$

$$|\overrightarrow{OA}|_Y = (OA)_Y$$

所以

$$|\overrightarrow{CM}| = (OA)_X \sin\angle HOK - (OA)_Y \cos\angle XAF - r_D$$

则有

$$(OC)_X = -\cos\angle XAF \sqrt{(R - r_D)^2 - |\overrightarrow{CM}|^2} - |\overrightarrow{CM}| \sin\angle XAF$$

$$(OC)_Y = -\sin\angle XAF \sqrt{(R - r_D)^2 - |\overrightarrow{CM}|^2} + |\overrightarrow{CM}| \cos\angle XAF$$

按照上述方法，再根据刀具补偿方向（G41 和 G42）的变化，以及圆弧走向（G02 和 G03）的变化，可以得到 8 种不同的计算公式，它们之间的区别仅在于各项的正负号不同，而基本表达式仍为积之和的形式。

③ 圆弧与圆弧的转接　在图 3.45 所示图形中，已知量为圆弧 HP' 的圆心坐标为 $A(I_4, J_4)$，半径为 R_4；圆弧 $P'I$ 的圆心坐标为 $B(I_6, J_6)$，半径为 R_6；且 $HF = IK = r_D$。要求计算点 P' 的坐标 (X, Y)。

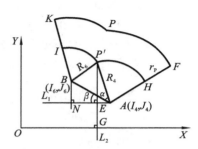

图 3.45　圆弧与圆弧转接时的缩短型转接

过点 A 作直线平行于 OX，设 $\angle NAB = \beta$，$\angle BAP' = \alpha$。过点 P' 作 $L_2 \perp OX$，交 L_1 于点 E，交 OX 于点 G，过点 B 作 L_1 的垂线，交 L_1 于点 N。在 $\triangle AP'B$ 中

$$AB = \sqrt{(I_4 - I_6)^2 + (J_4 - J_6)^2}$$

$$P'A = AH = AF - HF = R_4$$

$$P'B = BI = BK - IK = R_6$$

由余弦定理知

$$\cos\angle BAP' = \cos\alpha = \frac{(P'A)^2 + (AB)^2 - (P'B)^2}{2P'A \times AB}$$

$$P'A \cos\alpha = \frac{(P'A)^2 + (AB)^2 - (P'B)^2}{2AB}$$

$$P'A \sin\alpha = P'A \sqrt{1 - \cos^2\alpha}$$

在 $\triangle BAN$ 中有

$$AN = I_4 - I_6, \quad BN = J_6 - J_4$$

$$\cos\angle NAB = \cos\beta = \frac{AN}{AB}$$

$$\sin\angle NAB = \sin\beta = \frac{BN}{AB}$$

在 $\triangle ABE$ 中有

$$AE = P'A \cos(\beta + \alpha) = P'A \cos\alpha \cos\beta - P'A \sin\alpha \sin\beta = R_4 \cos\alpha \cos\beta - R_4 \sin\alpha \sin\beta$$

$$P'E = P'A \sin(\beta + \alpha) = P'A \sin\alpha \cos\beta + P'A \cos\alpha \sin\beta = R_4 \sin\alpha \cos\beta + R_4 \cos\alpha \sin\beta$$

则点 P' 的坐标为

$$X = OG = I_4 - AE = I_4 - R_4 \cos\alpha \cos\beta - R_4 \sin\alpha \sin\beta$$

$$Y = P'G = J_4 + P'E = J_4 + R_4\sin\alpha\cos\beta + R_4\cos\alpha\sin\beta$$

圆弧与圆弧转接时的缩短型交点矢量,和直线与圆弧转接时的缩短型交点矢量一样,其交点矢量的全部计算公式也可分为 8 种。

上述缩短型交点矢量的计算是采用平面几何的方法,而不采用解联立方程组的方法。这是因为解联立方程组的方法除计算软件比较复杂以外,当存在两个解时,还必须进行更复杂的唯一解的确定。

4. C 刀具半径补偿的执行过程

C 刀具补偿的执行过程与前面讨论的相似,也分为以下三个步骤。

1) 建立刀补

当输入 BS 缓冲寄存器的程序段包含有 G42/G41 命令时,数控装置即认为已进入刀补建立状态。

刀具中心的移动可分为以下两种情况。

(1) 本段与下一段的编程轨迹需作非缩短型转接,刀具中心将从本段编程轨迹的起点一直走到本段编程轨迹终点的刀具半径矢量的顶点,如图 3.46(a)和图 3.46(b)所示。

(2) 本段与下一段的编程轨迹需作缩短型转接,刀具中心将从本段编程轨迹的起点直接走到下一段编程轨迹的起点半径矢量的顶点,如图 3.46(c)和图 3.46(d)所示。当缩短型刀补建立时,不存在 G41/G42 内、外偏移的含义。

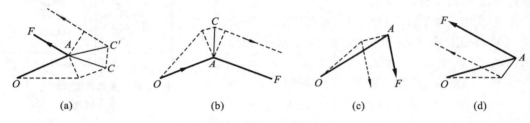

| (a) | (b) | (c) | (d) |

图 3.46　C 刀补的建立

(a)非缩短型转接(右刀具补偿)　(b)非缩短型转接(左刀具补偿)
(c)缩短型转接(右刀具补偿)　(d)缩短型转接(左刀具补偿)

2) 进行刀补

由于 C 刀补在转接处,刀具中心轨迹采用了伸长、缩短和插入三种直线过渡的方式,所以在刀补进行过程中,刀具中心并非始终偏离编程轨迹一个刀具半径的距离。当处于伸长和插入型转接时,为了尽可能减少附加程序段的引入,除插入轨迹外,伸长的轨迹部分总是与直接对应于编程轨迹的刀具中心轨迹合并一起执行的,这一点在下面的实例中可清楚地看到。

3) 撤销刀补

C 刀补在刀具撤离工件时,刀具中心停留在撤销段编程轨迹的终点。撤销刀补指令为 G40。

撤销刀补是建立刀补的逆过程,一旦输入到 BS 缓冲区的程序段包含有 G40 指令时,数控装置即认为本段需要撤销刀补。此时,刀具中心的移动也可分为两种情况。

(1) 本段与上一段的编程轨迹为非缩短型转接　数控装置不作转接矢量的计算,刀具中心将一直走到上一段编程轨迹的终点的半径矢量顶点,然后再走到本撤销段编程轨迹的终点,如图 3.47(a)所示。

(2) 本段与上段的编程轨迹为缩短型转接　此时刀具中心将一直走到上一段编程轨迹终点的半径矢量顶点,然后再走到本撤销段编程轨迹的终点,如图 3.47(b)所示。图 3.48 所示为 FANUC 7M 数控装置 C 功能刀具半径补偿流程。

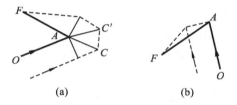

图 3.47　C 刀补的撤销

(a)G42 插入型转接　　(b)G41 缩短型转接

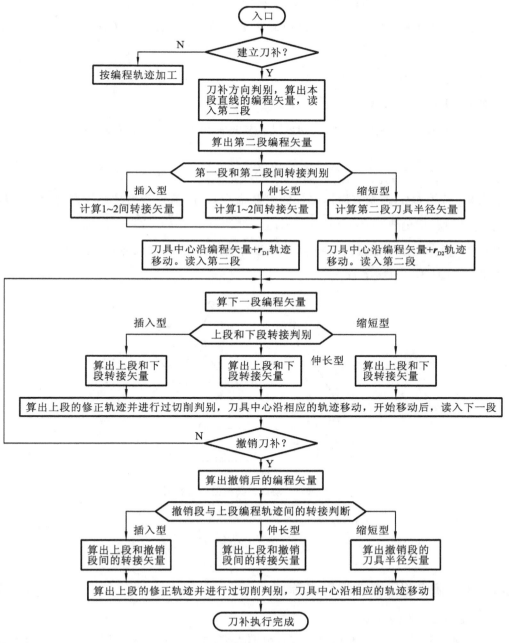

图 3.48　FANUC 数控装置的 C 功能刀具半径补偿流程

5. C 功能刀具半径补偿的实例

为使读者对 C 功能刀具半径补偿的加工步骤有进一步的了解,现举例说明。

图 3.49 中粗实线为零件的外部廓形的一部分,则数控装置完成从点 O 到点 H 的编程轨迹的加工步骤如下。

步骤 1　读入 OA,算出 $\overrightarrow{OA}$。因是建立刀补,所以继续读下一段。

步骤 2　读入 AA'。由表 4.11 可知,其转接属于插入(2)型。算出 r_{D1}、$\overrightarrow{Ag}$、$\overrightarrow{Af}$、r_{D2}、$\overrightarrow{AA'}$。由于上一段为建立刀补,故直接命令走 $\overrightarrow{Oe}$。$\overrightarrow{Oe}=\overrightarrow{OA}+r_{D1}$。

步骤 3　读入 $\overrightarrow{A'F}$。判断仍是插入(2)型转接,故算出 r_{D2}、$\overrightarrow{A'i}$、$\overrightarrow{A'h}$、r_{D2}、$\overrightarrow{A'F}$。命令走 $\overrightarrow{ef}$。$\overrightarrow{ef}=\overrightarrow{Af}-r_{D1}$。

步骤 4　继续走 $\overrightarrow{fg}$。$\overrightarrow{fg}=\overrightarrow{Ag}-\overrightarrow{Af}$。

步骤 5　走 $\overrightarrow{gh}$。$\overrightarrow{gh}=\overrightarrow{AA'}-\overrightarrow{Ag}+\overrightarrow{A'h}$。

步骤 6　读入 FG。判断出为缩短型转接,故只算出 r_{D4}、$\overrightarrow{Fj}$、r_{D3}、$\overrightarrow{FG}$。继续走 $\overrightarrow{hi}$。$\overrightarrow{hi}=\overrightarrow{A'i}-\overrightarrow{A'h}$。

步骤 7　走 $\overrightarrow{ij}$。$\overrightarrow{ij}=\overrightarrow{A'F}-\overrightarrow{A'i}+\overrightarrow{Fj}$。

步骤 8　读入 GH(假定有撤销刀补的 C40 命令)。由于判断出是伸长型转接,所以尽管是撤销刀具补偿,但仍要算出 r_{D5}、$\overrightarrow{GH}$、$\overrightarrow{Gk}$、r_{D1}。继续走 $\overrightarrow{jk}$。$\overrightarrow{jk}=\overrightarrow{FG}-\overrightarrow{Fj}+\overrightarrow{Gk}$。

步骤 9　由于上段是撤销刀具补偿,所以要作特殊处理,直接命令走 $\overrightarrow{kl}$。$\overrightarrow{kl}=r_{D5}-\overrightarrow{Gk}$。

步骤 10　走 $\overrightarrow{lH}$。$\overrightarrow{lH}=\overrightarrow{GH}-r_{D5}$。

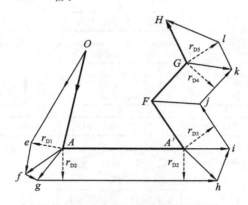

图 3.49　C 功能刀具半径补偿实例

3.5　进给运动误差补偿

3.5.1　数控加工零件误差来源

1. 数控加工零件误差来源

在数控加工零件的过程中,误差来源可分两大类:第一类误差是程序编制过程中产生的误差,记为 $\delta_{编程}$;第二类是参与加工的整个工艺系统(包括数控机床、刀具、夹具和毛坯)引起的,主要有控制系统误差 $\delta_{控制}$、工件定位误差 $\delta_{定位}$、进给系统误差 $\delta_{进给}$、对刀误差 $\delta_{对刀}$、自动换刀误差 $\delta_{换刀}$ 等。

数控加工零件的误差 $\delta_{数加}$ 应为上述各项误差的合成,即

$$\delta_{数加} = f(\delta_{编程}, \delta_{控制}, \delta_{定位}, \delta_{进给}, \delta_{对刀}, \delta_{换刀}, \cdots)$$

可见,每一项误差都会直接影响总的误差值。本节主要讨论进给系统误差 $\delta_{进给}$。

进给误差是指数控机床进给传动链中各环节的累积误差。其来源主要有以下几类。

(1) 传动间隙　在机械传动系统中通常存在传动间隙,如齿轮传动齿侧间隙、丝杠螺母传动间隙、丝杠轴承轴向间隙、联轴器的扭转间隙等。在传动中,这些间隙会导致死区误差和回程误差。同时,间隙的存在有时会影响伺服系统的稳定性和伺服精度,如出现频率一定、振幅一定的间隙振荡,即极限环振荡,从而造成开环控制系统、半闭环控制系统的误差和闭环控制系统的位置环振荡而不稳定。

(2) 滚珠丝杠的螺距累积误差。

(3) 机械部件的受力变形和热变形引起误差。

(4) 机械部件的质量和转动惯量配置不合理而引起的误差。如控制电机的转矩-惯量比 (M/J) 值、转动件的质量分布、各级传动比的分配等。

如果说数控装置是数控机床的"大脑",是发布"命令"的指挥机构,那么,伺服系统便是数控机床的"四肢",是"执行机构",它忠实而准确地执行由数控装置发来的运动命令。进给伺服系统包括机械传动部件和产生主动力矩及控制其运动的各种驱动装置。从调节原理的角度讲,伺服系统是一种精密的位置跟踪与定位系统。伺服系统的性能在很大程度上决定了数控机床的性能。而包含在进给伺服系统中各个环节共同作用所引起的进给误差是必须加以考虑和引起重视的。

2. 数控加工误差的性质

1) 系统误差

在顺序加工一批工件中,如果加工误差的大小和方向都保持不变,或者按一定规律变化,则这种误差称为系统误差。系统误差又分为常值系统误差和变值系统误差两类。加工原理误差、机床(或刀具、夹具与量具)的制造误差、工艺系统静力变形等引起的加工误差均与加工时间无关,其大小和方向在一次调整中也基本不变,因此都属于常值系统误差。机床、刀具和夹具等在热平衡前的热变形误差及刀具的磨损等,随加工过程(或加工时间)而有规律地变化,由此产生的加工误差属于变值系统误差。

2) 随机误差

在顺序加工的一批工件中,如果加工误差的大小和方向呈不规则的变化,则这种误差称为随机误差。随机误差是由许多相互独立因素随机综合作用的结果,如毛坯的余量大小不一致或硬度不均匀时将引起切削力的变化,在变化的切削力作用下由于工艺系统的受力变形而导致的加工误差就带有随机性,属于随机误差。此外,定位误差、夹紧误差、多次调整的误差、残余应力引起的工件变形误差等都属于随机误差。

3.5.2　反向间隙补偿

数控机床机械传动链在改变转向时,由于齿隙的存在,会出现伺服电动机的空走,而工作台并未实际移动的现象,这个齿隙称为反向间隙或称为失动。在半闭环系统中,这种齿隙误差对机床加工精度具有很大的影响,必须加以补偿。现代计算机技术和传感器技术的发展,使得

用软件实现数控机床的位置补偿既灵活方便,又经济实惠。

　　数控装置是在位控程序计算反馈位置增量 ΔR_i 的过程中加入反向间隙补偿以求得实际反馈位置增量的。各坐标轴的反向间隙值被预先测定好,作为基本机床参数常驻内存。每当检测到坐标轴改变方向时,自动将反向间隙补偿值加到由反馈元件检测到的反馈位置增量中,以补偿因反向间隙引起的误差。图 3.50 所示为反向间隙补偿原理框图。

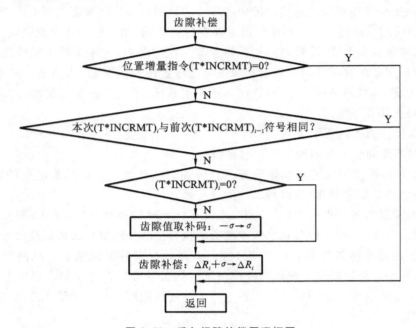

图 3.50　反向间隙补偿原理框图

3.5.3　螺距误差补偿

　　现代数控机床一般都是以伺服电动机直接带动滚珠丝杠来进行轨迹控制的,这避免了多级齿轮传动带来的累积误差,而且改善了传动系统的动态特性,减少了不稳定因素的来源。但滚珠丝杠的螺距不可能完全一致,加上热、摩擦及扭转等的影响,势必存在着误差。这种螺距误差的存在使得数控装置显示的位置信息(由反馈量计算出的)与实际坐标轴位置存在着差别。螺距误差补偿的目的就在于修正这种差别,使得由反馈量计算出的位置信息与工作台的实际位置严格一致,从而大大提高定位精度。螺距误差补偿可分为等间距螺距误差补偿和存储型螺距误差补偿两种。

　　1. 等间距螺距误差补偿

　　所谓等间距是指补偿点间的距离是相等的。等间距螺距误差补偿选取机床参考点作为补偿的基准点,机床参考点由反馈系统提供的相应基准脉冲来选择,具有很高的准确度,是机床的基本参数之一。在实现软件补偿之前,必须测得各补偿点的反馈增量值修正(incremental feed correrction,IFC),以伺服分辨率为单位存入 IFC 表。较高精度的数控系统一般采用激光干涉仪测量的实际位置值与发送的命令位置值相比较得到相应补偿点的 IFC 值,即

$$补偿点的 IFC 值 = \frac{数控指令命令值 - 实际位置值}{伺服分辨率}$$

一个完整的 IFC 表要一次装入,一般不宜在单个补偿点的基础上进行修改。在数控机床

使用寿命期间,当其完整性遭到破坏时,可定期刷新 IFC 表,使机床精度方面的变化能得到调整。

螺距误差补偿程序一般包含在位控程序中。数控装置在算出工作台当前位置的绝对坐标时,调用螺距误差补偿程序,实现反馈增量的补偿及位置的补偿。

等间距螺距误差补偿程序的应用步骤如下。

步骤 1　计算工作台离开补偿基准(参考点)的距离。

$$D_i = R_i - R_{EF}$$

式中:D_i——第 i 次采样周期计算的工作台离开补偿基准点的距离;

　　　R_i——第 i 次采样周期计算的工作台绝对位置;

　　　R_{EF}——补偿基准点(机床参考点)绝对位置。

步骤 2　根据 D_i 的符号决定采用正向补偿($D_i > 0$)还是负向补偿($D_i < 0$),如图 3.51 所示。

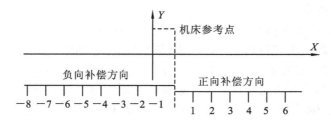

图 3.51　正向补偿和负向补偿示例

步骤 3　确定当前位置所对应的补偿点序号 N_i。

$$N_i = \left[\frac{D_i}{\text{校正间隔}} \right]$$

[ ]表示取整数部分,校正间隔在确定 IFC 值时确定,恒为正数,可见 N_i 可正可负。

步骤 4　判断当前位置是否需要补偿。若 $N_i = N_{i-1}$ 无需补偿,否则需要补偿。

步骤 5　查 IFC 表,确定补偿点 N_i 上的补偿值。当坐标轴运动方向与补偿方向一致时(对正向补偿 $N_i > N_{i-1}$,对负向补偿 $N_i < N_{i-1}$),补偿值 δ_i 取 $IFC(N_i)$,否则,取 $-IFC(N_{i-1})$。

步骤 6　修正位置反馈增量及当前位置坐标。

$$\Delta R_i + \delta_i \to \Delta R_i$$
$$R_i + \delta_i \to R_i$$

通过螺距误差补偿,定位误差大幅度减小。补偿前后误差的比较请参阅有关文献。

等间距螺距误差补偿中各坐标轴的补偿点数及补偿点间距是一定的,通过给补偿点编号,能很方便地用软件实现。但这样的补偿因补偿点位置定得过死而缺少柔性。要想获得满足机床工作实际需要的补偿,最好使用存储型螺距误差补偿。

2. 存储型螺距误差补偿

由于机床各坐标轴的长度不同,同一坐标轴的磨损区间也不一样,往往坐标轴的中间区域精度丧失得快,两端则磨损较少。等间距螺距误差补偿方法暴露了其缺陷,坐标轴两端的补偿点显得浪费,而中间部分却显得不够。存储型螺距误差补偿的原理是:在总的补偿点数不变的情况下,各轴分配的补偿点数及每轴上补偿点的位置完全由用户自己定义。这使得补偿点的使用效率得到提高,符合机床工作的实际需要。存储型螺距误差补偿是以牺牲内存空间为代价来换取补偿的灵活性的。在采用等间距螺距误差补偿时,一个补偿点一般只需要在内存中占用 1～2 个字节来存储补偿点的补偿值;而采用存储型螺距误差补偿时,一个补偿点一般需要至少 4～6 个字节来存储一个补偿点的信息,其中 3～4 个字节用于存储补偿点坐标,1～2 个字节用于存储相应的补偿值。存储补偿点坐标所需的字节数由机床坐标轴范围确定。

采用存储型螺距误差补偿时,在利用位控程序计算出当前位置后,通过判断是否已越过一个补偿点来决定是否进行补偿。

3.5.4　热变形误差补偿

1. 概述

在机械加工过程中,工艺系统会受到各种热源的影响,使工艺系统各个组成部分产生复杂的变形,这种变形称为热变形。它将破坏刀具与工件间的正确几何关系和运动关系,造成工件的加工误差。如在精密加工和大件加工中,热变形所引起的加工误差有时会占到工件加工总误差的 40%～70%。

2. 工艺系统的热源

引起工艺系统热变形的热源可分为内部热源和外部热源两大类,主要包括切削热、摩擦热、环境温度及辐射等。切削热是切削加工过程中最主要的热源,它对工件加工精度的影响最为直接。在切削(磨削)过程中,消耗于切削的弹、塑性变形能及刀具、工件和切屑之间摩擦的机械能,绝大部分都转变成了切削热。工艺系统中的摩擦热主要是机床和液压系统中运动部件产生的,如电动机、轴承、齿轮、丝杠副、导轨副、液压泵等各运动部分产生的摩擦热。尽管摩擦热比切削热少,但摩擦热在工艺系统中是局部发热,会引起局部温升和变形,破坏了系统原有的几何精度。外部热源的热辐射及周围环境温度对机床热变形的影响有时也是不容忽视的,例如在加工大型工件时,往往要昼夜连续加工,由于昼夜温度不同,从而影响了加工精度;又如照明灯光、加热器等对机床的热辐射往往是局部的,因而会引起机床各部分不同的温升和变形,这些影响在大型、精密加工时不能忽视。

3. 温度场与工艺系统热平衡

在各种热源作用下,工艺系统各部分的温度不同。工艺系统各部分的温度分布称为温度场。工艺系统开始工作时,受到热源的作用,工艺系统的温度会逐渐升高,处于一种不稳定状态,同时会通过各种传热方式向周围的介质散发热量。此时,工艺系统各部分温度不仅是坐标位置的函数,也是时间的函数。经过一段时间后,当工件、刀具和机床的温度达到某一数值时,单位时间内散出的热量与热源传入的热量趋于相等,这时工艺系统就达到了热平衡状态。在热平衡状态下,工艺系统各部分的温度保持在一相对固定的数值上,不再随时间变化,形成稳定的温度场,此时工艺系统各部分的热变形也趋于稳定。目前,对温度场和热变形的研究,仍然着重于模型试验与实测。传统的测温手段包括采用热电偶、热敏电阻、半导体温度计测量。近年来,红外、激光全息照相、光导纤维等先进测温手段已开始在机床热变形研究中得到应用。例如利用红外热像仪,可将机床的温度场拍摄成热像图,用激光全息技术拍摄变形场,用光导纤维引出发热信号而测出工艺系统内部的局部温升。此外,应用有限元方法和有限差分法来研究工艺系统热变形也取得了很大进展。

4. 机床热变形对加工精度的影响

机床在工作过程中,在内外热源的影响下,各部分的温度将逐渐升高。由于各部件的热源分布不均匀和机床结构的复杂性,形成不均匀的温度场,使机床各部件之间的相互位置发生变化,从而破坏了机床原有的几何精度,造成加工误差。由于各类机床的结构和工作条件相差较大,引起机床热变形的热源和变形形式也多种多样。对于车、铣、钻、镗类机床,主轴箱中的齿轮、轴承摩擦发热和润滑油发热是其主要热源,使主轴箱及与之相连部分(如床身或立柱)的温度升高而产生较大变形。例如车床主轴箱的温升将使主轴升高(见图 3.52(a)),又因主轴前轴承的发热量大于后轴承发热量,主轴前端将比后端高。同时由于主轴箱的热量传给床身使床身导轨向上凸起,故而加剧了主轴的倾斜。对于图 3.52(b)所示的万能铣床,主传动系统轴承的发热,使左箱壁温度升高,造成主轴轴线升高并倾斜。

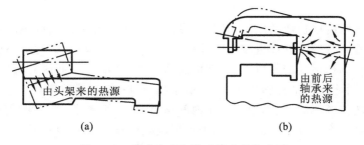

由头架来的热源

由前后轴承来的热源

(a)　　　　　　(b)

图 3.52　卧式车床和卧式铣床的热变形

(a)卧式车床　(b)卧式铣床

5. 工件热变形对加工精度的影响

工件主要受切削热的影响而产生热变形。对于不同形状和尺寸的工件,采用不同的加工方法,工件的热变形也不同。加工一些形状较简单的轴类、套类、盘类零件的内、外圆时,工件受热比较均匀。此时,可依据物理学公式计算工件长度或直径上的热变形量。

长度上的热变形为

$$\Delta L = \alpha_1 L \Delta t$$

直径上的热变形为

$$\Delta D = \alpha_1 D \Delta t$$

式中:L、D——工件原有长度、直径,mm;

　　　α_1——工件材料的线膨胀系数;

　　　Δt——温升,℃。

加工一些形状较简单的轴类、套类、盘类零件的内、外圆时,工件受热虽然比较均匀,但随着切削的进行,温度逐渐升高,工件直径随之逐渐膨胀,至走刀终了时工件直径增到最大,因而车刀的背吃刀量将随走刀而逐渐增大;当工件冷却后直径变小,产生圆柱度和尺寸误差。

一般来说,如杆件的长度尺寸精度要求不高,热变形引起的伸长可不予考虑。但当工件以两顶尖定位,工件受热伸长时,如果顶尖不能轴向位移,则工件受顶尖的压力将产生弯曲变形,这对加工精度的影响就大了。因此,当加工精度较高的轴类零件时,如磨外圆、丝杠等,宜采用弹性或液压尾顶尖。

工件热变形在精加工中影响比较严重。例如丝杠磨削时的温升会使工件伸长,产生螺距累积误差。若丝杠的长度为 2 000 mm,如果工件温度相对于机床丝杠升高 1 ℃,则丝杠将产生 0.02 mm 累积误差。而 6 级丝杠螺距积累误差在全长上不允许超过 0.02 mm,由此可见热变形的严重性。对于工件受热不均匀的零件,在铣、刨、磨加工时,由于工件单面受到切削热的作用,上下表面间的温差将导致工件向上拱起,加工时中间凸起部分被切去,冷却后工件变成下凹,造成平面度误差。例如,在磨床上进行机床导轨的磨削加工时,床身的上下温差使垂直面内的热变形可达 0.1 mm,严重影响导轨的磨削加工精度。

6. 减少热变形对加工精度影响的措施

1）减少热源的发热和隔离热源

在精加工中,为了减小切削热和降低切削区域温度,应合理选择切削用量和刀具几何参数,并给予充分冷却和润滑。如果粗、精加工在一个工序内完成,则粗加工的热变形将影响精加工精度。一般可以在粗加工后停机一段时间使工艺系统冷却,同时还应将工件松开,待精加工时再夹紧,这样就可减少粗加工热变形对精加工精度的影响。当零件精度要求较高时,则粗、精加工分开为宜。

为了减少工艺系统中机床的发热,凡是有可能从主机中分离出去的热源,如电动机、变速箱、液压系统、冷却系统等最好放置在机床外部,使之成为独立单元。对于不能和主机分离的热源,如主轴轴承、高速运动的导轨副等,则可以从结构、润滑等方面改善其摩擦特性,减少发热;也可用隔热材料将发热部件和机床大件(如床身、立柱等)隔离开来。

对发热量大的热源,如果既不能从机床内部移出,又不便隔热,则可采用强制性风冷、水冷等散热措施。例如一台坐标镗床的主轴箱采用恒温喷油循环强制冷却后,主轴与工作台之间在垂直方向的热变形减少到 15 μm,且机床运转不到 2 h 时就达到热平衡。而不采用强制冷却时,机床运转 6 h 后,上述热变形产生了 190 μm 的位移,而且机床尚未达到热平衡。

因此,目前大型数控机床、加工中心机床普遍采用制冷机对润滑油、切削液进行强制冷却,以提高冷却效果。精密丝杠磨床的母丝杠中则通以冷却液,以减少其热变形。

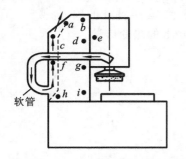

软管

图 3.53 均衡立柱前后壁的温度场

2）均衡温度场

图 3.53 所示的立式平面磨床采用热空气加热温升较低的立柱后壁,以均衡立柱前后壁的温升,减小立柱的向后倾斜。图 3.53 所示的是热空气从电动机风扇排出,通过特设的软管引向立柱的后壁空间。采用这种措施后,磨削平面的平面度误差可降到未采取措施前的 1/3~1/4。

3）采用合理的机床结构

在变速箱中,将轴、轴承、传动齿轮等对称布置,可使箱壁温升均匀,箱体变形减小。

机床大件的结构和布局对机床的热态特性有很大影响。以加工中心机床为例,在热源影响下,单立柱结构会产生较大的扭曲变形,而双立柱结构由于左右对称,仅产生垂直方向的热位移,很容易通过调整的方法予以补偿。

4）控制环境温度,加速达到热平衡状态

精密机床应安装在恒温车间,其恒温精度一般控制在 ±1℃ 以内。精密机床特别是大型机床,达到热平衡的时间较长。为了缩短这个时间,可以在加工前,使机床作高速空运转,或人为地给机床加热,使机床较快地达到热平衡状态,然后进行加工。

7. 保证和提高加工精度的工艺措施

保证和提高加工精度的技术措施可分成两大类。一类是误差预防,指减少原始误差或减少原始误差的影响。实践表明,当加工精度要求高于某一程度后,利用误差预防技术来提高加工精度所花费的成本将按指数规律增长。另一类是误差补偿,通过分析、测量误差源,建立数学模型,然后人为地在系统中引入附加误差,使之与系统中现存的误差抵消,以减少或消除零件的加工误差。在现有工艺系统条件下,误差补偿技术是一种有效而经济的方法,特别是借助计算机辅助技术,可以达到很好的效果。

1）减少误差法

直接减少误差最根本的方法是合理采用先进的工艺与设备。在制定零件的加工工艺规程时，应对零件每道加工工序的能力进行评价，并应合理地采用先进的工艺和装备，以使每道工序都具备足够的工序能力。生产中为了有效地提高加工精度，首先要查明影响加工精度的主要原始误差因素，然后设法将其消除或减少。

2）误差转移法

误差转移法是把影响加工精度的原始误差转移到误差的非敏感方向上。

3）误差分组法

机械加工中有时某工序的加工状态是稳定的，但如果毛坯误差较大，误差复映的存在会造成加工误差扩大。解决这类问题可采用分组调整的方法，把毛坯按误差大小分为 n 组，每组毛坯的误差就缩小为原来的 $1/n$；然后按各组分别调整刀具与工件的相对位置或选用合适的定位元件，就可大大缩小整批工件的尺寸分散范围。

4）误差平均法

研磨时，研具的精度并不很高，分布在研具上的磨料粒度大小也可能不一样。但由于研磨时工件和研具间有复杂的相对运动轨迹，使工件上各点均有机会与研具的各点相互接触并受到均匀的微量切削。同时工件和研具相互修整，精度也逐步共同提高，进一步使误差均化，因此可获得精度高于研具原始精度的加工表面。

5）误差补偿法

误差补偿的方法就是人为地加入一个附加输入，尽量使得引入的误差与原始误差之间大小相等，方向相反，从而达到减少加工误差，提高加工精度的目的。图 3.54 所示为大型龙门铣床，由于横梁立铣头自重的影响，产生向下的弯曲变形。生产实际中通过刮研横梁导轨，按照变形曲线使导轨面预先产生一个向上凸的变形，从而抵消由于铣头自重产生的向下的弯曲变形，保证了机床的加工精度。用误差补偿的方法来消除或减小常值系统误差一般来说是比较容易的，因为用于抵消常值系统误差的补偿量是固定不变的。对横梁在铣头重力作用下的变形于变值系统误差的补偿就不是一种固定的补偿量所能解决的，于是生产中就发展了所谓积极控制的误差补偿方法。偶件自动配磨法是将互配件中的一个零件作为基准，去控制另一个零件的加工精度。在加工过程中自动测量工件的实际尺寸，并和基准件的尺寸比较，直至达到规定的差值时机床就自动停止加工，从而保证精密偶件间要求很高的配合间隙。柴油机高压油泵柱塞的自动配磨采用的就是这种形式的积极控制。如图 3.55 所示，以自动测量出柱塞套

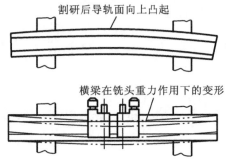

图 3.54   龙门铣床横梁导轨预加变形

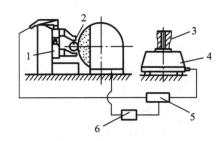

图 3.55   高压油泵偶件自动配磨装置示意图

1—测轴仪；2—柱塞；3—柱塞套；

4—测孔仪；5—比较控制仪；6—执行机构

的孔径为基准去控制柱塞外径的磨削,该装置除了能够连续测量工件尺寸和自动操纵机床动作以外,还能够按照偶件预先规定的间隙,自动决定磨削的进给量,在粗磨到一定尺寸后自动变换为精磨,达到要求的配合尺寸后自动停机。另外,在自动补偿法是在加工中随时测量出工件的实际尺寸(形状、位置精度),根据测量结果按一定的模型或算法,随时给刀具以附加的补偿量,从而控制刀具和工件间的相对位置,使工件尺寸的变动范围始终在自动控制之中。

进行热变形补偿,根据热变形的规律,建立热变形的数学模型,或测定其变形的具体数值,并存入数控装置,用以进行实时补偿校正,如传动丝杠的热伸长误差,导轨平行度或平直度的热变形误差等,都可采用软件实时补偿来消除其影响。

3.5.5　其他因素引起的误差补偿

图 3.56 所示的机床工作台、横梁、立柱的变形,都会引起加工误差,这些变形是由于加工过程中长期使用机床的某个局部而形成的不均匀磨损、部件松动、温度影响、环境变化等诸多不确定性因素导致的。因其成因较为复杂,且具有较强的个体性,针对各种不同的需求,分析与补偿的方法也因需而异。在此不再赘述。

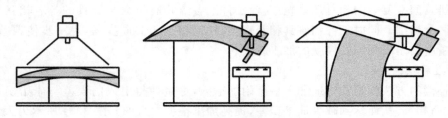

图 3.56　机床变形的加工误差

思考题与习题

3.1　何谓插补?在数控机床中,刀具能否严格地沿着零件廓形运动?为什么?

3.2　要逐点比较法插补计算,每输出一个脉冲需要哪四个节拍?它的合成速度 v 与脉冲源频率 f 有何关系?

3.3　逐点比较法直线插补的偏差判别函数是什么?它与刀具位置有何关系?

3.4　逐点比较法圆弧插补的偏差判别函数是什么?它与刀具位置有何关系?

3.5　直线起点为坐标原点 $O(0,0)$,终点 A 的坐标分别为:

(1) $A(10,10)$;

(2) $A(5,10)$;

(3) $A(9,4)$。

试用逐点比较法对这些直线进行插补,并画出插补轨迹。

3.6　设插补时钟的频率 f 为 1 000 Hz,脉冲当量 δ 为 0.01 mm,试计算用逐点比较法插补习题 3.5 中所述直线时刀具的进给速度 v。

3.7　顺圆弧 AB 的起点 A 和终点 B 的坐标分别为:

(1) $A(0,5),B(5,10)$;

(2) $A(0,10),B(8,6)$;

(3) $A(6,8),B(10,0)$。

试用逐点比较法对这些圆弧进行插补,并画出刀具轨迹。

3.8　逆圆弧 AB 的起点 A 和终点 B 的坐标分别为:

(1) $A(10,0)$, $B(0,10)$;

(2) $A(10,0)$, $B(6,8)$;

(3) $A(8,6)$, $B(0,10)$。

试用逐点比较法对这些圆弧进行插补,并画出插补轨迹。

3.9　数字积分法直线插补的被积函数是什么? 如何判断直线插补的终点?

3.10　数字积分法圆弧插补的被积函数是什么? 如何判断圆弧插补的终点?

3.11　用数字积分法对习题 3.5 中所述直线进行插补。

3.12　用数字积分法对习题 3.7 中所述顺圆弧进行插补。

3.13　用数字积分法对习题 3.8 中所述逆圆弧进行插补。

3.14　何谓"左移规格化处理"? 它有什么作用?

3.15　用数字积分法插补圆弧 AB,设圆弧起点为 $A(7,0)$,终点为 $B(0,7)$,被积函数寄存器和积分累加器中余数寄存器(Jex,Jey)的最大可寄存数值为多少?

(1) 若 X、Y 向的余数寄存器 Jex、Jey 插补前均清零,试写出插补过程,并绘出插补轨迹。

(2) 若 X、Y 向的余数寄存器 Jex、Jey 插补前均置 4,试写出插补过程,并绘出插补轨迹。

(3) 若 X、Y 向的余数寄存器 Jex、Jey 插补前均置 7,试写出插补过程,并绘出插补轨迹。

3.16　数字增量插补是如何选择插补周期的?

3.17　何谓刀具半径补偿? 简述刀具半径补偿的执行步骤。

3.18　C 刀具半径补偿的基本设计思想是什么?

3.19　C 刀具半径补偿程序段间转接有几种形式? 在这些转接类型中有几种转接(或过渡)类型?

第4章　数控机床检测装置

4.1　概　　述

检测装置是数控机床的重要组成部分。数控装置依靠指令值和检测装置的反馈值比较后发出控制指令,控制伺服系统和传动装置,驱动机床的运动部件,实现数控机床各种加工过程,保证具有较高的加工精度。

数控机床检测装置的主要作用是检测运动部件的位移和速度,并反馈检测信号,其精度对数控机床的定位精度和加工精度均有很大影响。要提高数控机床的加工精度,就必须提高检测装置和检测系统的精度。

4.1.1　数控机床对检测装置的要求

数控机床检测装置的基本性能指标主要有:可靠性、抗干扰性、分辨率、响应速度等。

1. 有较高的可靠性和抗干扰能力

检测装置应能抗各种电磁干扰,基准尺对温度和湿度敏感性低,温湿度变化等环境因素对测量精度的影响小。

2. 满足精度和速度的要求

分辨率是指位置检测系统能够测量的最小位移量,不同类型的数控机床对检测系统的分辨率和速度有不同的要求。一般情况下,选择检测系统的分辨率或脉冲当量,要求比加工精度高一个数量级。数控机床分辨率应在 $0.001 \sim 0.01$ mm 内,测量精度应满足 $\pm 0.002 \sim 0.02$ mm/m,运动速度应满足 $0 \sim 20$ m/min。

3. 便于安装和维护

安装检测装置时要满足一定的安装精度要求,安装精度要合理,考虑环境对测量精度的影响,整个检测装置要求具有较好的防尘、防油污、防切屑等能力。

4. 成本低、寿命长

检测装置的寿命可以用平均无故障工作时间(mean time between failure,MTBF)来衡量。

4.1.2　数控机床的测量方法

1. 静态测量和动态测量

(1) 静态测量　测量不随时间变化或变化缓慢的物理量。

(2) 动态测量　测量随时间变化的物理量。

2. 直接测量、间接测量、组合测量

(1) 直接测量　测量的结果能够用事先标定好的仪表、器具的读数值获得的测量方法。

(2) 间接测量　首先对被测量有函数关系的物理量直接测量,然后通过函数式计算求得测量结果。

（3）组合测量　测量中各个未知量以不同的组合形式出现,根据直接和间接测量所得的数据,通过解联立方程组求出未知量的数值。组合测量通常用于科学实验。

3. 接触式测量与非接触式测量

（1）接触式测量　测量时仪表的测头与被测对象接触,如采用压电式传感器测量力等参数。

（2）非接触式测量　仪器的敏感元件与被测对象不接触,间接地接受被测参数的作用,感受其变化的测量,如采用辐射式温度计测温、涡流式传感器测零件强度。

4. 在线测量与非在线测量

（1）在线测量　在工件加工过程中或生产过程中的测量。

（2）非在线测量　对加工完成的零件进行测量。

4.1.3　数控检测装置的性能指标

传感器的性能指标包括静态特性和动态特性。

（1）精度　符合输出量与输入量之间的特定函数关系的准确程度称为精度。数控用传感器要满足高精度和高速实时测量的要求。

（2）分辨率　分辨率应适应机床精度和伺服系统的要求。提高分辨率,对提高系统其他性能指标和运行平稳性都很重要。

（3）灵敏度　实时测量装置灵敏度要高,输出、输入关系中对应的灵敏度要求一致。

（4）迟滞　对某一输入量,传感器的正向输出量和反向输出量不一致,这种现象称为迟滞。数控伺服系统的传感器要求迟滞要小。

（5）测量范围　传感器的测量范围要满足系统的要求,并留有余地。

（6）零漂与温漂　传感器的漂移量是其重要性能标志,它反映了随着时间和温度的改变,传感器测量精度的微小变化。

4.1.4　检测装置的分类

根据被测物理量,检测装置分为位移、速度、电流三种类型;按测量方法分为增量式和绝对值式两种;根据运动形式分为旋转型和直线型检测装置。不同类型的数控机床,因工作条件和检测要求不同,可采用不同的检测方式。数控机床中用途最广、种类最多的是位置测量装置。数控机床常用检测装置见表4.1。

表 4.1　数控机床常用检测装置

分　类	数　字　式		模　拟　式	
	增量式	绝对式	增量式	绝对式
旋转型	圆光栅	编码盘	增量式光电编码盘、旋转变压器	绝对式编码盘、感应同步器
直线型	长光栅	编码尺	直线感应同步器	磁尺

4.1.5 位置测量装置分类

1. 按伺服系统的结构和位置检测元件的安装分类

1）半闭环数控系统

半闭环数控系统的位置采样点如图 4.1 的虚线所示,位置检测信号是从驱动装置(常用伺服电动机)或丝杠引出,通过检测伺服机构的滚珠丝杠角位移,间接检测移动部件的位移,而不是直接检测运动部件的实际位置。测得的角位移反馈到数控装置的比较器中,与输入原指令位移值进行比较,用比较后的差值进行控制。这种伺服机构所能达到的精度、速度和动态特性优于开环伺服机构,为大多数中小型数控机床所采用。

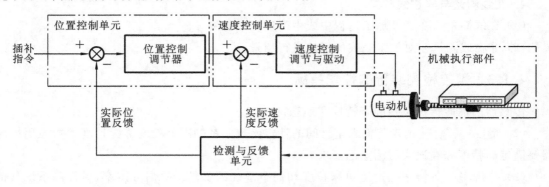

图 4.1 半闭环控制系统示意图

半闭环的环路内不包括或只包括少量机械传动环节,因此可获得稳定的控制性能,其系统的稳定性虽不如开环系统,但比闭环要好。

由于丝杠的螺距误差和齿轮间隙引起的运动误差难以消除。因此,其精度较闭环差,较开环好。但可对这类误差进行补偿,因而仍可获得满意的精度。

2）全闭环数控系统

全闭环数控系统的位置采样点如图 4.2 的虚线所示,直接对运动部件的实际位置进行检测。

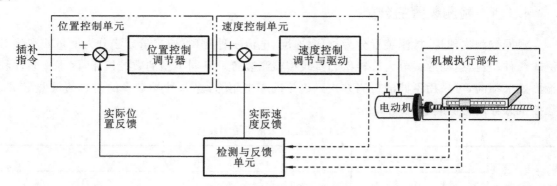

图 4.2 全闭环控制系统示意图

闭环控制系统是在机床移动部件位置上直接装有直线位置检测装置,将检测到的实际位移反馈到数控装置的比较器中,与输入的指令位移值进行比较,用比较后的差值控制移动部件作补充位移。闭环控制系统的定位精度高于半闭环控制,但结构比较复杂,调试维修的难度较大,常用于高精度和大型数控机床。

2. 按被测量的运动形式(按检测装置的形状)分类

有旋转型(测角位移)和直线型(测线位移)。

3. 按检测信号的类型分类

有数字式和模拟式。

1) 数字式测量方式

此方式将被测量单位量化后以数字形式表示,测量信号一般为电脉冲,将脉冲个数计数后以数字形式表示位移。可直接把测量信号送到数控装置进行比较、处理。其特点如下。

(1) 被测量量化后转换成脉冲个数,便于显示和处理。

(2) 测量精度取决于测量单位,与量程基本无关(不存在累加误差)。

(3) 检测装置较简单,脉冲信号抗干扰能力强。

2) 模拟式测量方式

此方式将被测量用连续的模拟量来表示,得到的测量信号为电压或电流,如用相位变化、电压变化来表示。电压或电流的大小反映位移量的大小,主要用于小量程测量。主要特点如下。

(1) 直接对被测量进行检测,无需量化。

(2) 在小量程内可以实现高精度测量。

(3) 可用于直接检测和间接检测。

由于模拟量需经 A/D 转换后才能被计算机数控系统接受,所以目前模拟式测量在计算机数控系统中应用很少。而数字式测量检测装置简单,信号抗干扰能力强,且便于显示和处理,所以应用非常普遍。

4. 按检测量的基准分类

有增量式和绝对式。

1) 增量式检测方式

增量式检测方式的特点是只测量位移增量,即工作台每移动一个基本长度单位,检测装置便发出一个测量信号,此信号通常是脉冲形式。这样,一个脉冲所代表的基本长度单位就是分辨率,而通过对脉冲计数便可得到位移量。

优点:检测装置较简单,任何一个对中点均可作为测量起点,轮廓控制时常采用该检测方式。

缺点:对测量信号计数后才能读出移的距离,一旦计数有误,此后的测量结果将全错;发生故障时(如断电、断刀等)不能再找到事故前的正确位置,必须将工作台移至起点重新计数。

2) 绝对式测量方式

在绝对式测量方式中,被测量的任一点的位置都以一个固定的零点作基准,每一被测点都有一个相应的对零点的测量值,这避免了增量式检测方式的缺陷,但其结构较为复杂。

5. 按测量的对象分类

有直接测量与间接测量。

1) 直接测量

位置传感器按形状可分为直线式和旋转式。用直线式位置传感器测直线位移,用旋转式位置传感器测角位移,则该测量方式称为直接测量。其特点为:测量精度主要取决于测量元件的精度,不受机床传动精度的影响。由于检测装置要与行程等长,故在大型数控机床的应用中受到很大的限制。

2）间接测量

对机床的直线位移采用回转型检测元件测量,这种方式称为间接测量。如旋转式位置传感器测量的回转运动只是中间值,由它再推算出与之相关联的工作台的直线位移,那么该测量方式称为间接测量。这种检测方式先由检测装置测量进给丝杠的旋转位移,再利用旋转位移与直线位移之间的线性关系求出直线位移量。

优点:使用可靠方便,无长度限制。

缺点:在检测信号中加入了直线运动转变为旋转运动的传动链误差,影响检测精度。因此为了提高定位精度,常常需要对机床的传动误差进行补偿。

4.2　旋转变压器

旋转变压器是一种在数控机床上常用的角位移检测装置,它具有结构简单、反应灵敏、工作可靠、对环境要求低、输出信号范围大和抗干扰能力强等特点,缺点是信号处理复杂。旋转变压器精度能满足一般的检测要求,被广泛地应用于半闭环控制的数控机床上。

4.2.1　旋转变压器结构和工作原理

旋转变压器又称同步分解器,是一种旋转式的小型交流电机,它将机械转角转换成与该转角呈某一函数关系的电信号。旋转变压器在结构上与二相线绕式异步电动机相似,由定子和转子两大部分组成。定子和转子的铁芯由铁镍软磁合金或硅钢薄板冲成的槽钢片叠成,它们各自的绕组再分别嵌入各自的槽状铁芯内。定子绕组通过固定在壳体上的接线柱直接引出,转子绕组有两种不同的引入、引出方式。根据转子绕组电信号两种不同的引入、引出方式,旋转变压器分为有刷旋转变压器和无刷旋转变压器两种。

1. 旋转变压器结构

图 4.3 所示为有刷式旋转变压器,在有刷旋转变压器中,定、转子上都有绕组。转子绕组的电信号通过滑动接触,由转子上的滑环和定子上的电刷引进或引出。有刷旋转变压器定子和转子上两相绕组轴线相互垂直,转子绕组的引线(端点)经滑环旋转变压器根据互感原理工作,定子绕组为变压器的原边,转子绕组为变压器的副边,励磁电压接到定子绕组上,其频率通常为 400 Hz、500 Hz、1 000 Hz 和 5 000 Hz。由于有刷结构的存在,使得旋转变压器的可靠性很难得到保证。因此目前这种结构形式的旋转变压器应用得很少。本节重点介绍无刷式旋转变压器。

数控机床常用的是无刷式旋转变压器,图 4.4 所示的是一种无刷式旋转变压器的结构,左边为分解器,右边为变压器。变压器的作用即不通过电刷和滑环把信号传递出来,分解器结构与有刷旋转变压器基本相同。变压器的定子绕组与分解器转子上的绕组相连,并绕在与分解器转子固定在一起的变压器转子同心的定子上。分解器定子的线圈外接激励电压,常用的激励频率为 400 Hz、500 Hz、1 000 Hz 和 5 000 Hz。

常见的旋转变压器有单极对(两极绕组)旋转变压器

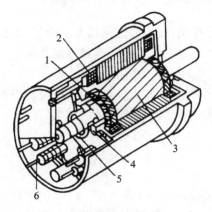

图 4.3　有刷旋转变压器结构

1—转子绕组;2—定子绕组;3—转子;
4—整流子;5—电刷;6—接线柱

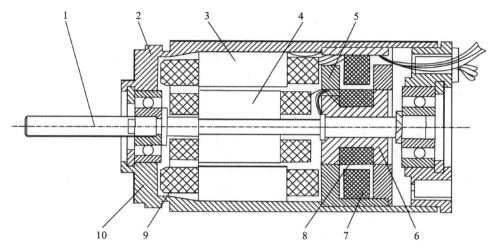

图 4.4 无刷旋转变压器结构

1—转子轴承；2—壳体；3—分解器定子；4—分解器转子；5—变压器定子；6—变压器转子；
7—变压器定子绕组；8—变压器转子绕组；9—分解器定子绕组；10—分解器转子绕组

和双级对（四极绕组）。单极对旋转变压器的定子和转子上各有一对磁极，转子通常不直接与电动机轴相连，经精密齿轮升速后再与电动机轴相连，根据丝杠导程选用齿轮升速比，以保证机床的脉冲当量与输入设定的单位相同，升速比通常为 1：2、1：3、1：4、2：3、1：5、2：5 等。双极对旋转变压器的定子和转子上各有两对相互垂直的磁极，其检测精度较高，在数控机床中应用普遍。

2. 旋转变压器工作原理

旋转变压器根据互感原理工作，定子与转子之间气隙磁通分布呈正/余弦规律。当定子加上一定频率的励磁电压时，通过电磁耦合，转子绕组产生感应电势，其输出电压的大小取决于定子和转子两个绕组轴线在空间的相对位置，即随着转子偏转的角度呈正弦变化。

以单极对旋转变压器的工作情况为例，如图 4.5 所示。由变压器工作原理，设一次绕组匝数为 N_1，二次绕组匝数为 N_2，变压比为 $n = N_1/N_2$，当一次侧输入交变电压

$$U_1 = U_m \sin\omega t \tag{4.1}$$

二次侧产生感应电动势

$$U_2 = nU_1\sin\theta = nU_m\sin\omega t\sin\theta \tag{4.2}$$

式中：U_1——定子激励电压；

$\quad\quad U_2$——转子绕组感应电动势；

$\quad\quad U_m$——激励电压幅值；

$\quad\quad \theta$——转子偏转角。

由式（4.2）可知，二次绕组输出感应电动势 U_2 为以角速度 ω 随着转子的偏转角呈正弦规律变化的交变电压信号，其幅值 $nU_m\sin\theta$ 随转子与定子的相对转角 θ 变化，如图 4.6 所示。当转子绕组磁轴与定子绕组磁轴垂直时，即 $\theta = 0°$，感应电动势最小，$U_2 = 0$；当转子绕组磁轴与定子绕组磁轴平行时，即 $\theta = 90°$，感应电动势最大，为 $U_2 = nU_m\sin\omega t$。因此，只要测量出转子绕组中的感应电动势的幅值，就可以间接地得到转子相对于定子的位置，从而间接测得机床工作台的位移。

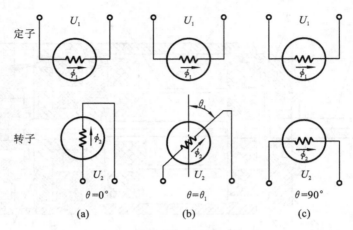

图 4.5　旋转变压器工作原理图

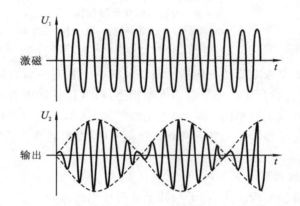

图 4.6　旋转变压器定子激励电压和转子感应电动势波形

4.2.2　旋转变压器工作方式

实际应用中,考虑使用的方便性和检测精度等因素,常采用双极对旋转变压器,如图 4.7 所示。这种结构形式的旋转变压器有鉴相式和鉴幅式两种工作方式。

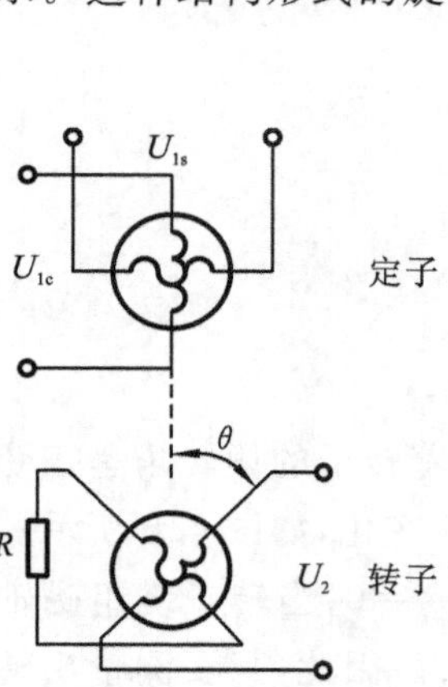

1. 鉴相式工作方式

鉴相式工作方式是一种根据旋转变压器转子绕组中感应电动势的相位来确定被测位移大小的检测方式。定子绕组和转子绕组均由两个匝数相等互相垂直的绕组组成。给定子的两个绕组通以相同幅值、相同频率,但相位相差 $\pi/2$ 的交流激励电压,则有

$$\left.\begin{aligned} U_{1s} &= U_{m}\sin\omega t \\ U_{1c} &= U_{m}(\sin\omega t + \pi/2) = U_{m}\cos\omega t \end{aligned}\right\} \quad (4.3)$$

当转子正转时,这两个励磁电压在转子绕组中产生的感应电动势经叠加,得到的转子感应电动势为

$$\begin{aligned} U_{2} &= kU_{m}\sin\omega t\sin\theta + kU_{m}\cos\omega t\cos\theta \\ &= kU_{m}\cos(\omega t - \theta) \end{aligned} \quad (4.4)$$

式中:U_{m}——励磁电压幅值;

图 4.7　双极对旋转变压器
　　　　　工作原理

k——电磁耦合系数，$k<1$；

θ——相位角，即转子偏转角。

当转子反转时，则可得到

$$U_2 = kU_{\mathrm{m}}\cos(\omega t + \theta) \tag{4.5}$$

可见，转子输出电压的相位角和转子的偏转角 θ 之间有严格的对应关系，只要检测出转子输出电压的相位角，就可以求出转子的偏转角，也就可以得到被测轴的角位移。实际应用时，把定子余弦绕组的励磁电压的相位作为基准相位，与转子绕组的输出电压的相位做比较，来确定转子偏转角 θ 的大小。

2. 鉴幅式工作方式

在定子的正、余弦绕组上分别通以频率相同、但幅值分别为 U_{sm} 和 U_{cm} 的交流激励电压，则有

$$\left.\begin{array}{l} U_{1\mathrm{s}} = U_{\mathrm{sm}}\sin\omega t \\ U_{1\mathrm{c}} = U_{\mathrm{cm}}\sin\omega t \end{array}\right\} \tag{4.6}$$

当给定电气角为 α 时，交流激励电压的幅值分别为

$$\left.\begin{array}{l} U_{\mathrm{sm}} = U_{\mathrm{m}}\sin\alpha \\ U_{\mathrm{cm}} = U_{\mathrm{m}}\cos\alpha \end{array}\right\} \tag{4.7}$$

当转子正转时，$U_{1\mathrm{s}}$、$U_{1\mathrm{c}}$ 经叠加，转子的感应电动势 U_2 为

$$U_2 = kU_{\mathrm{m}}\sin\alpha\sin\omega t\sin\theta + kU_{\mathrm{m}}\cos\alpha\sin\omega t\cos\theta = kU_{\mathrm{m}}\cos(\alpha-\theta)\sin\omega t \tag{4.8}$$

同理，当转子反转时，有

$$U_2 = kU_{\mathrm{m}}\cos(\alpha+\theta)\sin\omega t \tag{4.9}$$

式(4.6)、式(4.7)中，$kU_{\mathrm{m}}\cos(\alpha-\theta)$，$kU_{\mathrm{m}}\cos(\alpha+\theta)$ 为感应电动势的幅值。由此可见转子感应电动势的幅值随转子的偏转角 θ 变化，测量出感应电动势的幅值即可求得偏转角 θ，被测轴的角位移也就可以求得。实际应用时，不断修改定子励磁电压的幅值(即不断地修改 α 角)，让它跟踪 θ 的变化，实时地让转子的感应电动势 U_2 始终为 0，由式(4.6)、式(4.7)可知，此时 $\alpha=\theta$。通过定子励磁电压的幅值计算出电气角 α，从而得出 θ 的大小。

无论是鉴相式还是鉴幅式工作方式，在转子绕组中得到的感应电压都是关于转子的偏转角 θ 的正弦和余弦函数，所以称之为正弦余弦旋转变压器。

4.2.3　旋转变压器的应用

由于结构形式和原理的不同，在性能和抗恶劣环境条件能力上，各种类型的旋转变压器的特点不一样。表 4.2 给出了一些旋转变压器的性能、特点比较。

表 4.2　不同类型的旋转变压器性能、特点比较

类　型	精　度	工艺性	相位移	可靠性	结构	成本
有刷型	高	差	小	差	复杂	高
环变型	高	一般	比较大	好	一般	一般
磁阻型	低	好	大	最好	简单	低

从表 4.2 可以看出，有刷旋转变压器可以得到最小的电气误差、最大的精度，但其结构上存在着电的滑动接触，因此可靠性差；环形变压器型的旋转变压器也可达到高的精度，其工艺性、结构、可靠性及成本都比较好；磁阻式旋转变压器的可靠性、工艺性、结构性及成本都是最

好的,但精度比其他两种低。出于可靠性的考虑,目前有刷旋转变压器基本上不被采用,而是采用无刷旋转变压器。

4.3　感应同步器

感应同步器类似于旋转变压器,相当于一个展开的多级旋转变压器。感应同步器的种类繁多,根据用途和结构特点可分为直线式和旋转式(圆盘式)两大类。直线式感应同步器由定尺和滑尺组成,用以测量直线位移。旋转式感应同步器由定子和转子组成,用以测量角位移。旋转式感应同步器的工作原理与直线式相同,所不同的是定子(相当于定尺)、转子(相当于滑尺)及绕组形状不同,结构上可分为圆形及扇形两种。

4.3.1　感应同步器结构和种类

1. 直线式感应同步器

图 4.8 所示为直线式感应同步器的定尺和滑尺的绕组结构。定尺为连续绕组,节距(亦称极距)为 $w_2 = 2(a_2 + b_2)$,其中 a_2 为导电片宽,b_2 为片间间隙,定尺间距 w_2 即为检测周期 2τ,常取 $2\tau = 2$ mm。

滑尺上为分段绕组,分为正弦和余弦两部分,绕组可做成 W 形或 U 形。图 4.8 中的 1—$1'$ 为正弦绕组,2—$2'$ 为余弦绕组,两者在空间错开 1/4 定尺节距(相位角错开 $\pi/2$)。两绕组的节距都为 $w_1 = 2(a_1 + b_1)$,其中 a_1 为导电片宽,b_1 为片间间隙,一般取滑尺间距 $w_1 = w_2$,或取 $w_1 = 2/3 w_2$。正弦和余弦绕组的中心距 l_1 为

$$l_1 = 2\tau\left(\frac{n}{2} + \frac{1}{4}\right) = \tau\left(n + \frac{1}{2}\right) \tag{4.10}$$

式中,n——任意正整数。

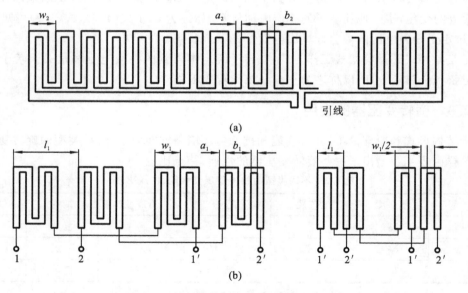

图 4.8　直线式感应同步器定尺与滑尺绕组

(a)定尺绕组　　(b)W 形滑尺绕组　　(c)U 形滑尺绕组

定尺和滑尺的基体常用厚度为 10 mm、与床身材料热膨胀系数相近的钢板或铸铁,以减

小与机床的温度误差。平面绕组为铜箔,常用厚度为 0.05 mm 或 0.07 mm 的纯铜箔,用绝缘黏结剂将铜箔热压黏结在基体上,经精密照相腐蚀工艺制成所需印刷绕组形式。定尺绕组表面涂一层耐切削液的清漆涂层作为保护层。滑尺绕组表面贴一层带塑料薄膜的绝缘铝箔,防止因静电感应产生附加容性电势。

直线式感应同步器有标准式、窄式、带式和三重(速)式等。其中标准式直线式感应同步器是精度最高、使用最广的一种;窄式直线式感应同步器定尺、滑尺宽度比标准式小,电磁感应强度低,比标准式精度低,适用精度较低或机床上安装位置窄小且安装面难以加工的情况;带式直线式感应同步器定尺最长可至 3 m 以上,不需接长,可简化安装,定尺随床身热变形而变形,但定尺较长,刚度稍差,总测量精度比标准式低;三重(速)式直线式感应同步器定尺有粗、中、细绕组,为绝对式检测系统,特别适用于大型机床。

2. 旋转式感应同步器

旋转式感应同步器的定子、转子采用不锈钢、硬铝合金等材料作基板,呈环形辐射状。定子和转子相对的一面均有导电绕组,绕组用厚 0.05 mm 的铜箔构成。基板和绕组之间有绝缘层。绕组表面还加有一层与绕组绝缘的屏蔽层,材料为铝箔或铝膜。转子绕组为连续绕组;定子上有两相分段式正交绕组(正弦绕组、余弦绕组),两相绕组正交分布,相差 90° 电角度,如图 4.9 所示。

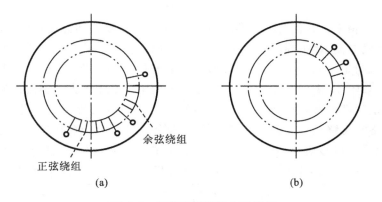

图 4.9 旋转式感应同步器绕组
(a)定子绕组(分段式) (b)转子绕组(连续式)

4.3.2 感应同步器的安装

感应同步器的定尺安装在机床的不动部件上,滑尺安装在机床的移动部件上。为防止切屑和油污侵入,一般在感应同步器上安装防护罩。

感应同步器在安装时必须保持定尺和滑尺平行、两平面间的间隙约为 0.25±0.05 mm,其他安装要求视具体的产品说明而定。保证定尺和滑尺在全部工作长度上正常耦合,减少测量误差。

直线式感应同步器的标准定尺长度一般为 250 mm,当需要增加测量范围时,可将定尺接长。要根据具体的使用情况,按照一定的步骤和要求拼接定尺,全部定尺接好后,采用激光干涉仪或量块加千分表进行全长误差测量,对超差处进行重新调整,使得总长度上的累积误差不大于单块定尺的最大偏差。

4.3.3　感应同步器工作原理

　　直线式感应同步器的定尺是单向均匀感应绕组,绕组节距 2τ,每个节距相当于绕组在空间分布的一个周期 2π。滑尺上有两组励磁绕组,一组为正弦励磁绕组,另一组为余弦励磁绕组,两绕组的节距与定尺相同,相互错开 1/4 节距排列,当正弦励磁绕组的每一只线圈和定尺相差 $\tau/2$ 的距离,若 $2\tau＝2\pi$ 电角度,则 $\tau/2$ 的距离相当于两者相差 $\pi/2$ 的电角度。

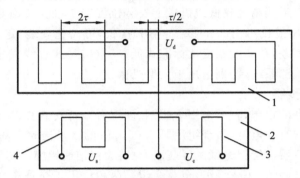

图 4.10　直线式感应同步器原理图

1—定尺;2—滑尺;3—余弦绕组;4—正弦绕组

　　滑尺与定尺互相平行并保持一定的间距,当向滑尺上的绕组通以交流励磁电压时,则在滑尺绕组中产生激励电流,绕组周围产生按正弦规律变化的磁场,由电磁感应,在定尺上感应出感应电压,当滑尺与定尺间产生相对位移时,由于电磁耦合的变化,使定尺上感应电压随位移的变化而变化。如图 4.11 中 a 点所示,这时定尺上的感应电压最大。当滑尺相对于定尺作平行移动时,感应电压就慢慢减小,到两者刚好错开 1/4 节距(即 $\tau/2$)时,如图 4.11 中的 b 点所示,感应电压为零。再继续移动到 1/2 节距位置,即图 4.11 中 c 点时,得到的感应电压值与 a 点相同但极性相反。再移动到 3/4 节距,即图 4.11 中 d 点时,感应电压又变为零。当移动一个节距,即图 4.11 中 e 点位置时,情况和 a 点位置相同。这样,在滑尺移动一个节距的过程

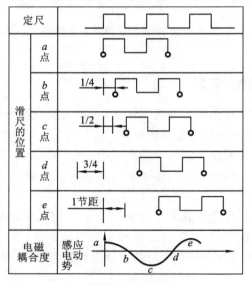

图 4.11　定尺感应电压变化规律

中,感应电压变化一个余弦波形。直线式感应同步器就是利用这个感应电压的变化进行位置检测的。

与旋转变压器相似,根据不同的励磁供电方式,感应同步器也有两种不同的工作方式:鉴相工作方式和鉴幅工作方式。

1. 鉴相工作方式(相位工作方式)

给滑尺的正弦绕组和余弦绕组分别通以同频率、同幅值,相位相差 $\pi/2$(1/4 个周期)的交流激励电压,即

$$U_s = U_m$$
$$U_s = U_m(\sin\omega t + \pi/2) = U_m\cos\omega t \tag{4.11}$$

若起始时滑尺的正弦绕组与定尺的感应绕组重合,当滑尺移动时,滑尺的正弦绕组和定尺的绕组不重合,当滑尺移动 x 距离时,则在定尺上的感应电压为

$$U_{d1} = kU_s\cos\theta = kU_m\sin\omega t\cos\theta \tag{4.12}$$

式中:k——电磁耦合系数;

$\quad U_m$——励磁电压系数;

$\quad \theta$——滑尺绕组相对于定尺绕组的空间电气相位角。θ 的大小为

$$\theta = \frac{x}{2\tau} \times 2\pi = \frac{\pi x}{\tau} \tag{4.13}$$

应用叠加原理,得出定尺绕组中的感应电压为

$$U_d = U_{d1} + U_{d2} = kU_m\sin(\omega t - \theta) \tag{4.14}$$

可见,定尺的感应电压 U_d 与滑尺的位移量 x 有严格的对应关系,通过测量定尺感应电压的相位,即可测得滑尺的位移量 x。

通常将 $\beta = \dfrac{\theta}{x} = \dfrac{\pi}{\tau}$ 称为相角-位移转换系数。例如:设感应同步器的节距为 2 mm,即 $\tau = 1$,则

$$\beta = \frac{\theta}{x} = \frac{\pi}{\tau} = \frac{\pi}{1} = 180°/\text{mm}$$

如果脉冲当量为 $\delta = 2\ \mu\text{m}/$脉冲,那么其相角系数 θ_P 为

$$\theta_P = \delta\beta = 0.002 \times 180°/\text{脉冲} = 0.36°/\text{脉冲}$$

2. 鉴幅工作方式(幅值工作方式)

给滑尺的正弦绕组和余弦绕组分别通以同相位、同频率但幅值不同的交流激励电压,即

$$\left.\begin{array}{l} U_s = U_{sm}\sin\omega t \\ U_c = U_{cm}\sin\omega t \end{array}\right\} \tag{4.15}$$

当给定电气角为 α 时,交流励磁电压 U_s、U_c 的幅值分别为

$$\left.\begin{array}{l} U_{sm} = U_m\sin\alpha \\ U_{cm} = U_m\cos\alpha \end{array}\right\} \tag{4.16}$$

式中:α——电气角。

与相位工作状态的情况一样,根据叠加原理,可以得到定尺绕组中的感应电压为

$$U_d = U_s\cos\theta - U_c\sin\theta = U_m\sin(\alpha - \theta)\sin\omega t \tag{4.17}$$

由式(4.17)可知,定尺绕组中的感应电压 U_d 的 $U_m\sin(\alpha-\theta)$,若电气角 α 已知,则只要测量 U_d 的幅值,便可间接求出 θ 值,从而求出被测位移 x 的大小。特别是当定尺绕组中的感应电压 $U_d = 0$ 时,$\alpha = \theta$,因此,只要逐渐改变 α 值,使 $U_d = 0$,便可求出 θ 值,从而求出被测位移 x。

令 $\Delta\theta=\alpha-\theta$，当 $\Delta\theta$ 很小时，$\sin(\alpha-\theta)=\sin\Delta\theta\approx\Delta\theta$，式(4.17)可近似表示为

$$U_d \approx U_m\sin\Delta\theta\sin\omega t \tag{4.18}$$

将式(4.13)代入式(4.18)得

$$U_d \approx U_m\Delta x\frac{\pi}{\tau}\sin\omega t \tag{4.19}$$

从式(4.19)中可以看出，定尺感应电压 U_d 实际上是误差电压，当位移增量 Δx 很小时，感应电压 U_d 的幅值与 Δx 成正比，因此可以通过测量 U_d 的幅值来测量位移量 Δx 的大小。

在鉴幅式工作方式中，每当改变一个位移增量 Δx，就产生一个感应电压 U_d，当 U_d 超过某个预先设定的门槛电平 U_0 时，就产生电脉冲信号，并用此修正励磁信号 U_s 和 U_c，使误差信号重新降低到门槛电平以下，这样就把位移量转化为数字量，实现了对位移的测量。

4.3.4　感应同步器检测装置的特点

（1）精度高　感应同步器直接对机床位移进行测量，不经过机械传动装置，测量精度主要取决于尺子的精度。因为定尺的节距误差有平均自补偿作用，所以定尺上的感应电压信号有多周期的平均效应，这样降低了绕组局部尺寸制造误差的影响，从而达到较高的测量精度。

（2）测量长度不受限制　感应同步器可采用多块定尺接长，增大测量尺寸，行程从几米到几十米，可实现中型、大型机床工作台位移的直线测量。

（3）工作可靠、抗干扰能力强　感应同步器的金属基板和数控机床床身铸铁的热膨胀系数相近，当温度变化时，两者的热胀冷缩变化规律相同，能获得较高的重复定位精度；旋转式感应同步器的基板受热后各方向的热变形量相对于圆心对称，也不影响测量精度。另外，感应同步器是非接触式测量的空间耦合器件，对尺面的防护要求低，可选择耐温性能良好的非导磁性涂料制作保护层，加强感应同步器的抗温防湿能力。

（4）维护简单、寿命长　感应同步器的定尺和滑尺互不接触，因此无摩擦，使用寿命长。使用时加装防护罩，防止切屑进入定尺和滑尺之间划伤尺面，并可防止灰尘、油污。同时由于感应同步器是电磁耦合元器件，不需要光源、光电元件，不存在元件老化和光学系统故障等问题。

（5）抗干扰能力强，工艺性好，成本较低，适合成批生产。

（6）输出信号比较弱，需要放大倍数较高的前置放大器。

4.4　光　栅

光栅是一种常见的测量装置。在玻璃或金属基体上，通过照相腐蚀或激光刻线的方法，均匀刻画出很多等节距的透光缝隙和不透光的线纹，这些线纹相互平行且距离相等，线纹间的距离称为栅距，而单位长度上的线纹数目称为线纹密度。

4.4.1　光栅的种类

1. 按光栅的原理和用途分

按光栅的原理和用途，光栅可分为物理光栅和计量光栅两大类。物理光栅又称衍射光栅，它利用光的衍射现象，主要用于光谱分析和光波长等量的测量，其刻线细密，节距较小，线纹密度一般为 $200\sim500$ 条/mm，栅距一般为 $0.002\sim0.005$ mm。

计量光栅主要利用莫尔效应,测量位移、速度、加速度、振动等物理量,计量光栅的刻线较粗,线纹密度一般为 25 条/mm、50 条/mm、100 条/mm、250 条/mm,栅距一般为 0.004～0.25 mm。根据光线在光栅中的路径,又可把计量光栅分为透射光栅和反射光栅,可制作成线位移的长光栅和角位移的圆光栅。计量光栅一般作为高精度数控机床的位置检测装置,在闭环控制系统中用得较多,可用作位移和转角的测量,其测量精度可到几微米。另外,计量光栅的读数速率从每秒零次到数十万次之高,非常适用于动态测量。本节讨论的光栅是指计量光栅。

2. 按光栅形状分

按光栅形状,光栅可分为长光栅和圆光栅。长光栅用于长度或直线位移的测量,刻线相互平行。线纹密度一般为 25 条/mm、50 条/mm、100 条/mm、250 条/mm,栅距一般为 0.004～0.25 mm。

圆光栅用来测量角度或角位移,它是在玻璃圆盘的外环端面上做出黑白相间的条纹,条纹呈均匀辐射状,条纹间夹角(称为栅距角)相等。根据不同的使用要求在圆周内的线纹数也不相同,圆光栅一般有三种形式:二进制(圆周内的线纹数目为 512、1 024、2 048 等)、十进制(圆周内的线纹数目为 1 000、2 500、5 000 等)、六十进制(圆周内的线纹数目为 10 800、21 600、64 800 等)。

3. 按光栅制作材料分

按光栅制作材料,光栅可分为玻璃光栅和金属光栅。玻璃光栅是在玻璃的表面上用真空镀膜法镀一层金属膜,再涂上一层均匀的感光材料,用照相腐蚀法制成透明与不透明间隔相等的线纹,也有用刻蜡、化学腐蚀、涂黑工艺制成的;玻璃光栅每毫米上的线纹数较多,一般为 100 条/mm、125 条/mm、250 条/mm。金属光栅是在钢尺或不锈钢的镜面上用照相腐蚀法或用钻石刀直接刻画制成的光栅线纹;金属反射光栅常用的线纹密度为 4 条/mm、10 条/mm、25 条/mm、40 条/mm、50 条/mm,因此,其分辨率比玻璃光栅低;此外,也可以把线纹做成具有一定衍射角度的定向光栅。

4. 按光源照射方式分

(1) 透射光栅　采用玻璃光栅制成。

优点:光源垂直入射,信号幅值较大,信噪比高,光电转换器的结构简单;光栅每毫米的线纹数多,减轻了电子线路的负担。

缺点:玻璃易破裂,其热膨胀系数与机床金属部件不一致,影响测量精度。透射光栅尺的长度一般都在 1～2 m,常见的线纹密度为 4 条/mm、10 条/mm、25 条/mm、50 条/mm、100 条/mm、200 条/mm、250 条/mm。

(2) 反射光栅　采用金属光栅制成。

优点:标尺光栅和机床金属部件的线膨胀系数一致,测量精度高;可接长或做成长达数米的钢带长光栅;标尺光栅的安装面积小,调整方便,适应于大位移测量场所;不易破碎。

缺点:为了使反射后的莫尔条纹反差较大,每毫米内线纹不宜过多,常用线纹密度为 4 条/mm、10 条/mm、25 条/mm、40 条/mm、50 条/mm。

4.4.2　计量光栅的精度

计量光栅的精度主要取决于光栅尺本身的制造精度,也就是计量光栅任意两点间的误差。由于激光技术的发展,光栅的制造精度得到很大提高,目前光栅精度可达到微米级;再通过电子细分电路可以达到 0.1 μm,甚至更高的分辨率,如 0.025 μm。

常见的光栅检测系统的工作原理都是根据莫尔条纹效应进行工作的,莫尔条纹是由若干光栅线纹干涉形成的,对光栅制作过程中各线纹之间的栅距误差具有平均效应,所以栅距不均匀所造成的误差可以得到适当地修正。表 4.3 中列出几种计量光栅的精度数据,表中"精度"指两点间的最大均方根误差。从表 4.3 中可看出玻璃衍射光栅的精度最高。

表 4.3　几种计量光栅的精度

计量光栅		光栅长度(直径)	线纹数	精度
长光栅	玻璃透射光栅	500 mm	100/mm	5 μm
		1 000 mm		10 μm
		1 100 mm		10 μm
		1 100 mm		3~5 μm
		500 mm		2~3 μm
	金属反射光栅	1 220 mm	100/mm	13 μm
		500 mm	100/mm	7 μm
	高精度金属反射光栅	1 000 mm	100/mm	7.5 μm
	玻璃衍射光栅	300 mm	100/mm	$\pm$1.5 μm
圆光栅	玻璃圆光栅	ϕ270 mm	10 800/2π	3″

4.4.3　光栅结构和工作原理

长光栅和圆光栅的工作原理基本相似,实际中长光栅应用得较多。现以玻璃透射式直线光栅为例,说明其应用于闭环控制的数控机床检测系统中的工作原理。

1. 光栅的结构

长光栅检测装置(直线光栅传感器)由标尺光栅、指示光栅、光源和光电接收器组成,结构如图 4.12 所示。标尺光栅一般安装在机床活动部件上(如机床工作台或丝杠上),指示光栅安装在机床固定部件上(如机床底座上)。当指示光栅相对于标尺光栅移动时,指示光栅和标尺光栅构成光栅尺。

标尺光栅、指示光栅上均匀刻有很多条纹,把指示光栅平行放在标尺光栅一侧,使它们的刻线相对倾斜一个很小的角度 θ,光源和光电接收器分别放置在标尺光栅和指示光栅的两侧。当光源通过标尺光栅和指示光栅时,会产生明暗相间的莫尔条纹,通过测量莫尔条纹的变化,即可测得工作台的位移。图 4.13 所示为长光栅尺的局部放大视图,从图中可看出不透光宽度(缝隙宽度)a,透光宽度(刻线宽度)b,设栅距为 d,$d=a+b$。通常 $a=b$。在安装光栅尺时,要严格保证标尺光栅和指示光栅的平行度以及两者之间的间隙(一般取0.05 mm或 0.1 mm)。

玻璃透射式直线光栅用玻璃制成,容易受外界气温的影响而产生误差,而且灰尘、切屑、油污、水汽等容易侵入,使光学系统受到杂质的污染,影响光栅信号的幅值和精度,甚至因光栅的相对运动而损坏刻线。因此,光栅必须采用与机床材料膨胀系数相接近的玻璃材料,并且要加强对光栅系统的维护和保养。测量精度较高的光栅都使用在环境条件较好的恒温场所或进行密封。用直线光栅测量时要求标尺光栅与行程等长,通常情况下光栅的长度为 1 m,如果在大型机床中行程大于 1 m,需要将光栅接长,此时需要注意保证接头处的精度。

2. 光栅测量的工作原理

对于栅距相等的指示光栅和标尺光栅,两者相对平行并保持一定的间隙放置(一般取

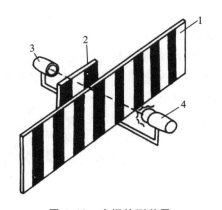

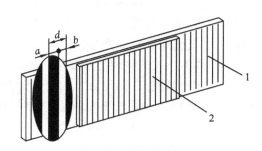

图 4.12　光栅检测装置

1—标尺光栅;2—指示光栅;3—光电接收器;4—光源

图 4.13　光栅尺示意图

1—标尺光栅;2—指示光栅

0.05 mm 或 0.1 mm),使两光栅的刻线相对倾斜一个很小的角度 θ(栅线角),在光源的照射下,由于光的衍射效应,光源透过指示光栅和标尺光栅,形成明暗相间的条纹——莫尔条纹。由于 θ 角很小,所以莫尔条纹近似垂直于光栅的线纹,故莫尔条纹也称为横向莫尔条纹,莫尔条纹中两条亮条纹或两条暗条纹之间的距离称为莫尔条纹的宽度 W。光栅工作原理如图 4.14 所示。

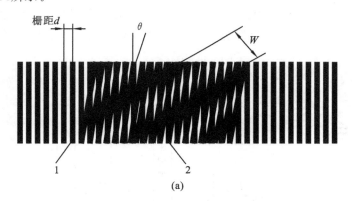

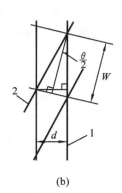

(a)　　　　　　　　　　　　　　　　　　　　(b)

图 4.14　光栅工作原理图

(a)莫尔条纹形成原理　　(b)莫尔条纹放大原理

1—标尺光栅;2—指示光栅

莫尔条纹具有以下特征。

(1)平均误差作用　莫尔条纹由光栅大量线纹的干涉现象共同形成,对光栅制作过程中各线纹之间的栅距误差具有平均效应,能在很大程度上消除误差的影响。

(2)光学放大作用　如图 4.14(b)所示,在栅线角 θ 很小的时候,莫尔条纹宽度 W 与栅距 d、栅线角 θ 之间的关系为

$$W = \frac{d}{2\sin\dfrac{\theta}{2}} \approx \frac{d}{\theta}$$

莫尔条纹宽度为

$$W = \frac{d}{\theta} \tag{4.20}$$

若 $d=0.01$ mm，$\theta=0.01$ rad，则 $W=1$ mm。由此可见，无需复杂的电子放大电路，利用光的干涉现象，光栅的栅距就转换为放大了 100 倍的莫尔条纹宽度。

（3）莫尔条纹的正弦变化规律　标尺光栅移动过程中，莫尔条纹交替出现由亮带到暗带、暗带到亮带，光强度分布近似余弦曲线，光电接收器和指示光栅一起移动，接收到的光通量忽大忽小，因此光电元件中产生近似按正弦规律变化的电流（电压）。

（4）莫尔条纹的移动与光栅移动成比例　两光栅相对移动一个栅距，莫尔条纹也同步移动一个莫尔条纹宽度，固定点上的光强则变化一周。莫尔条纹的移动方向与光栅的移动方向近似垂直，在两光栅沿线纹的垂直方向作相对移动时，莫尔条纹沿刻线方向移动；若光栅反向移动，则莫尔条纹的移动方向也随之反向。

4.4.4　光栅测量系统

在光栅的实际应用中，既要求有较高的检测精度，又能够辨别光栅移动的方向。为了提高光栅的分辨率，必须增加其刻线密度，但是刻线密度达到 200/mm 以上的光栅制造较困难，成本较高。为此，通常采用电子倍频细分电路来提高光栅检测精度，图 4.15 所示的就是一个光栅测量系统接四倍频鉴向电子细分电路。所谓四倍频，就是采用四个光电元件和四个狭缝，使其与莫尔条纹相重合的位置相差 $\frac{1}{4}$ 栅距。这样，从一个莫尔条纹产生的一个电脉冲信号，变成四个光电元件输出的正弦信号，四个正弦信号为 0°、90°、180°和 270°，彼此之间相差 90°，经过整形和逻辑处理后即可得到能够辨别方向的四倍频脉冲信号，一个周期内送出 4 个脉冲，分辨率提高了 4 倍。

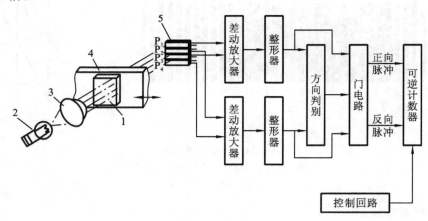

图 4.15　光栅测量系统
1—指示光栅；2—光源；3—聚光镜；4—标尺光栅；5—硅光电池

图 4.16(a)、图 4.16(b)所示分别为四倍频电路的逻辑图和波形图。当指示光栅和标尺光栅相对移动时，四块硅光电池 P_1、P_2、P_3、P_4 产生四路相位彼此相差 90°的正弦信号，P_1、P_3 信号相位差 180°，P_2、P_4 相位差 180°。将 P_1 和 P_3 的输出信号接入一个差动放大器，得到正弦信号。将 P_2 和 P_4 的输出信号接入另一个差动放大器，得到余弦信号。将此正弦和余弦信号经施密特整形电路得到两个相位差 90°的方波 A 和 B，如图 4.16(b)所示。为使每隔 1/4 节距都有脉冲，把 A、B 各自反向一次得 C、D 信号，A、B、C、D 四路方波信号经微分器处理，得到尖脉冲 A′、B′、C′、D′，即在正走或反走时每个方波的上升沿产生尖脉冲，由与门电路把 0°、90°、180°

和 270°四个位置上产生的尖脉冲组合起来,根据不同的移动方向形成正向或反向脉冲。设指示光栅相对于标尺光栅做正向运动时,四个尖脉冲出现的顺序为 A′→D′→C′→B′→A′,四个尖脉冲按相位关系经与门 Y_1、Y_2、Y_3、Y_4 与 A、B、C、D 四路信号相与,使其输出分别为 A′B、AD′、C′D、B′C,经过或门 H_1 得正向脉冲。

　　反之,当光栅做反向运动时,四个尖脉冲出现的顺序为 C′→D′→A′→B′→C′,经与门 Y_5、Y_6、Y_7、Y_8 输出,得到 BC′、CD′、A′D 和 AB′四个输出脉冲,再经或门 H_2 得到反向脉冲,其波形见图 4.16(b)。

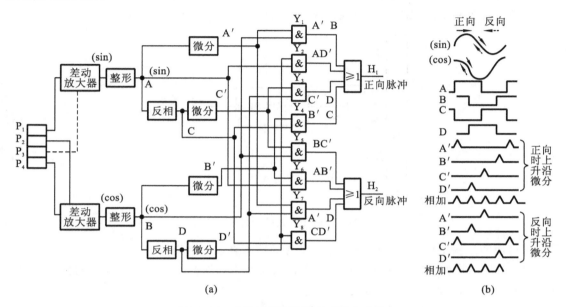

图 4.16　光栅测量系统四倍频鉴向电路

(a)电路图　(b)波形图

　　这种细分电路具有典型意义,在其他位移检测装置中也很常用。除了四倍频电路外,还有八倍频电路、二十倍频电路等。光栅测量系统的分辨率取决于光栅栅距 d 和鉴向倍频的倍数 n,即分辨率 $=\dfrac{d}{n}$。如光栅线纹密度 50 条/mm(栅距 20 μm),经四倍频处理后,线纹密度提高到 200 条/mm,工作台每移动 5 μm 送出一个脉冲,即分辨率为 5 μm,检测精度提高了 4 倍。

4.5　磁　　栅

　　磁栅又称磁尺,是用电磁方法计算磁波数目的一种位置检测元件,可用于直线和角位移测量。磁栅与感应同步器、光栅相比,测量精度略低。但它具有以下独特的优点。

　　(1)制作简单,安装、调整方便,成本低。在磁栅上录制的磁化信号,若发现不符合要求,可抹去重录。可安装在机床上再录磁,以避免安装误差。

　　(2)磁栅的长度可任意选择,亦可录制任意节距的磁信号。

　　(3)磁栅对使用环境要求低。在油污、粉尘较多的环境中应用,具有较好的稳定性。

　　鉴于以上优点,磁栅较广泛地被应用于数控机床、精密机床和各种测量机上。

4.5.1 磁栅结构和工作原理

磁栅可分为长磁栅和圆磁栅。长磁栅主要用于直线位移测量,圆磁栅主要用于角位移测量。磁栅测量装置主要由磁性标尺、磁头和信号处理电路组成。

磁栅的工作原理与普通磁带的录磁和拾磁的原理是相同的。用录磁磁头将相等节距(通常为 $20~\mu m$ 或 $50~\mu m$)周期变化的电信号记录到磁性标尺上,用它作为测量位移的基准尺。在检测时,用拾磁磁头读取记录在磁性标尺上的磁信号,通过检测电路将位移量用数字显示出来或送至位置控制系统。图 4.17 所示为磁栅位置检测装置方框图。

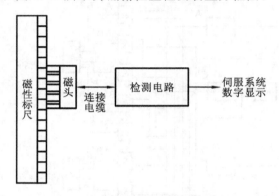

图 4.17 磁栅位置检测装置方框图

测量用的磁栅工作原理与普通的磁带录音的原理有以下区别。

(1) 磁性标尺的等节距录磁的精度要求很高。因为磁性标尺的等节距录磁的精度直接影响位移检测精度,为此需要在高精度录磁设备上对磁尺进行录磁。

(2) 磁头采用磁通响应型磁头(静态磁头)。

1. 磁性标尺

磁性标尺是在非导磁材料基体(如铜、不锈钢或合金材料)上,采用涂敷、化学沉积或电镀的方法镀一层 $10\sim30~\mu m$ 厚的高导磁性材料,通常所使用的磁性材料不易受到外界温度、电磁场的干扰,形成均匀的磁性膜;然后使用录磁磁头使磁膜磁化成节距(一般为 $0.05~mm$、$0.10~mm$、$0.20~mm$、$1.0~mm$ 等)相等的周期变化磁化信号,用以作为测量基准。磁化信号可以是脉冲、正弦波或饱和磁波等,可以来自基准尺(即精度更高的磁尺)或激光干涉仪。最后在磁尺表面涂一层 $1\sim2~\mu m$ 厚的耐磨塑料保护层,以防磁头与磁尺频繁接触而导致磁膜磨损。

2. 磁头

磁头是一种磁电转换器,它把反映空间位置变化的磁化信号检测出来,转换成电信号,输送给检测电路。拾磁磁头可分为动态磁头和静态磁头。

动态磁头又称为速度响应型磁头,它只有一组输出绕组,所以只有当磁头和磁尺有一定相对速度时才能读取磁化信号,并有电压信号输出。这种磁头用于录音机、磁带机的拾磁磁头,不能用来测量位移。

静态磁头又称磁通响应型磁头。由于用于位置检测用的磁栅要求当磁尺与磁头相对运动速度很低或处于静止时(即数控机床低速运动和静止时)亦能测量位移或位置,所以采用静态磁头。静态磁头在普通动态磁头上加有带励磁线圈的可饱和铁芯,从而利用了可饱和铁芯的磁性调制的原理。静态磁头又可分为单磁头、双磁头和多磁头。

1) 磁通响应型磁头

图 4.18 所示为单磁头的磁通响应型磁头，它是一个带有可饱和铁芯的二次谐波磁性调制器，用软磁性材料(坡莫合金)制成，上面绕有两组串联的励磁绕组(绕在磁路截面尺寸较小的横臂上)和两组串联的拾磁绕组(绕在磁路截面尺寸较大的竖杆上)。当励磁绕组通以 $i = I_0\sin(\omega_0 t/2)$ 的高频励磁电流时，在 i 的瞬时值大于某一数值时，横臂上铁芯材料饱和，这时磁阻很大，磁路被阻断，磁性标尺的磁通 Φ_0 不能通过磁头闭合，输出线圈不与 Φ_0 交链。当 i 的瞬时值小于某一数值时，横臂中的磁阻也降低到很小，磁路开通，输出线圈与 Φ_0 交链。可见，励磁线圈的作用相当于磁开关。励磁电流在一个周期内两次过零，两次出现峰值。相应的，磁开关通断各两次。磁路由通到断的时间内，输出线圈中交链磁通量由 Φ_0 变化到零；磁路由断到通的时间内，输出线圈中交链磁通量由零变化到 Φ_0。Φ_0 是由磁性标尺中磁信号决定，可见，输出线圈输出的信号是一个调幅信号，即

$$e = E_0\sin\left(\frac{2\pi x}{\lambda}\right)\sin\omega t \tag{4.21}$$

式中：e——输出线圈输出的感应电动势；

$\quad\quad E_0$——输出线圈输出的感应电动势峰值；

$\quad\quad \lambda$——磁性标尺上的磁化信号节距；

$\quad\quad x$——磁头对磁性标尺的位移量；

$\quad\quad \omega$——输出线圈感应电动势的频率，是励磁电流 I 的频率 ω_0 的 2 倍。

由式(4-21)可知，磁头输出信号的幅值是位移 x 的函数。一般选用磁尺的某一 N 极作为位移零点(如图 4.18 中的 a 点)，测出 e 过零(即 $e=0$，如图 4.18 中的 b 点)的次数，则根据磁性标尺的磁信号节距 λ，即可计算出位移量 x 的大小。

磁尺的分辨率不仅与磁性标尺的磁信号的节距有关，还与细分电路的细分倍频数有关。如磁性标尺写入磁信号的节距为 0.04 mm，当把它进行四倍频细分时，其磁尺的分辨率可达 0.01 mm。

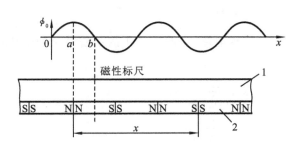
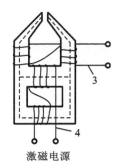

图 4.18　磁通响应型磁头

1—非导磁性材料基体；2—磁性膜；3—拾磁绕组；4—激磁绕组

2) 多间隙型磁通响应型磁头

使用单个磁头读取磁化信号时，由于输出信号电压很低(几毫伏到几十毫伏)，故抗干扰能力低，在实际使用时将几个甚至几十个磁头以一定方式连接起来，组成多间隙磁头(见图 4.19)使用。它具有高精度、高分辨率和输出电压高等特点。

多间隙磁头中每一个磁头以相同的间距 $\lambda_m/2$ 配置，相邻两磁头的输出绕组反相串接，这时得到的总输出电压为每个磁头输出电压的叠加。当 $\lambda_m = \lambda = 1、3、5、7$ 时，总输出电压最大。

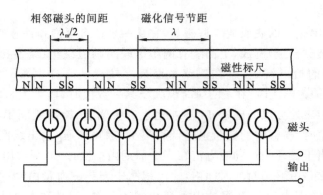

图 4.19　多间隙磁通响应型磁头

为了辨别磁头和磁尺相对移动的方向,通常采用磁头彼此相距$(m\pm1/4)\lambda$的配置(m为正整数)。以双磁头为例,如图 4.20 所示。

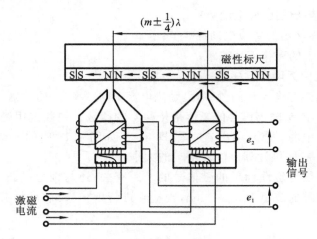

图 4.20　辨向磁头配置

给两磁头通以频率相同、相位差 90°的励磁电流,则两个磁头的激磁绕组的输出电压分别为

$$e_1 = E_0\sin\left(\frac{2\pi x}{\lambda}\right)\sin\omega t \tag{4.22}$$

$$e_2 = E_0\cos\left(\frac{2\pi x}{\lambda}\right)\sin\omega t \tag{4.23}$$

由式(4.22)、式(4.23)可见,磁尺的辨向原理与光栅、感应同步器一样,也可分为鉴相式和鉴幅式两种测量方式。

3. 磁栅检测电路

磁栅检测电路包括:磁头激磁电路,读取信号的放大、滤波及辨向电路,细分内插电路,显示及控制电路等。

磁栅检测电路根据检测方法的不同,可分为幅值测量和相位测量两种,以相位测量应用较多。相位检测是将第 1 组磁头的激磁电流移相 45°,或将它的输出信号移相 90°,得

$$e_1 = E_0\sin\left(\frac{2\pi x}{\lambda}\right)\cos\omega t \tag{4.24}$$

$$e_2 = E_0 \cos\left(\frac{2\pi x}{\lambda}\right) \sin\omega t \tag{4.25}$$

两组磁头输出信号求和,有

$$e = E_0 \sin\left(\omega t + \frac{2\pi x}{\lambda}\right) \tag{4.26}$$

由式(4.26)看出,磁栅相位检测系统的磁头输出信号与感应同步器在鉴相工作方式下的输出相似。所以,它们的检测电路也基本相似。图 4.21 所示为磁栅相位检测系统的原理方框图,由脉冲发生器发出的 400 kHz 脉冲系列,经 80 分频,得到 5 kHz 的励磁信号,再经低通滤波器变成正弦波后分成两路:一路经功率放大器送到第 I 组磁头的励磁线圈;另一路经 45°移相后,由功率放大器送第 II 组磁头的励磁线圈。从两组磁头读出信号 e_1、e_2,由求和电路求和,即得到相位随位移 x 变化的合成信号,该信号经放大、滤波、整形后变成 10 kHz 的方波,再与一相励磁信号(基准相位)鉴相,经细分内插的处理,即可得到分辨率为 5 μm(磁尺上的磁化信号节距为 200 μm)的位移测量脉冲,该脉冲可送至显示计数器或位置控制回路。

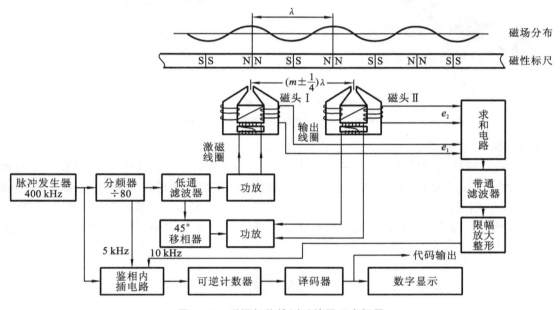

图 4.21　磁栅相位检测系统原理方框图

实际应用过程中,一般选用多个磁通响应型磁头,这样不仅可以提高灵敏度,而且能均化磁尺节距误差,并使输出幅值均匀。此外,当磁头间距与磁栅栅距一致时,输出信号最大,具有良好的选频特性。

4.5.2　磁栅位置检测装置的结构类型及应用

磁栅按磁性标尺的基体形状不同,可以分为测量直线位移用的实体型磁栅、带状磁栅和线状磁栅,用于测量角位移的回转型磁栅等,如图 4.22 所示。

(1)实体型磁栅主要用于精度要求较高的场合,由于其制造长度有限,因此目前应用较少。

(2)带状磁栅的磁尺固定在用低碳钢做的屏蔽壳体内,以一定的预紧力绷紧在框架或支架中,框架固定在机床上,使磁尺与机床一起伸缩,减少了温度对测量精度的影响。带状磁尺

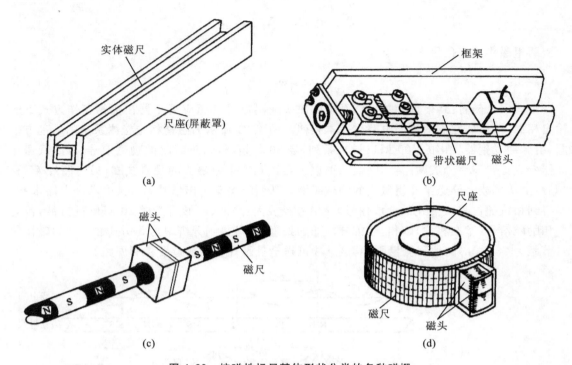

图 4.22　按磁性标尺基体形状分类的各种磁栅
(a)实体型磁栅　(b)带状磁栅　(c)线状磁栅　(d)回转型磁栅

可做得较长,一般在 1 m 以上,主要应用于量程较大、安装面不易安排的场合。

(3) 线状磁栅的磁尺是具有一定直径的圆棍形状,磁头具有特殊结构,是一种多间隙的磁通响应型的磁头,线状磁栅把磁尺包在中间,对周围电磁起到屏蔽的作用,具有抗干扰能力强、输出信号大、精度高等特点,但不易做得很长,主要用于小型精密机床或结构紧凑的测量机中。

(4) 回转型磁栅是一种盘形或鼓形磁栅,磁头和带状磁尺的磁头相同,主要用于角位移测量。

4.6　编　码　器

编码器又称编码盘,是一种旋转式测量元件,通常装在被测轴上,随被测轴一起转动,将被测轴的角位移转换成增量值脉冲形式或绝对值代码形式。

编码器常见的种类有以下几种。

(1) 根据使用的计数进制不同,可分为:二进制编码、二进制循环码(格雷码)、十进制、十六进制等编码器。

(2) 根据输出信号的形式不同,可分为:绝对式、增量式、混合式编码器。

(3) 根据内部结构和检测方式不同,可分为:接触式、光电式和电磁式三种编码器。

编码器在数控机床中有两种安装方式:一是编码器与伺服电动机同轴连接,伺服电动机再与滚珠丝杠连接,编码器位于进给传动链的前端,称为内装式编码器;二是编码器连接在滚珠丝杠末端,称为外装式编码器。外装式包含的传动链误差比内装式多,位置控制精度较高,而内装式安装较方便。

编码器是精密仪器,使用时要注意周围有无振源及干扰源,必要时加上防护罩,要注意环境温度、湿度是否在仪器使用要求范围之内。

4.6.1　增量式编码器

常用的编码器为增量式光电编码器,如图 4.23 所示。光电编码器又称光电码盘、光电脉冲编码器、光电脉冲发生器等,是一种旋转式脉冲发生器,它用光电方法将机械转角转换为电脉冲信号,是数控机床上常用的一种角位移检测元件,也可用于角速度测量。数控机床最常用的编码器如表 4.4 所示,可根据数控机床丝杠螺距来选用。

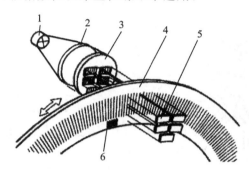

图 4.23　增量式光电脉冲编码器结构示意图

1—光源;2—聚光透镜;3—光栏板;4—光电码盘;5—光电元件;6—零位参考标记

表 4.4　光电脉冲编码器

脉冲编码器	每转移动量/mm
2 000 P/r	2,3,4,6,8
2 500 P/r	5,10
3 000 P/r	3,6,12

1. 光电编码器结构

如图 4.23 所示,光电编码器由光源、聚光透镜、光栏板、光电码盘、光电接收元件和零位参考标记组成。其中,光电码盘的材料有玻璃、金属、塑料,玻璃码盘是在一块玻璃圆盘上用真空镀膜的方法镀上一层不透光的金属薄膜,再涂上一层均匀的感光材料,然后用精密照相腐蚀工艺,制成沿圆周等距的透光和不透光辐射状刻线,其热稳定性好,精度高;金属码盘上直接制作通和不通的刻线,不易碎,但由于金属有一定的厚度,精度就有限制,其热稳定性比玻璃材料差一个数量级;塑料码盘是经济型的,其成本低,但精度、热稳定性、寿命等指标均要差一些。一个相邻的透光或不透光刻线构成一个节距。编码器以每旋转 360° 提供多少条明暗刻线称为分辨率,也称解析分度,或直接称多少线。数控机床上常用的光电编码器有:2 000 P/r、2 500 P/r、3 000 P/r 等。在高速、高精度数字伺服系统中,可应用高分辨率的光电编码器,如 20 000 P/r、25 000 P/r、30 000 P/r。

2. 工作原理

光栏板固定在基座上,与光电码盘保持一个小间距,其上制有两段刻线组 A、$\overline{A}$(A 的反相)和 B、$\overline{B}$(B 的反相),每一组的刻线节距与光电码盘节距(P)相同,而 A 组和 B 组的刻线错开 1/4 个节距。两组条纹相对应的光电元件所产生的信号彼此相差 90°,用于辨向。当光电码盘旋转一个节距时,在发光元件照射下,光敏元件得到 A、B 信号为具有 90° 相位差的正弦波,这组信号经放大器放大与整形,得到的输出方波,A 相比 B 相超前 90°,其电压幅值一般为 5

V。当 A 相超前 B 相时为正方向旋转,若 B 相超前 A 相时即为负方向旋转,利用 A 相与 B 相的相位关系可以判别编码器的正转与反转。在光电码盘里圈的不透光圆环还刻有一条透光条纹 Z 作为零位参考标记,用来产生"一转脉冲"信号,即码盘每转一周即发出一个计数脉冲,通常称其为"零位脉冲"。该脉冲以差动形式 Z、$\overline{Z}$(Z 的反相)输出,作为编码器的零位参考位。

通过如图 4.24 所示的信号处理装置,将光信号转换成电脉冲信号,通过计量脉冲的数目,即可测出转轴的转角;通过计量脉冲的频率,即可测出转轴的转速;通过比较 A、B 两组信号相位超前或滞后的关系即可确定转轴的旋转方向。

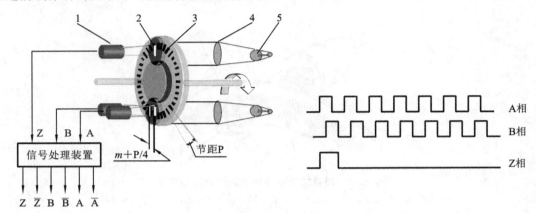

图 4.24　增量式光电脉冲编码器信号处理装置
1—光电元件;2—光栏板;3—码盘;4—聚光透镜;5—光源

3. 测量精度

光电编码器的测量精度取决于它所能分辨的最小角度,这与码盘圆周的刻线数有关,即分辨角为

$$\alpha = \frac{360^\circ}{z} \tag{4.27}$$

式中:z——刻线条纹数。

如刻线数为 1 024,则 $\alpha=360^\circ/1\,024=0.352^\circ$。为进一步提高光电编码器的分辨率,在数控系统中,常对上述输出信号进行倍频处理。例如:配置 2 000 P/r 光电编码器的伺服电动机直接驱动 8 mm 螺距的滚珠丝杠,经数控系统 4 倍频处理后,相当于 8 000 P/r 的角度分辨率,对应工作台的直线分辨率由倍频前的 0.004 mm 提高到 0.001 mm。

光电式编码器的优点是没有接触磨损,码盘寿命长,允许高转速,最外圈每片宽度可做得很小,因而精度高。缺点是结构复杂,价格高,光源寿命短。

目前有一种混合式绝对值脉冲编码器,它将增量制码和绝对值码做在同一块码盘上。码盘的最外圈是高密度的增量制条纹,中间由四个码道组成绝对值式四位循环码,以二进制码为例,每 1/4 同心圆被循环码分割为 16 等分段。圆盘最里面有发一转信号的狭缝。混合式绝对值脉冲编码器的工作原理是粗、中、精三级计数,码盘转的转数由"一转脉冲"的计数表示,在一转以内的角度位置由循环码的 4×16 个不同数值表示,每 1/4 圆循环码的细分由最外圈增量制码完成。

4.6.2　绝对值式编码器

接触式码盘是一种绝对值式的检测装置,可直接将被测转角用数字代码表示出来,且每一个角度位置均有表示该位置的唯一对应的测量代码,因此这种测量方式即使断电或切断电源,只要再通电就能读出被测轴的角度位置,即具有断电记忆功能,如图 4.25(a)所示。

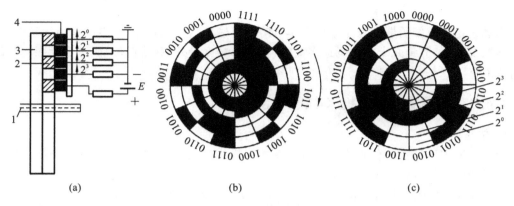

图 4.25　接触式码盘

(a)接触式码盘　　(b)4 位二进制码盘　　(c)格雷码盘

1—转轴;2—导电体;3—绝缘体;4—电刷

图 4.25(b)所示为 4 位二进制编码盘,它在一个不导电的基体上做出许多同心圆形码道和周向等分扇区,其中涂黑部分为导电区,用"1"表示,白色部分为绝缘区,用"0"表示,四个码道都装有电刷,电刷经电阻接地。这样,每个扇区都有由"1"和"0"组成的二进制代码,即每个扇区都可由 4 位二进制代码表示。最里一圈为公共极,它和各码道所有导电部分连在一起,经电刷和电阻接电源正极。由于码盘与被测转轴连在一起,而电刷位置是固定的,当码盘随被测轴一起转动时,电刷和码盘的位置发生相对变化,若电刷接触的是导电区域,则经电刷、码盘、电阻和电源形成回路,该回路中的电阻上有电流通过,为"1";反之,若电刷接触的是绝缘区域,则不能形成回路,电阻上无电流通过,为"0"。当码盘旋转时,四个电刷依次输出 16 个二进制编码 0000～1111,编码代表实际角位移,图 4.25 可看出电刷位置与输出二进制代码的对应关系。

码盘所能分辨的最小角度称为分辨率,与码道多少和码道的圈数有关,n 位二进制码盘应有 n 圈码道,且圆周均分为 2^n 等份,即共有 2^n 个数据来表示其不同位置,码盘分辨率为

$$\alpha = \frac{360°}{2^n} \tag{4.28}$$

4 位二进制码盘分辨率为 $\alpha = 360°/2^4 = 22.5°$。码盘位数 n 越大,所能分辨的角度就越小,测量精度越高。所以,如要提高分辨率,就必须增加码道圈数,即二进制码位数。目前接触式码盘一般可以做到 8～14 位二进制码,若要求位数更多,则采用组合码盘,一个作为粗计码盘,一个作为精计码盘。精计码盘转一圈,粗计码盘依次转一格。如果一个组合码盘是由两个 8 位二进制码盘组合而成,那么便可得到相当于 16 位的二进制码盘,这样就是测量精度达到提高,但相对结构也非常复杂。

二进制码盘盘上图案变化较大,若电刷恰好位于两位码的中间或电刷接触不良,则电刷容易产生读数错误,例如,当电刷由 0111 向 1000 过渡时,可能会出现 8～15 之间的任一十进制数,这种误差称为非单值误差。为了消除这种误差,一般采用循环码即格雷码,如图 4.25(c)所示。格雷码盘相邻图案只有一个扇块变化,对应二进制代码只有一位是变化的,所以每次只切换一位数,能把读数误差控制在最小单位内。

用光信号扫描分度盘(分度盘与传动轴相连)上的格雷码或二进制码刻度盘以确定被测物的绝对位置值,然后将检测到的格雷码或二进制码数据转换为电信号,即可以脉冲的形式输出测量的位移量。

接触式绝对值编码器优点是结构简单、体积小、输出信号强;缺点是电刷磨损导致寿命低,转速不能太快(每分钟几十转),码道多时结构复杂,精度受外圈(最低位)码道宽度限制。因此使用范围有限。

4.6.3　编码器在数控机床中的应用

1. 位移测量

光电脉冲编码器作为位置检测装置用在数控机床进给系统中,光电脉冲编码器将位置检测信号反馈给数控装置一般有以下两种方式。

(1)适应带加减计数要求的可逆计数器,形成加计数脉冲和减计数脉冲。

(2)适应有计数控制端和方向控制端的计数器,形成正走、反走计数脉冲和方向控制电平。

由于增量式光电编码器每转过一个分辨角就发出一个脉冲信号,因此,根据脉冲的数量、传动比及滚珠丝杠螺距,即可得出移动部件的直线位移量,即

$$x = \frac{1}{n} \times i \times T \times \delta \tag{4.29}$$

式中:T——滚珠丝杠螺距;

　　n——光电脉冲编码器圆周内狭缝数;

　　i——传动比;

　　δ——计数脉冲。

如某带光电编码器的伺服电动机与滚珠丝杠直联(传动比 1:1),光电编码器 1 024 P/r,丝杠螺距 8 mm,在一段时间内数控系统中测得计数脉冲 2 048 个,则工作台移动的距离为 $\frac{1}{1\ 024} \times 2\ 048$ 脉冲 $\times 8$ mm$=16$ mm。

在数控回转工作台中,通过在回转轴末端安装编码器,可直接测量回转工作台的角位移。数控回转工作台与直线轴联动时,可加工空间曲线,如图 4.26(a)所示。

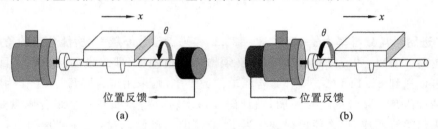

图 4.26　编码器测量直线位移的方式

(a)编码器装在丝杠末端　(b)编码器和伺服电动机同轴安装

在交流电动机变频控制中,与电动机同轴连接的编码器可检测电动机转子磁极相对定子绕组的角度位置,用于变频控制,如图 4.26(b)所示。

2. 主轴控制

主轴控制中采用编码器,则构成具有位置控制功能的主轴控制系统,或者称为"C 轴"控

制。主轴位置脉冲编码器的作用主要有以下几个方面。

1) 主轴旋转与坐标轴进给的同步控制

在螺纹加工中,为了保证切削螺纹的螺距,必须有固定的进刀点和退刀点。安装在主轴上的光电脉冲编码器在切削螺纹时主要解决以下两个问题。

(1) 通过对编码器输出脉冲的计数,保证主轴每转一周,刀具准确移动一个螺距(导程)。

(2) 一般的螺纹加工要经过几次切削完成,每次重复切削,进刀位置必须相同。为保证重复切削不乱扣,数控系统在接收到光电脉冲编码器中的"一转脉冲"(零点脉冲)后才开始螺纹切削的计算,同时主轴编码器通过对起刀点到退刀点之间的脉冲进行计数来达到车削螺纹的目的。

2) 主轴定向准停控制

加工中心换刀时,为使机械手对准刀柄,主轴必须停在固定的径向位置。在固定切削循环中,如精镗孔,要求刀具必须停在某一径向位置才能退出,这要求主轴能准确地停在某一固定位置上,这就是主轴定向准停功能,如图 4.27 所示。

3) 恒线速切削控制

车床、磨床在进行端面或锥面切削时,为保证加工面表面粗糙度 Ra 保持定值,要求刀具与工件接触点的切削线速度为恒值。随着刀具径向进给及切削直径的逐渐减小或增大,应不断提高或降低主轴转速,保持 $v=2\pi Rn$ 为常值。v 为切削线速度;R 为工件切削半径。随刀具进给不断变化,外圈 R 值大,内圈 R 值小;n 为主轴转速,单位是 r/min。R 由坐标轴位移检测装置(如光电编码器)获得。经软件处理后得 n,转换成速度信号后送至主轴驱动装置。

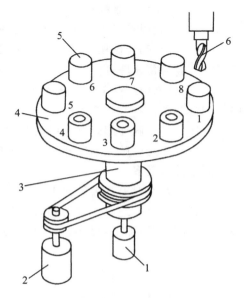

图 4.27　编码器在定位加工中的应用
1—绝对式编码器;2—电动机;
3—转轴;4—转盘;5—工件;6—刀具

3. 测速

光电编码器输出脉冲的频率与其转速成正比,因此,光电编码器可代替测速发电机的模拟测速而成为数字测速装置。当利用光电编码器的脉冲信号进行速度反馈时,若伺服驱动装置为模拟式,则脉冲信号需经过频率—电压转换器,转换成与频率成正比的电压信号;若伺服驱动装置为数字式,则可直接进行数字测速。

4. 零标志脉冲用于返回参考点控制

当数控机床采用增量式的位置检测装置时,数控机床在接通电源后要执行返回机床参考点的操作。参考点位置是否正确与检测装置中的零标志脉冲有相当大的关系。在返回参考点时,数控机床坐标轴先快速向参考点方向运动,当碰到减速挡块后,坐标轴再以慢速趋近参考点,当编码器产生零标志信号(一转脉冲)后,坐标轴再移动一设定距离即停止于参考点。

此外,在进给坐标轴中,还应用一种手摇脉冲发生器,一般每转产生 1 000 个脉冲,脉冲当量为 1 μm,输出信号波幅为 +5 V,它的作用是慢速对刀和手动调整机床。

思考题与习题

4.1　检测装置的作用是什么？

4.2　位置检测装置有哪些类型？

4.3　何谓直接测量和间接测量、绝对式测量和增量式测量、数字式测量和模拟式测量？

4.4　简述旋转变压器的结构特点和工作原理。

4.5　感应同步器有几种工作方式？每种工作方式的激磁电压有何特点？它们的哪些参数对测量精度有影响？

4.6　简述莫尔条纹的形成原理及特点。

4.7　在光栅检测中采用细分电路有什么作用？

4.8　若已知光栅栅距 $d=0.02$ mm，莫尔条纹的宽度 $W=6$ mm，则莫尔条纹的放大倍数是多少？栅线角 θ 是多少？

4.9　磁栅由哪些部分组成？被测位移量与感应电压之间的关系是怎样的？如何实现方向判别？

4.10　光电脉冲编码器如何判断轴的旋转方向和测量轴的转速？

4.11　用光电脉冲编码器测某轴转速，2 min 测得 17 800 个脉冲，已知此编码器 950 P/r。问被测轴转速是多少？

4.12　在绝对值式编码器中，二进制码盘与格雷码码盘各有何优缺点？

4.13　设有一绝对值式编码器有 8 个码道，求其能分辨的最小角度是多少？若该编码器采用二进制编码，那么，11001101 所对应的角度在哪个范围？

第 5 章　计算机数控系统

5.1　概　　述

5.1.1　数控系统的基本结构、特点及其功能

数控系统一般由输入/输出(I/O)装置、数字控制装置、驱动控制装置、机床电器逻辑控制装置四部分组成,机床本体为被控对象,如图 5.1 所示。

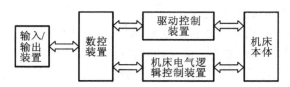

图 5.1　数控系统组成的一般形式

输入装置将零件程序和其他各种控制信息输入数控装置,输入的内容及数控系统的工作状态可以通过输出装置观察。常用的 I/O 装置有:纸带阅读机,磁盘驱动器,手动数据输入键盘和控制面板,显示器等。

数控装置是数控系统的核心,数控装置有两种类型:一种是完全由硬件逻辑电路构成的专用硬件数控装置即 NC 装置;另一种是由计算机硬件和软件组成的计算机数控装置即 CNC 装置。NC 装置是数控技术发展早期普遍采用的数控装置,但是由于 NC 装置本身的缺点,特别是计算机技术的迅猛发展,现在 NC 装置已基本被 CNC 装置取代。本章主要介绍计算机数控系统,即 CNC 系统。

CNC 系统由硬件和软件共同完成数控任务,具有数控系统一般组成形式的各个部分,其基本组成如图 5.2 所示。现代数控装置不仅能通过信息载体方式,还可以通过其他方式获得零件程序,如通过键盘方式输入和编辑零件程序;通过通信方式输入其他计算机程序编辑器、自动编程器、CAD/CAM 系统或上位机所提供的零件程序。高档的数控装置本身已包含一套自动编程系统或 CAD/CAM 系统,只需采用键盘输入相应的信息,数控装置本身就能生成零件程序。

CNC 装置在软件作用下,可以实现 NC 装置所不能完成的功能,如图形显示,系统诊断,各种复杂的轨迹控制算法和补偿算法的实现,智能控制的实现,通信及联网功能等。

现代数控系统采用可编程控制器(programmable logic controller,PLC)取代了传统的机床电器逻辑控制装置(继电器逻辑控制线路)。用 PLC 控制程序实现数控机床的各种继电器控制逻辑。PLC 可位于数控装置之外,这称为独立型 PLC;也可以与数控装置合为一体,这称为内装型 PLC。

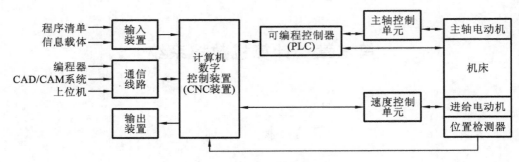

图 5.2　CNC 系统的组成

5.1.2　CNC 装置的工作过程

CNC 装置的工作过程是指在硬件的支持下,执行软件的过程,其工作原理是通过输入设备输入机床加工零件所需的各种数据信息,经过译码、计算机的处理、运算,将每个坐标轴的移动分量送到其相应的驱动电路,经过转换、放大,驱动伺服电动机带动坐标轴运动,同时进行实时位置反馈控制,使每个坐标轴都能精确移动到指令所要求的位置。CNC 装置的工作过程包括:输入、译码、刀具补偿、进给速度处理、插补、位置控制、I/O 接口控制、显示和诊断。

1.　输入

CNC 装置开始工作时,首先要通过输入设备完成被加工零件各种数据信息的输入。输入给 CNC 装置的各种信息包括零件程序、控制参数和补偿数据等。输入的方式有光电阅读机纸带输入、键盘输入、磁盘输入、通信接口输入和连接上级计算机的 DNC 接口输入。在输入过程中 CNC 装置还要完成输入代码校验和代码转换。输入的全部数据信息都存放在 CNC 装置的内部存储器中。

2.　译码

在输入过程完成之后,CNC 装置就要对输入的信息进行译码,即将零件程序以程序段为单位进行处理,把其中的零件轮廓信息、加工速度信息及其他辅助信息,按照一定的语法规则解释成计算机能识别的数据形式,并以一定的数据格式存放在指定的内存专用区内。在译码过程中还要完成对程序段的语法检查等工作。若发现语法错误便立即报警,并显示错误信息。

3.　刀具补偿

通常情况下,数控机床是以零件加工轮廓轨迹来编程的,但是 CNC 装置实际上控制的是刀具中心轨迹(刀架中心或刀具中心点)。刀具补偿的作用是把零件轮廓轨迹转换为刀具中心轨迹。刀具补偿是 CNC 装置在实时插补前要完成的一项插补准备工作。刀具补偿包括刀具半径补偿和刀具长度补偿。目前,在较先进的 CNC 装置中,刀具半径补偿的功能还包括程序段之间的自动转换,即所谓的 C 功能刀具补偿。

4.　进给速度处理

CNC 装置在实时插补前要完成的另一项插补准备工作是进给速度处理。因为编程指令给出的刀具移动速度是在各坐标合成方向上的速度,进给速度处理就是根据合成速度计算出各坐标方向上的分速度。此外,还要对机床允许的最低速度和最高速度的限制进行判别处理,以及用软件对进给速度进行自动加减速处理。

5.　插补

插补是指通过插补程序在一条已知曲线的起点和终点之间进行"数据点的密化"工作。

CNC 装置中有一个采样周期,即插补周期。一个插补周期形成一个微小的数据段,若干个插补周期后实现从曲线起点到终点的加工。插补程序在一个插补周期内运行一次,插补程序执行的时间直接决定了进给速度的大小。因此,插补计算的实时性很强,只有尽量缩短每一次插补运算的时间,才能提高最大进给速度和留有一定的空闲时间,以便更好地处理其他工作。

6. 位置控制

位置控制可以由软件完成,也可以由硬件完成。它的主要任务是在每个采样周期内,将插补计算出的指令位置与实际位置反馈相比较,获得差值去控制进给伺服电动机。在位置控制中,通常还要完成位置回路的增益调整、各坐标方向的螺距误差补偿和反向间隙补偿,以提高机床的定位精度。

7. I/O 接口控制

I/O 接口控制主要是处理 CNC 装置与机床之间强电信号的输入、输出和控制,例如换刀、换挡、冷却等。

8. 显示

CNC 装置显示的主要作用是便于操作者对机床进行各种操作,通常有零件程序显示、参数显示、刀具位置显示、机床状态显示、报警显示等。有些 CNC 装置中还有刀具加工轨迹的静态和动态图形显示。

9. 诊断

现代数控机床都具有联机和脱机诊断功能。联机诊断是指 CNC 装置中的自诊断程序随时检查不正常的事件;脱机诊断是指系统空运转条件下的诊断。一般 CNC 装置都配备脱机诊断程序,用于检查存储器、外围设备和 I/O 装置接口等。脱机诊断还可以采用远程通信方式诊断,把用户的 CNC 装置通过通信线与远程通信诊断中心的计算机相连,由诊断中心计算机对数控机床进行诊断、故障定位,指导修复。

5.2　CNC 系统的硬件结构及特点

CNC 系统的工作过程是在硬件的支持下,执行系统软件的过程,CNC 系统的控制功能在很大程度上取决于 CNC 装置的硬件结构。CNC 装置是整个数控系统的核心,其硬件结构按 CNC 装置硬件的构造方式,可以分为专用型结构和个人计算机型结构;按 CNC 装置中使用 CPU 的个数不同,可以分为单 CPU 结构和多 CPU 结构。

5.2.1　按硬件构造方式对 CNC 装置的硬件结构分类

按硬件构造方式,CNC 装置可分为专用型结构和个人计算机型结构。

专用型结构 CNC 装置的硬件由制造厂家专门设计和制造,布局合理,结构紧凑,专用性强,但硬件之间彼此不能交换和替代,没有通用性。如日本 FANUC 数控装置,德国 SIEMENS 数控装置,美国 A-B 数控装置,法国 NUM 数控装置及我国的一些生产厂家生产的数控装置都属于专用型结构。

个人计算机型结构的 CNC 装置是以工业 PC 机作为支撑平台,再由数控机床制造厂根据需要,插入自己的控制卡和数控软件,构成相应的 CNC 装置。

因为工业标准 PC 机采用与一般 PC 机同样的总线标准,所以个人计算机型结构的 CNC 装置综合了一般 PC 机和工业控制计算机的特点,具体反映在以下几个方面。

（1）与一般 PC 机完全兼容，且易于实现升级换代　近几年来，个人计算机的应用越来越广，其丰富的软件资源和大量的硬件资源给设计人员提供了一个极为友好的开发环境。又因为 PC 机的生产数以万计，其生产成本低，修理及更换都很方便，这就降低了 CNC 装置的成本。此外，与其他类型的工控机相比，工业标准 PC 机具有更强的通信功能，各类 PC 机均有网络适配器，可以构成各种局域网。

（2）抗干扰和抗恶劣环境的能力强　工业标准 PC 机采用无源总线底板和结构坚实的工业标准机箱，全部组件为插入式，带紧固装置，能经受较强的冲击、振动和电磁干扰；工业标准 PC 机的主板包括了普通微机的全部组件（CPU、高速缓冲器 cache、系统内存、系统 BIOS、RS-232C接口、打印机接口、键盘接口、磁盘驱动器接口、时钟和扩展总线等）和功能，并具有 Watchdog，采用表面封装技术，机箱内有正压的空气过滤系统，具有抗潮湿和抗腐蚀性气体的能力，它还采用大功率抗干扰的开关电源。

既然个人计算机型结构的 CNC 装置具有诸多优点，且能满足用户对其硬件通用性的要求，因此有不少数控厂家开发了这种 CNC 装置，如美国的 ANILAN 公司和 AI 公司。图 5.3 所示为某批量生产的以工业 PC 机为技术平台的数控系统结构框图。

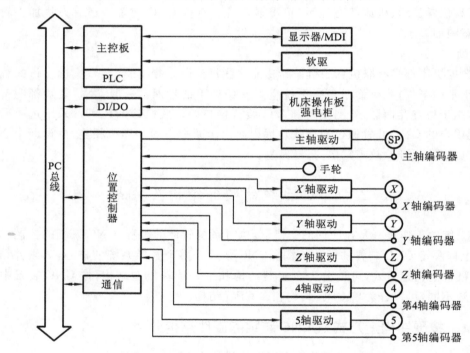

图 5.3　以工业 PC 为技术平台的数控系统结构框图

5.2.2　按使用的 CPU 对 CNC 装置的硬件结构分类

按 CNC 装置中使用的 CPU 个数，CNC 装置可分为单 CPU 结构和多 CPU 结构。

1. 单 CPU 结构

在单 CPU 结构的 CNC 装置中，只有一个 CPU，其他功能部件，诸如存储器（ROM，RAM）、各种接口（包括纸带阅读机等输入设备接口、开关量接口、MDI/CRT 接口等）、位置控制器等都需要通过总线与 CPU 相连。在这种结构的 CNC 装置中，所有的数控功能和管理功能,诸如零件程序的输入、数据预处理、插补计算、数据输入/输出、位置控制、人机交互处理和诊断等都由一个 CPU 来完成,因此 CNC 装置的功能受 CPU 的字长、数据宽度、寻址能力和运算速度等因素的影响和限制。为了增加单 CPU 结构 CNC 装置的功能,并提高系统处理速度,可采用下述措施。

（1）采用高性能的 CPU。

（2）采用协处理器增强运算功能,提高运算处理速度。

（3）采用大规模集成电路完成一些实时性要求高的任务,诸如插补计算和位置控制等。

（4）采用带 CPU 的显示控制器和 PLC 等智能部件。

2. 多 CPU 结构

若在一个 CNC 装置中有两个或两个以上 CPU,则称为多 CPU 数控装置。目前使用的多 CPU 数控装置有三种不同的结构。即主从式结构、总线式多主 CPU 结构和分布式结构。

图 5.4 所示为主/从式多 CPU 结构的 CNC 装置结构,这种数控装置中有一个 CPU 称为主 CPU,其他则为从 CPU。各 CPU 都是完整而独立的系统,只有主 CPU 能控制总线,并访问总线上的资源。主 CPU 通过该总线对从 CPU 进行控制、监控,并协调多个 CPU 的操作;从 CPU 只能被动地执行主 CPU 发来的命令,或完成一些特定的功能,不能与主 CPU 一起进行系统的决策和规划等工作,且一般不能访问系统总线上的资源。主、从 CPU 间的通信可以通过 I/O 接口进行应答,也可以采用双端 RAM 技术进行,即通信的双方都通过自己的总线读/写同一个存储器。

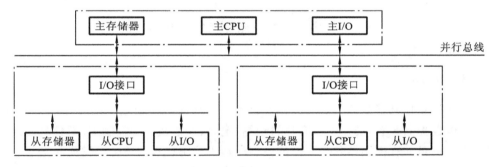

图 5.4　主/从式多 CPU 结构

图 5.5 所示为总线式多主 CPU 结构的 CNC 装置结构,这种数控装置中有一条并行主总线连接着多个 CPU,每个 CPU 可以直接访问所有系统资源,包括上述并行总线、总线上的系统存储器及 I/O 接口,同时还允许自由而独立地使用各自的所有资源,诸如局部储存器、局部 I/O 接口等。各 CPU 从逻辑上分不出主、次。为解决多个主 CPU 争用并行主总线的问题,在这样的系统中有一个总线仲裁器,它为各 CPU 分配了总线优先级,这样,在每一时刻均只有总线优先级较高的 CPU 可以使用并行主总线。

图 5.6 所示为分布式多 CPU 结构的 CNC 装置结构,这种数控装置中各 CPU 都是完整而独立的,即都有属于自己的存储器、输入/输出接口等系统部件,各 CPU 之间均通过一条外部的通信链路连接在一起,它们相互之间的联系及对共享资源的使用都要通过网络实现。

目前,由于计算机技术迅速发展,CPU 的性能价格比不断提高,因此 CNC 装置多采用多 CPU 结构。

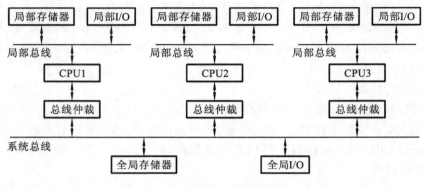

图 5.5   总线式多主 CPU 结构

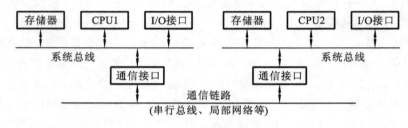

图 5.6   分布式多 CPU 结构

5.3   可编程控制器及数控机床接口

5.3.1   概述

可编程序逻辑控制器是 20 世纪 60 年代出现的一种新型自动化控制装置,最早是用于替代传统的继电器控制装置,功能上只有逻辑运算、定时、计数及顺序控制等,而且只能进行开关量控制。现代的可编程控制器是与先进的微型计算机控制技术相结合而发展起来的一种崭新的工业控制器,其控制功能已远远超出逻辑控制的范畴,正式命名为 Programmable Controller,但为了避免与个人计算机 Personal Computer 的简称相混淆,仍简称为 PLC。国际电工委员会(IEC)对 PLC 所作定义如下:可编程控制器是一种专为在工业环境下应用而设计的数字运算操作的电子系统,它采用可编程序的存储器,用来在其内部存储执行逻辑运算、顺序控制、定时、计数和算术运算等操作的指令,并通过数字式、模拟式的输入和输出,控制各种类型的机械设备和生产过程。可编程序控制器及其有关设备,都应按易于与工业控制系统连成一个整体,易于扩充其功能的原则设计。

1. PLC 的组成

图 5.7 所示为一个小型 PLC 内部结构示意图。它由中央处理器(CPU)、存储器、输入/输出单元、编程单元、编程器、电源和外部设备等组成,并且内部通过总线相连。

CPU 是系统的核心,通常可直接使用通用中央处理器来实现,它通过输入模块将现场信息输入,并按用户程序规定的逻辑进行处理,然后将结果输出去控制外部设备。

存储器主要用于存放系统程序、用户程序和工作数据。其中系统程序是指控制和完成 PLC 各种功能的程序,包括监控程序、模块化应用功能子程序、指令解释程序、故障自动诊断

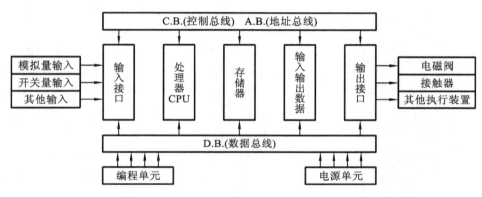

图 5.7　小型 PLC 结构示意图

程序和各种管理程序等,并且出厂时由制造厂家固化在 ROM 中。用户程序是指用户根据工程现场的生产过程和工艺要求而编写的应用程序,在修改、调试完成后可由用户固化在 EEPROM 中或存储在磁带、磁盘中。工作数据是 PLC 运行过程中需要经常读取,并且随时改变的一些中间数据,为了适应随机存取的要求,它们一般存放在 RAM 中。可见 PLC 所用存储器基本上由 ROM、EEPROM 和 RAM 组成,而存储器总容量随 PLC 类型或规模的不同而不同。

输入/输出模块是 PLC 内部与现场之间的桥梁,它一方面将现场信号转换成标准的逻辑电平信号,另一方面将 PLC 内部逻辑信号电平转换成外部执行元件要求的信号。根据信号特点,输入/输出模块又可分为直流开关量输入模块、直流开关量输出模块、交流开关量输入模块、交流开关量输出模块、继电器输出模块、模拟量输入模块和模拟量输出模块等。

编程器是用来开发、调试、运行应用程序的工具,一般由键盘、显示器、智能处理器、外部设备(如硬盘/软盘驱动器等)组成,通过通信接口与 PLC 相连。

电源单元的作用是将外部提供的交流电转换为可编程序控制器内部所需要的直流电源,有的还提供了 DC24V 输出。一般来讲,电源单元有三路输出:一路供给 CPU 模块使用,一路供给编程器接口使用,还有一路供给各种接口模板使用。PLC 对电源单元的要求是很高的,不但要求具有较好的电磁兼容性能,而且还要求工作电源稳定,并且有过电流、过电压保护功能。另外,电源单元一般还装有后备电池(如锂电池),用于掉电时能及时保护 RAM 区中重要的信息和标志。

2. PLC 的工作过程

PLC 在所述的硬件环境下,还必须要有相应的执行软件配合工作。PLC 基本软件包括系统软件和用户应用软件。系统软件一般包括操作系统、语言编译系统和各种功能软件等。其中操作系统管理 PLC 的各种资源,协调系统各部分之间、系统与用户之间的关系,为用户应用软件提供了一系列管理手段,以使用户应用程序能正确地进入系统和正常工作。用户应用软件是指用户根据电气控制线路图,采用梯形图、语句表等语言编写的程序。

PLC 内部一般采用循环扫描的工作方式。当用户将应用软件设计并调试完成后,用编程器写入 PLC 的用户程序存储器中,并将现场的输入信号和被控制的执行元件对应地连接在输入模板的输入端和输出模板的输出端上,然后通过 PLC 的控制开关使其处于运行工作方式,接着 PLC 就以循环顺序扫描的工作方式进行工作。在输入信号和用户程序的控制下,产生相应的输出信号,完成预定的控制任务。从图 5.8 所示的 PLC 的典型循环顺序扫描工作流程中

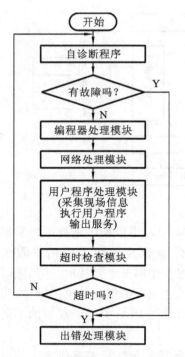

图 5.8　PLC 循环顺序扫描工作流程

可以看出,它在一个扫描周期中要完成如下六个模块的处理过程。

(1) 自诊断模块　在 PLC 的每个扫描周期内首先要执行自诊断程序,其中主要包括软件系统的校验、硬件 RAM 的测试、CPU 的测试、总线的动态测试等。如果发现异常现象,PLC 在作出相应保护处理后停止运行,并显示出错信息。否则将继续顺序执行下面的模块功能。

(2) 编程器处理模块　该模块主要完成与编程器进行信息交换的扫描过程。如果 PLC 控制开关已经拨向编程工作方式,则当 CPU 执行到这里时马上将总线控制权交给编程器。这时用户可以通过编程器进行在线监视,启动或停止 CPU,读出 CPU 状态,封锁或开放输入/输出,对逻辑变量和数字变量进行读/写等。当编程器完成处理工作或达到所规定的信息交换时间后,CPU 将重新获得总线的控制权。

(3) 网络处理模块　该模块主要完成与网络进行信息交换的扫描过程。只有 PLC 配备了网络功能才执行该扫描过程。网络功能主要用于 PLC 与 PLC,PLC 与磁带机,或 PLC 与计算机之间进行信息交换。

(4) 用户程序处理　在用户程序处理过程中,PLC 中的 CPU 采用查询方式,先通过输入模块采样现场的状态数据,并传送到输入映像区。当 PLC 按照梯形图(用户程序)先左后右、先上后下的顺序执行用户程序的过程中,根据需要可在输入映像区中提取有关现场信息,先输出映像区中提取历史信息,并在处理后可将其结果存入输出映像区,供下次处理时使用或以备输出。在用户程序执行完成后就进入输出服务刷新过程,CPU 将输出映像区中要输出的状态值按顺序传送到输出数据寄存器,然后再通过输出模板的转换后送去控制现场的有关执行元件。

(5) 超时检查模块　超时检查过程由 PLC 内部的看门狗定时器 WDT(watch dog timer) 来完成。若扫描周期时间没有超过 WDT 的设定时间,则继续执行下一个扫描周期;若超过了,则 CPU 将停止运行,复位输入/输出,并在报警后转入停机扫描过程。由于超时大多是硬件或软件故障而引起系统死机,或者是用户程序执行时间过长而造成,它的危害性很大,所以要加以监视。

(6) 出错处理模块　当自诊断出错或超时出错时,就报警并显示出错,做相应处理(例如将全部输出端口置为 OFF 状态,保留目前执行状态等),然后停止扫描过程。

3. PLC 的特点

PLC 具有如下特点。

(1) 可靠性高　由于 PLC 是针对恶劣的工业环境设计的,在其硬件和软件方面均采取了很多有效措施来提高可靠性。例如,在硬件方面采取了屏蔽、故障检测、信息保护与恢复等手段。另外,PLC 没有了中间继电器那样的接触不良、触点烧毛、触点磨损、线圈烧坏等故障现象,在工业现场环境中应用,具有很高的可靠性。

（2）编程简单，使用方便　由于 PLC 使用了梯形图语言编程，因此具有编程简单的优点，从事继电器控制工作的技术人员都能在很短的时间内学会使用 PLC。

（3）灵活性好　由于 PLC 是利用软件来处理各种逻辑关系，当在现场装配和调试过程中需要改变控制逻辑时就不必改变外部线路，只要改写程序重新固化即可。另外，产品也易于系列化、通用化，稍作修改就可应用于不同的控制对象。所以，PLC 除用于单台机床的控制外，在 FMC、FMS 中也被大量采用。

（4）直接驱动负载能力强　由于 PLC 输出模块中大多采用了大功率晶体管和控制继电器的形式进行输出，所以，具有较强的驱动能力，一般都能直接驱动执行电器的线圈，接通或断开强电线路。

（5）便于实现机电一体化　由于 PLC 结构紧凑，体积小，质量小，功耗低，效率高，所以，很容易将其装入控制柜，实现机电一体化。

（6）利用其通信网络功能可实现计算机网络控制。

5.3.2　数控装置中 PLC 的分类

PLC 在数控系统中是介于数控装置与机床之间的中间环节，根据输入的离散信息，在内部进行逻辑运算，并完成输入/输出控制功能。根据 PLC 与 CNC 装置的硬件关系，PLC 用在 CNC 系统中有内装型和独立型两种。

1. 内装型 PLC

内装型 PLC 的 CNC 系统结构如图 5.9 所示。它与独立型 PLC 相比具有如下特点。

（1）内装型 PLC 的性能指标由所从属的 CNC 装置的性能、规格来确定。它的硬件和软件部分被作为 CNC 系统的基本功能统一设计，具有结构紧凑、适配能力强等优点。

（2）内装型 PLC 有与 CNC 装置共用 CPU 和具有专用 CPU 两种类型。前者利用 CNC 装置的 CPU 来实现 PLC 的功能，I/O 点数较少；后者由于有独立的 CPU，多用于顺序程序复杂、动作速度要求快的场合。

（3）内装型 PLC 与 CNC 装置其他电路通常装在一个机箱内，共用一个电源和地线。

（4）内装型 PLC 的硬件电路可与 CNC 装置其他电路制作在同一块印刷线路板上，也可

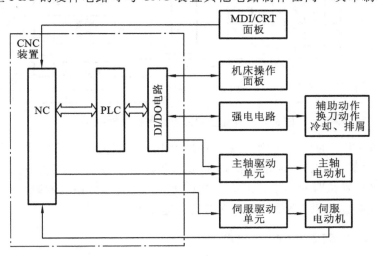

图 5.9　内装型 PLC 的 CNC 系统结构

以单独制成附加印刷电路板,供用户选择。

(5) 内装型 PLC 对外没有单独配置输入/输出电路,而是使用 CNC 装置本身的输入/输出电路。

(6) 采用 PLC,扩大了 CNC 装置内部直接处理的窗口通信功能,可以使用梯形图编辑和传送等高级控制功能,且造价低,提高了 CNC 装置的性能价格比。

内装型 PLC 与 RLC(继电器逻辑电路)相比,具有响应速度快、控制精度高、可靠性高、柔性好、易与计算机联网等高品质的功能。

2. 独立型 PLC

独立型 PLC 与数控机床的关系如图 5.10 所示。

独立型 PLC 具有如下特点。

(1) 根据数控机床对控制功能的要求可以灵活选购或自行开发通用型 PLC。一般来说,单机数控设备所需 PLC 的 I/O 点数多在 128 点以下,少数设备在 128 点以上,选用微型和小型 PLC 即可。而大型数控机床、FMC、FMS、FA、CIMS,则选用中型和大型 PLC。

(2) 要进行 PLC 与 CNC 装置的 I/O 连接,PLC 与机床侧的 I/O 连接。CNC 装置和 PLC 装置均有自己的 I/O 接口电路,需将对应的 I/O 信号的接口电路连接起来。通用型 PLC 一般采用模块化结构,装在插板式笼箱内。I/O 点数可通过 I/O 模块或插板的增减灵活配置,使得 PLC 与 CNC 装置的 I/O 信号的连接变得简单。

(3) 可以扩大 CNC 装置的控制功能。在闭环(或半闭环)数控机床中,采用 D/A 和 A/D 模块,由 CNC 装置控制的坐标运动称为插补坐标,而由 PLC 控制的坐标运动称为辅助坐标,从而扩大了 CNC 装置的控制功能。

(4) 在性能/价格比上不如内装型 PLC。

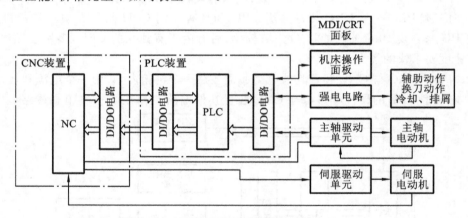

图 5.10　独立型 PLC 与数控机床的关系

总的来看,单 CPU 的 CNC 装置多采用内装型 PLC。因为独立型 PLC 具有较强的数据处理、通信和诊断功能,所以主要用在多 CPU 的 CNC 装置、FMC、FMS、FA、CIMS 中,成为 CNC 装置与上级计算机联网的重要设备。单 CPU 的 CNC 装置中的内装型和独立型 PLC 的作用是一样的,主要是协助 CNC 装置实现刀具轨迹和机床顺序控制。

5.3.3　数控机床中 PLC 的功能

PLC 处于 CNC 装置和机床之间,用 PLC 程序代替以往的继电器线路,以实现 M、S、T 功能的控制和译码。即按照预先规定的逻辑顺序对诸如主轴的启停、转向、转速,刀具的更换,工件的夹紧、松开,液压、气动、冷却、润滑系统的运行等进行控制。

1. M 功能的实现

M 功能也称辅助功能,其指令用字母 M 后跟随 2 位数字表示。根据 M 指令,可以控制主轴的正反转及停止,主轴齿轮箱的变速,冷却液的开关,卡盘的夹紧和松开,以及自动换刀装置的取刀和还刀等。

辅助功能的执行条件是不完全相同的。有的辅助功能在经过译码处理传送到工作寄存器后就立即起作用,故称之为段前辅助功能,如 M03、M04 等。有些辅助功能要等到它们所在程序段中的坐标轴运动完成之后才起作用,故称之为段后辅助功能,如 M05、M09 等。有些辅助功能只在本程序段内起作用,当后续程序段到来时失效,如 M06 等。还有一些辅助功能一旦被执行后便一直有效,直到被注销或取代为止,如 M10、M11 等。根据这些辅助功能动作类型的不同,在译码后的处理方法也有所差异。

例如,在零件程序被译码处理后,CNC 装置控制软件就将辅助功能的有关编码信息通过 PLC 输入接口传送到 PLC 相应寄存器中,然后供 PLC 的逻辑处理软件扫描采样,并输出处理结果,用来控制有关的执行元件。

2. S 功能的实现

S 功能主要完成主轴转速的控制,并且常用 S2 位指令形式和 S4 位指令形式来编程。所谓 S2 位指令形式是指 S 后跟随两位十进制数字来指定主轴转速,共有 100 级(S00~S99)分度,并且按等比级数递增,其公比为 1.12,即相邻分度的后一级速度比前一级速度增加约12%。这样根据主轴转速的上、下限和上述等比关系就可以获得一个 S2 位指令形式与主轴转速(BCD 码)的对应表格,它用于 S2 位指令的译码。图 5.11 所示为 S2 位指令在 PLC 中的处理框图,图中译 S 指令和数据转换实际上就是针对 S2 位指令查出主轴转速的大小,然后将其转换成二进制数,并经上、下限处理后,将得到的数字量进行 D/A 转换,输出一个 0~10 V 或 0~5 V 或-10~+10 V 的直流控制电压给主轴伺服系统或主轴变频器,从而保证了主轴按要求的速度旋转。

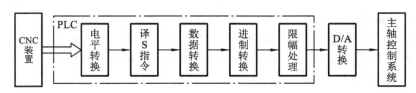

图 5.11　S2 位指令处理框图

所谓 S4 位指令形式是指 S 后跟随 4 位十进制数字来直接指定主轴转速,例如,S1500 就直接表示主轴转速为 1 500 r/min,可见 S4 位指令形式要简单一些,也就是它不需要图 5.11 中"译 S 指令"和"数据转换"两个环节。另外,图 5.11 中上、下限幅处理的目的实质上是为了保证主轴转速处于一个安全范围内,例如将其限制在 20~3 000 r/min 范围内,这样一旦给定转速超过上下边界时,则取相应边界作为输出即可。

有的数控装置为了提高主轴转速的稳定性,保证低速时的切削力,还增设了一级齿轮箱变速,并且可以通过辅助功能指令来进行换挡选择。例如,使用 M38 可将主轴转速变换成 20~600 r/min 范围,用 M39 代码可将主轴转速变换成 600~3 000 r/min 范围。

据此可以写出 S4 位指令的处理程序流程,如图 5.12 所示。

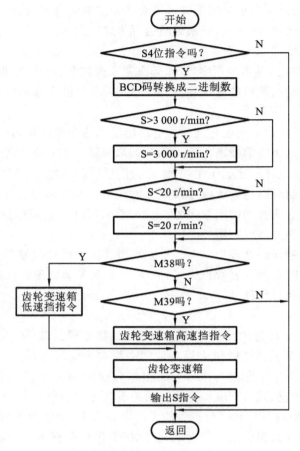

图 5.12　S4 位指令处理程序流程

　　在这里还要指出的是,D/A 转换接口电路既可安排在 PLC 装置内,也可安排在 CNC 装置内,既可以由 CNC 装置或 PLC 装置单独完成控制任务,也可以由两者配合完成。

3. T 功能的实现

　　T 功能即为刀具功能,T 指令后跟随 2～4 位数字表示要求的刀具号和刀具补偿号。数控机床根据 T 指令,通过 PLC 可以管理刀库,自动更换刀具,也就是说根据刀具和刀座的编号,可以简便、可靠地进行选刀和换刀控制。

　　根据取刀/还刀位置是否固定,可将换刀功能分为随机存取换刀控制和固定存取换刀控制两种。在随机存取换刀控制中,取刀和还刀与刀具座编号无关,还刀位置是随机的。在执行换刀的过程中,当取出所需的刀具后,刀库不需转动,而是在原地存入换下来的刀具。这时,取刀、换刀、存刀一次完成,缩短了换刀时间,提高了生产效率,但刀具控制和管理要复杂一些。在固定存取换刀控制中,被取刀具和被还刀具的位置都是固定的,也就是说换下的刀具必须放回预先安排好的固定位置。显然,后者增加了换刀时间,但其控制要简单些。

　　图 5.13 所示为采用固定存取换刀控制方式的 T 指令处理框图,另外,零件程序中有关 T 指令经译码处理后,由 CNC 装置控制软件将有关信息传送给 PLC,在 PLC 中进一步经过译码并在刀具数据表内检索,找到 T 指令指定刀号对应的刀具编号(即地址),然后与目前使用的刀号相比较。如果相同则说明 T 指令指定的刀具就是目前正在使用的刀具,当前不必再进行换刀操作,而返回原入口处。若不相同则要求进行更换刀具操作,即首先将主轴上的刀具归还

到它自己的固定刀座号上,然后回转刀库,直至新的刀具位置为止,最后取出所需刀具装在刀架上。至此完成了整个换刀过程。

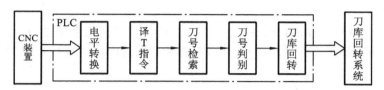

图 5.13　T 指令处理框图

根据图 5.13 可以写出 T 指令处理程序流程,如图 5.14 所示。

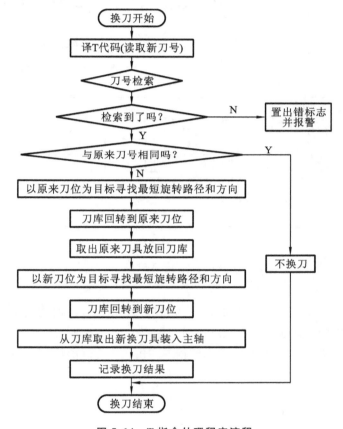

图 5.14　T 指令处理程序流程

5.3.4　数控机床接口

输入/输出接口是 CNC 系统与外界交换信息的必要手段,在 CNC 系统中占有重要的位置。不同的输入/输出设备与 CNC 系统相连接,采用与其相应的 I/O 接口电路和接口芯片。接口芯片一般分为专用接口芯片和通用接口芯片。前者专门用于特殊的输入/输出设备的接口,后者适用于多种设备接口。

CNC 系统和机床之间的来往信号不能直接连接,而要通过 I/O 接口电路连接起来,该接口电路的主要任务如下。

(1) 进行电平转换和功率放大　一般 CNC 系统的信号是 TTL 电平,而控制机床的电平则不一定是 TTL 电平,负载较大,因此要进行必要的信号电平转换和功率放大。

　　(2) 防止噪声引起误动作　要用光电耦合器或继电器将 CNC 系统和机床之间的信号在电气上加以隔离。

　　输入接口接收机床操作面板的各开关、按钮信号。因此有经触点输入的接收电路和以电压输入的接收电路,如图 5.15 所示。触点输入信号是从机床送入数控系统的信号,要消除其抖动。

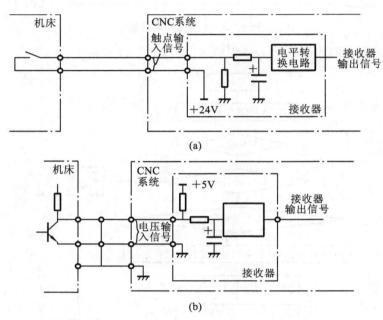

图 5.15　输入电路

(a)触点输入的接收电路　(b)电压输入的接收电路

　　输出接口将各种机床工作状态灯的信息送到机床操作面板,把控制机床动作的信号送到强电箱,因此有继电器输出电路和无触点输出电路,如图 5.16 所示。

　　继电器输出由 CNC 系统输出到机床的信号,用于点亮指示灯,驱动继电器等,常用干簧继电器,其规格如下。

　　触点额定电压　　　　　DC50V 以下

　　触点额定电流　　　　　DV500 mA 以下

　　触点容量　　　　　　　5VA 以下

　　抖动时间　　　　　　　1 ms 以下

　　如图 5.16(a)所示,因用触点直接点亮指示灯时,有冲击电流流过,可能会损坏触点,需设置保护电路。

　　CNC 系统的无触点输出采用光电耦合器输出,如图 5.16(b)所示。光电耦合器的规格如下。

　　触点额定电压　　　　　DC30V 以下

　　触点额定电流　　　　　DC40 mA 以下

　　漏电流　　　　　　　　100 μA 以下

　　饱和电压　　　　　　　2 V 以下

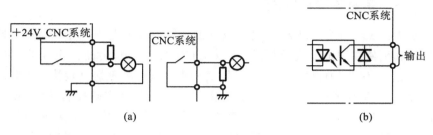

图 5.16　输出电路

(a)继电器输出电路　(b)无触点输出电路

5.4　CNC 装置的软件结构及特点

5.4.1　概述

CNC 装置的软件是指一系列完成各种各样功能的程序集合,通常称为系统软件。设计这些程序的目的是为了充分发挥和完善计算机的硬件功能,使软件和硬件结合,形成一个具有规定功能的控制系统,完成数控机床的各项功能。一个典型 CNC 装置的软件主要包括以下 8 个大的组成部分。

(1) 系统总控程序。

(2) 零件程序的输入和输出管理程序。

(3) 零件程序的编辑程序。

(4) 机床手动调整的控制程序。

(5) 零件程序的解释和执行程序。

(6) 插补运算程序。

(7) 伺服控制程序。

(8) 系统自检程序。

如图 5.17 所示,CNC 装置的系统程序可以分成管理程序和控制程序两大部分。管理程序包括:输入/输出、显示、诊断等;控制程序包括:译码、刀具补偿、速度控制、插补运算和位置控制等。

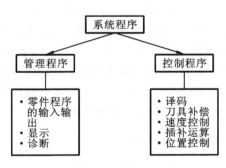

图 5.17　CNC 装置软件分类

5.4.2 CNC 装置软硬件界面

CNC 装置是由软件和硬件组成,硬件为软件的运行提供了支持环境。同一般计算机系统一样,由于软件和硬件在逻辑上是等价的,所以在 CNC 装置中,由硬件完成的工作原则上也可以由软件来完成。但是硬件和软件各有不同的特点。硬件处理速度较快,专用性强,但造价较高;软件设计灵活,适应性强,但处理速度较慢。CNC 装置是实时控制系统,实时性要求最高的任务就是插补和位控,即在一个采样周期中必须完成控制策略的计算,而且还要留出一定的时间去做其他的事。CNC 装置的插补既可由硬件来实现也可由软件来实现,到底采用软件实现还是硬件实现由多种因素决定,这些因素主要是专用计算机的运算速度,所要求的控制精度,插补算法的运算时间,以及性能价格比等。因此,现代 CNC 装置中,软件和硬件界面关系是不固定的。图 5.18 所示的是 CNC 装置三种典型的软硬件界面。

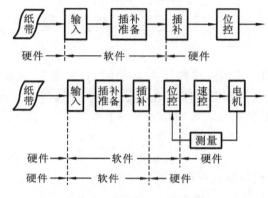

图 5.18 CNC 装置三种典型的软硬件界面

5.4.3 CNC 装置的信息流

数控加工控制可以有两种类型:一种是对坐标轴运动进行的数字控制,例如,对数控车床的 X 轴和 Z 轴,数控铣床的 X 轴、Y 轴和 Z 轴的移动距离、速度等进行的控制,这些均为实时高速信息,它是由 CNC 装置控制伺服电动机的运动来实现的;另一种是顺序控制,指在数控机床运行过程中,以 CNC 装置内部和机床的各行程开关、传感器、按钮、继电器等的开关量信号状态为条件,按照预定的逻辑顺序对刀具更换,主轴启停与变速,零件加紧与装卸、切削液控制等 M、S、T 功能信息和控制面板信号进行的控制和处理,这些开关量信号为低速离散信息。表示坐标控制的高速信息和表示开关量的低速离散信息构成了 CNC 装置的信息流,如图5.19所示。机床的 M、S、T 逻辑控制信息在 CNC 装置中经译码处理后,在机床逻辑控制软件的控制下,通过一些顺序执行电器送往机床的强电部分,去执行机床的强电功能。零件加工程序的坐标控制信息经译码后,通过轨迹计算和速度计算传送给插补工作寄存器,由插补产生的运动指令提供给伺服电动机,去控制机床坐标轴的运动。

5.4.4 CNC 装置的软件结构特点

CNC 装置是一个专用的实时多任务计算机系统,它的控制软件采用了当今计算机软件设计的许多先进思想和技术,其中最突出的是多任务并行处理和多重实时中断处理。下面分别加以介绍。

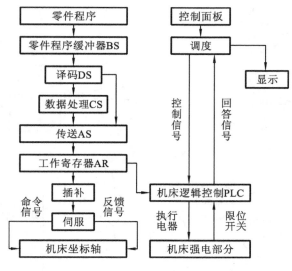

图 5.19　CNC 装置的信息流

1. 多任务并行处理

CNC 装置通常作为一个独立的过程控制单元,用于控制各种对象,它的系统软件必须完成管理和控制两大任务。系统的管理部分包括输入、I/O 处理、显示和诊断。系统的控制部分包括译码、刀具补偿、速度处理、插补和位置控制。在许多情况下管理和控制的某些任务必须同时进行,如管理软件的显示模块必须与控制软件同时运行;而当控制软件运行时,其本身的一些处理模块也必须同时进行,如为保证加工的连续性,即刀具在各程序段间不停刀,则译码、刀具补偿和速度处理模块必须同时进行,而插补又必须与位置控制同时进行。图 5.20 所示为 CNC 装置的任务分解图和任务并行处理关系图,图中双箭头表示两个模块之间有并行处理关系。

所谓并行处理是指计算机在同一时刻或同一时间间隔内完成两种或两种以上性质相同或不相同的工作。并行处理最显著的优点是提高了运算速度。拿 n 位串行运算和 n 位并行运算来比较,在元件处理速度情况下,后者运算速度几乎为前者的 n 倍。但是并行处理不只是设备的简单重复,它还有更多的含义,如时间重叠和资源共享技术也是并行处理技术。时间重叠是根据流水线处理技术,使多个处理过程在时间上相互错开,轮流使用设备的几个部分。而资源共享则是根据"分时共享"的原则,使多个用户按时间顺序使用同一套设备。目前在 CNC 装置的硬件设计中,已广泛使用资源重复的并行处理方法,如采用多 CPU 的系统体系结构来提高系统的速度。而在 CNC 装置的软件设计中,则主要采用资源分时共享和资源重叠的流水线处理技术。下面着重介绍资源分时共享和资源重叠的流水线处理这两种并行处理技术。

资源分时共享主要解决单 CPU 的 CNC 装置中多任务同时运行的问题。具体方法是,首先确定各任务何时占用 CPU 和占用时间的长短。在具体执行时,对各任务使用 CPU 采用循环轮流和中断优先相结合的原则来处理。图 5.20(c)所示的是一个典型的 CNC 装置各任务分时共享 CPU 的时间分配图。CNC 装置在完成初始化后自动进入时间分配环中,在环中依次轮流处理任务。而对于系统中一些实时性很强的任务则按优先级排队,分别放在不同中断优先级上,环外的任务可以随时中断环内各任务的执行。

资源重叠的流水线处理技术是指在一段时间间隔内不是处理一个子过程,而是处理两个

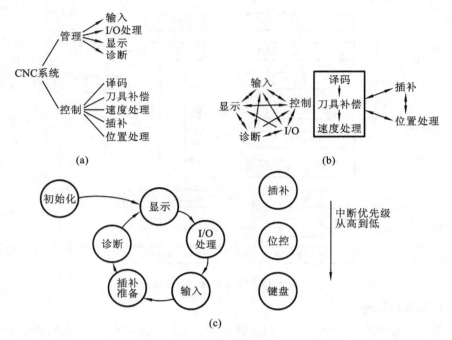

图 5.20 CNC 装置的多任务并行处理图
(a)任务分解图 (b)任务并行处理图 (c)CPU 分时共享图

或更多的子过程。如当 CNC 装置处在 NC 工作方式中,其数据的转换过程将由零件程序输入、插补准备(包括译码、刀具补偿和速度处理)、插补、位置控制 4 个子过程组成。如果每个子过程的处理时间分别为 Δt_1、Δt_2、Δt_3、Δt_4,那么一个零件程序段的数据转换时间为

$$t = \Delta t_1 + \Delta t_2 + \Delta t_3 + \Delta t_4$$

如果以顺序方式处理每个零件程序段,即第一个零件程序段处理完成以后再处理第二个程序段,依次类推,这种顺序处理时的时间空间关系如图 5.21(a)所示。从图上可以看,如果等到对第一个程序段处理完后才开始对第二个程序段进行处理,那么在两个程序段的输出之间将有一个时间长度为 t 的间隔。同样在第二个程序段和第三个程序段的输出之间也会有时间间隔,以此类推。这种时间间隔反映在电动机上就是电动机时转时停,反映在刀具上就是刀具时走时停。不管这种时间间隔多么小,这种时走时停在加工时是不允许的。消除这种时间间隔的方法是用流水处理技术,其时间空间关系如图 5.21(b)所示,从图上可以看出,经过流水处理后从时间 Δt_4 开始,每个程序段的输出之间不再有间隔,从而保证了电动机转动和刀具移动的连续性。流水处理要求每个处理子过程的运算时间相等。而实际上每个子程序所需时间都是不相同的,解决的办法是取最长的子程序处理时间为流水处理间隔。这样当处理时间较短的子过程时,处理完成之后就进入等待状态。在单 CPU 的 CNC 装置中,流水处理的时间重叠只有宏观的意义,即在一段时间内,CPU 处理多个子程序,但从微观上看,各子过程还是分时占用 CPU 时间。

2. 实时中断处理

CNC 装置控制软件的另一个重要特征是实时中断处理。CNC 装置的多任务性和实时性决定了系统中断成为整个系统必不可少的重要组成部分。CNC 装置的中断管理主要靠硬件完成,而 CNC 装置的中断结构决定了 CNC 装置软件的结构。中断类型有外部中断、内部定

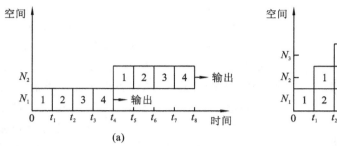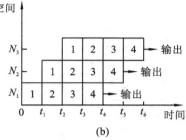

图 5.21 资源重叠流水处理

(a)顺序处理　(b)流水处理

时中断、硬件故障中断及程序性中断等。外部中断主要有纸带光电阅读机读孔中断、外部监控中断和键盘操作面板输入中断等;内部定时中断主要有插补周期定时中断和位置采样中断;硬件故障中断是指各种硬件故障检测装置发出的中断,如存储器出错、定时器出错、插补运算超时等;程序性中断是程序中出现的各种异常情况的报警中断,如各种溢出、清零等。

5.5　输入数据处理

5.5.1　零件程序的输入

在启动数控机床加工之前,应将编写好的零件程序输入给 CNC 装置。零件程序输入的途径主要有:键盘方式输入、存储器方式输入、通信方式输入等。

1. 键盘方式输入

通过键盘输入程序,这是一种常用的输入方式。在现代数控机床上,一般都配有键盘,供数控机床操作者输入零件程序(一般为部分或简单的零件程序)和控制信息(如控制参数、补偿数据)。这种输入方式称为手动数据输入(MDI)方式。

键盘是 CNC 装置常用的人机对话输入设备,它是由一组排列成矩阵式的按键开关组成。根据键盘编码方式的不同,键盘分为全编码键盘和非编码键盘两大类。所谓全编码键盘是指由硬件逻辑直接提供按键相应的 ASCII 码或其他编码的键盘。这种键盘使用方便,但硬件规模会随着按键数的增加而增加,键盘的制造成本也随之增加。因此,CNC 装置很少采用这种键盘。所谓非编码键盘是指只提供行列矩阵位置,至于识别被按键并产生相对应的编码、消除抖动、防止串键错误等服务工作由软件或专用芯片来完成的键盘。这种键盘硬件费用较低,可用程序实现键盘的某些操作,灵活性大,因此在 CNC 装置应用比较广泛。

关于键盘的硬件接口电路,在很多文献中有详细的介绍,这里仅简单介绍 CNC 装置键盘的输入处理过程。

1)键盘输入过程

数控机床处在不同的工作方式下,要求键盘有不同的输入功能。为了便于操作人员检查与修改输入的程序与参数,一般要求显示器同步显示键盘输入的内容。在编辑方式下,键盘可以输入加工程序,即输入相应的字符,并对其进行编辑和存储。在运行方式下,键盘可以输入各种有关命令,对机床及外围设备进行控制,修改刀具参数以及工艺参数,使数控机床的加工更符合实际需要。

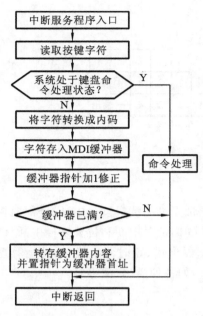

图 5.22 键盘中断服务程序流程框图

2）键盘的输入处理

键盘输入的各种信息是通过中断方式来实现的。每按一次键,不论它是 MDI 键盘的键还是操作面板的键,中断系统都会向 CNC 装置中的 CPU 发出中断请求。当 CPU 响应中断后,由中断服务程序读入键盘输入的内容,其处理过程如图 5.22 所示。如果键盘输入的是加工程序,中断服务程序将输入的字符转换成内码并存入 MDI 缓冲器;若键盘输入的是命令,则转入相应的键盘命令处理程序。

键盘命令处理程序的功能主要是根据输入命令的不同转入不同的处理程序。输入命令的格式,对于具体的 CNC 装置而言是事先约定好的。一般每一个键盘命令都含有一个命令结束符,当检测到 MDI 缓冲器的字符为结束符时,则表明一条完整的键盘命令已经装入缓冲器,此时可以转入该命令的处理程序。在键盘处理命令中,有一个重要的的功能就是零件程序的键盘编辑处理功能,它包括零件程序的插入、删除、替换、修改等操作。一般这些操作是在显示器的配合下进行的。在执行编辑程序后,输入需检索的程序段号,编辑程序在光标移动的配合下,迅速检索该程序段并将其显示出来,等待编辑命令的输入,以便进行下一步的处理。

2. 存储器方式输入

CNC 装置也可以通过存储器来获取零件程序,这种方式称为存储器方式输入。零件程序可存放在外部存储器中,例如软磁盘或硬磁盘等磁性载体,称为外存储器方式。也可存放在内部存储器中,即 CNC 装置内部的存储器,称为内存储器方式。

在内存储器方式中,零件程序缓冲器和零件程序存储器在本质上都是 CNC 装置内部存储器的一部分,一般采用读/写存储器(RAM),只是这两者的规模和作用有些不同,为了便于分析问题,按它们各自的作用分别命名而已。

零件程序存储器用于存放整个零件程序。一般这种存储器的容量较大,有时还设计一个专用的存储器板供系统配置时选用。为了便于管理该存储器中各个零件程序,在这个存储器中还建立了程序目录区,同时在目录区中按约定格式存放每一个零件程序的有关信息,主要有对应的程序名称、该程序在存储区中存放的首末地址等,如图 5.23 所示。

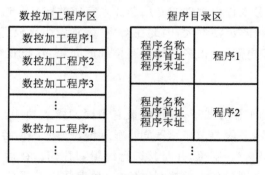

图 5.23 零件程序存储器

在调用某个零件程序时,根据调用命令指定的程序名称查阅目录。若指定的程序名不在目录表中,则认为调用出错,否则将该程序的首末地址取出并存放到指定的单元,然后逐段取出并执行被调用的程序,直至取完为止。

零件程序缓冲器的存储量较小,一般只存放一个或几个程序段。但它是零件程序输入输出通道上极其重要组成部分。在加工时,数控加工缓冲器中的程序段直接与后续的译码程序相联系。当缓冲器每次只能容纳一个程序段时,缓冲器的管理操作很简单。但当缓冲器能存放多个程序段时,就应对缓冲器配置相应的管理程序,并按先入先出的顺序原则管理缓冲器。

3. 通信方式输入法

现代 CNC 装置一般都配置了标准通信接口,使得数控机床能够方便地与编程机或微型计算机相连,进行点对点的通信,从而实现零件程序、工艺参数的传送。随着工厂自动化(FA)和计算机集成制造系统(CIMS)的发展,CNC 装置作为分布式数控系统(DNC)及柔性制造系统(FMS)的基础组成部分,应该具有与 DNC 计算机或上位主计算机以及网络直接通信的功能。

通信是指计算机与计算机或计算机与外部设备之间的信息交换。按信息交换方式的不同,通信方式可分为并行通信和串行通信。并行通信是指数据各位同时传送的通信方式,串行通信则是指数据各位按序一位一位地传送的方式,由此可见,并行通信效率高,但每个数据位必须占用一条传输线,当数据位数较多时,会大大增加传输成本。串行通信效率较并行通信低,但数据传送仅需一至两条传输线,传输成本较低。

随着微型计算机的发展和应用,总线结构在 CNC 装置中占有重要的地位。所谓总线是指各种信号线的集合,它是系统内各插件之间或系统与系统之间的标准信息通道。在 CNC 装置中,通过总线可以实现与上位计算机或其他外部设备之间的通信。

有些 CNC 装置不仅有串行通信接口,而且还配置了网络接口或数据高速通道等接口,使得 CNC 装置与外部的信息交换渠道更畅通。

如 FANUC 15 系列的 CNC 装置,不仅配置有 RS-422 接口,而且还可配置 MAP3.0 接口,用于接入 MAP 工业局域网络。SINUMERIK 850/880 系列的 CNC 装置,除了配置有 RS-232C 接口以外,还配置了 Sinec H2 和 Sinec H2 网络接口。Sinec H1 网络类似于 ETHERNET(以太网),遵循 IEE802.3 协议,而 Sinec H2 网络则遵循 MAP3.0 协议(与 IEE802.4 相符合)。A-B 公司的 8600 系列 CNC 装置配置有小型 DNC 接口、远距离输入/输出接口以及相当于工业局域网络通信接口的数据高速通道。

综上所述,从广义上讲,零件程序的输入都是针对缓冲器而言的,它可能是零件程序缓冲器,也可能是 MDI 缓冲器。因此,可以将零件程序的输入过程汇总成图,如图 5.24 所示。

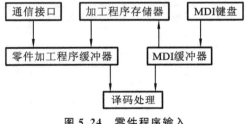

图 5.24　零件程序输入

4. 零件程序的存储

零件程序在输入后可以采取直接存储,即按输入代码的先后次序直接存放,也可以将输入的代码按先后次序转换成内码后存放。当采用直接存储方式时,键盘的中断服务程序占时少,但译码速度受到限制,特别是 ISO 代码和 EIA 代码并用的数控机床更是如此。转换成内码后存储,可使译码速度加快。

由于 ISO 代码和 EIA 代码均有水平校验,因此,补偶或补奇后 ISO 代码、EIA 代码具有排列规律不明显的特点。为了便于后续的译码处理,将 ISO 代码和 EIA 代码转变成具有一定规律的数控内部代码(简称内码),使得 ISO 代码、EIA 代码与内码有对应的关系。内码是指按属性加编码构成的内部代码。属性是指代码的分类。ISO 与 EIA 代码大致可分为数字码、字母码、功能码三大类。常用的 ISO 与 EIA 代码在内码中属性标识用 0、1、2 等来标注,如表 5.1 所示。编码是指该属性代码的排序码,对于数字而言,按大小顺序排序,对于字母码和功能码,则按零件程序段中各个地址符出现的先后顺序排列。

表 5.1　常用数控加工代码及对应内码

字符	EIA 码	ISO 码	内码	字符	EIA 码	ISO 码	内码
0	20H	30H	00H	X	37H	D8H	12H
1	01H	B1H	01H	Y	38H	59H	13H
2	02H	B2H	02H	Z	29H	5AH	14H
3	13H	33H	03H	I	79H	C9H	15H
4	04H	B4H	04H	J	51H	CAH	16H
5	15H	35H	05H	K	52H	4BH	17H
6	16H	36H	06H	F	76H	C6H	18H
7	07H	B7H	07H	M	54H	4DH	19H
8	08H	B8H	08H	LF/CR	80H	0AH	20H
9	19H	39H	09H	—	40H	2DH	21H
N	45H	4EH	10H	EOR①	0BH	A5H	22H
G	67H	47H	11H	DEL	7FH	FFH	FFH

①在 EIA 代码中,EOR 的字符为 ER;在 ISO 代码中,EOR 的字符为%。

现以实例来说明零件程序的存储。

例 5.1　采用 ISO 代码编写的程序段为

　　　　　N05　G90　G01　X203　Y−17　F46　M03　LF

已知该程序段在零件程序存储器中存放的首地址为 2000H,那么,该程序段在存储器中的内码存储如表 5.2 所示。

表 5.2　零件程序存储区中内部信息

地址	内码	地址	内码	地址	内码
2000H	10H	2008H	01H	2010H	07H
2001H	00H	2009H	12H	2011H	18H
2002H	05H	200AH	02H	2012H	04H
2003H	11H	200BH	00H	2013H	06H
2004H	09H	200CH	03H	2014H	19H
2005H	00H	200DH	13H	2015H	00H
2006H	11H	200EH	21H	2016H	03H
2007H	00H	200FH	01H	2017H	20H

由于内码的使用,使得 ISO 代码、EIA 代码在译码前具有统一的格式,并将各种属性的代码加以区分,从而可加快译码的速度。

5.5.2 零件程序的数据处理

零件程序输入到程序缓冲器,立即进入数据预处理环节,为后续的插补运算做好准备工作。这些工作主要有:零件程序的译码与诊断、运动轨迹的刀具补偿计算以及速度处理等。这里主要介绍一下译码与诊断。

1. 零件程序的译码

译码是指将输入的零件程序翻译成 CNC 装置能识别的代码形式,也就是将零件程序缓冲器中的数据逐个读出,先识别其属性,然后作相应的处理。即判断其是字母码(通常为地址符)、功能码,还是数字码。若是字母码,则将其后续的数字码送到相应的译码结果缓冲器单元中。若是功能键码,则应进一步判断其功能后再处理。可见,译码过程主要包括代码识别和功能码翻译两大部分。

1)代码识别

代码识别是通过软件将零件程序缓冲器中的内码读出,并判断该数据的属性。如果是数字码,则立即设置相应的标志并转存;如果是字母码,则进一步判断该码的具体功能,然后设置代码标志并转入相应的处理。在判断字母码功能时一般按查寻方式进行,即以串行的方式比较各个字符,因此处理速度较慢。由于译码的实时性要求不高,可以安排在软件的后台程序中完成,利用其空闲时间进行译码,一般来讲仍是能满足要求的。

当然,在保证上述代码识别功能的前提下,也可采取一些有效措施来提高识别速度,如可以先根据平时的经验将表 5.1 中字符出现频率大致排个序,在译码比较时可按出现频率高低的顺序进行。另外,还可将文字码与数字码分开处理,由于只有数字码对应内码的二进制高四位为"0000",并且数字码内码在数值上就等于该数字的二/十进制(BCD 码)大小。从这里也可以看出,在零件程序输入过程中进行内码转换的用意来。

有关零件程序译码处理过程中代码识别的部分流程如图 5.25 所示。显然,对应软件实现是很简单的,例如使用 C 语言编写只要采用 switch 语句就能很容易完成识别过程。再如使用汇编语言实现,只要通过"比较判断与转移"等语句即可完成。

2)功能码翻译

经过上述代码识别确立了各功能代码的特征标志,随后的工作就是对各功能码进行相应的处理。首先,建立一个与零件程序缓冲器相对应的译码结果缓冲器;其次,考虑缓冲器的规模;第三,约定存储格式。不同的 CNC 装置译码结果缓冲器的规模和存储格式是不一样的,但对某一个具体的 CNC 装置而言,译码结果缓冲器的规模和存储格式是固定不变的。最简单的办法是在 CNC 装置的存储器中划出一块存储区,供零件程序中可能出现的各个功能代码设置存储单元,存放对应的特征字或数值,后续的处理软件根据需要到对应的存储单元取出零件程序信息并予以执行。由于 ISO 标准、EIA 标准所规定的字符和代码都很丰富,因此,针对每个字符或代码都设置存储区,将会形成一个庞大的表格。这显然不切合实际,不仅浪费了内存,而且还会影响译码速度。适当控制译码结果缓冲器的规模,对于提高译码速度是非常必要的。

由数控指令有关标准 JB/T 3208—1999 可知,准备功能指令 G 和辅助功能指令 M 是两种数量较大的指令簇。其中有些指令的功能属性相同或相近,它们不可能出现在同一程序段中,也就是说这些指令具有互斥性。那么,依据这一点,可将 G 指令、M 指令按功能属性分组,

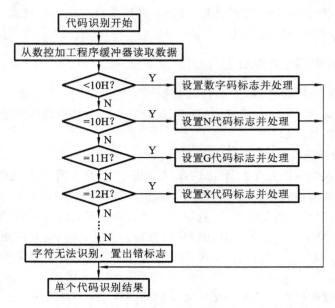

图 5.25　代码识别软件流程

每一组指令只需要设置一个独立的内存单元即可,并以特征字来区分本组中的不同指令。对于那些尚未定义功能的指令,不必为它设置内存单元,这样就可以大大压缩译码结果存储器的存储规模,使其短小精悍,从而保证了译码的速度和效率。在这里,可将常用的 G 指令、M 指令按功能属性分组,其中 G 指令分六组,M 指令分为四组,如表 5.3 和表 5.4 所示。

表 5.3　常用 G 指令的分组

组别	G 指令	功　能	组别	G 指令	功　能
Ga	G00	点定位(快速进给)	Gc	G17	XY 平面选择
	G01	直线插补(切削进给)		G18	ZX 平面选择
	G02	顺圆插补		G19	YZ 平面选择
	G03	逆圆插补	Gd	G40	注销刀具补偿
	G06	抛物线插补		G41	左刀具半径补偿(刀具在工作左侧)
	G33	等螺距螺纹切削		G42	右刀具半径补偿(刀具在工作右侧)
	G34	增螺距螺纹切削	Ge	G80	注销固定循环
	G35	减螺距螺纹切削		G81~G89	固定循环
Gb	G04	暂停	Gf	G90	绝对尺寸编程
				G91	增量尺寸编程

表 5.4　常用 M 指令的分组

组别	M 指令	功　能	组别	M 指令	功　能
Ma	M00	程序停止(主轴、冷却液停)	Mb	M05	主轴停止旋转
	M01	计划停止(需按钮操作确认才执行)	Mc	M06	换刀
	M02	程序结束			

组别	M 指令	功　　能	组别	M 指令	功　　能
Mb	M03	主轴顺时针方向旋转	Md	M10	夹紧
	M04	主轴逆时针方向旋转		M11	松开

其他功能指令,例如主轴功能指令 S,进给功能代码 F、刀具功能代码 T 等,它们在一个程序段中只可能出现一次。因此,它们在内存中的地址可以指定。事实上,CNC 装置可以约定在一个零件程序段中,最多允许出现三个不同的 M 指令,用 Mx、My、Mz 表示,因此只设置三个内存单元来放同一程序段中的 M 指令即可。表 5.5 所示的就是一种典型的译码结果缓冲器的格式,其中,N 代码和 T 代码设计为一个字节,并约定使用压缩 BCD 码,故取值范围为 00~99。而所有的坐标值都采用两字节带符号的二进制数表示。因此,坐标值的取值范围为 -32768~+32767。对于 S 功能和 F 功能,则用两字节无符号的二进制数表示,其取值范围为:0~65535。一般 G 指令和 M 指令中数值范围为:00~99,所以,对 G 指令、M 指令的处理相对简单一些,只要在约定的译码结果缓冲器单元中存放相应的数值即可。如设在某个零件程序段中有一个 G90 指令,那么首先要确定 G90 属于 Gf 组,然后为了区别出是 Gf 组内的哪一条指令时,可在 Gf 对应的单元中送入一个"90H"作为特征字,代表已编入了 G90 指令。当然,这个特征字并非固定的,只要保证不会相互混淆,且能表明某条指令的有无即可。为了方便起见,可直接将 G 指令或 M 指令后面的数字作为特征码放入对应的内存单元中。但对于 G00 和 M00 的特殊情况,可以自行约定一个标志来表示,以防与初始化清零结果相混淆。

表 5.5　译码结果缓冲器存储格式

序号	地址码	字节数	数据形式	序号	地址码	字节数	数据形式
1	N	1	BCD 码	11	Mx	1	特征码
2	X	2	二进制	12	My	1	特征码
3	Y	2	二进制	13	Mz	1	特征码
4	Z	2	二进制	14	Ga	1	特征码
5	I	2	二进制	15	Gb	1	特征码
6	J	2	二进制	16	Gc	1	特征码
7	K	2	二进制	17	Gd	1	特征码
8	F	2	二进制	18	Ge	1	特征码
9	S	2	二进制	19	Gf	1	特征码
10	T	1	BCD 码				

下面以例 5.1 所示零件程序段为例说明译码的工作过程。首先从零件程序缓冲器中读入一个字符,判断是否是该程序段的第一个字符 N,如是,则设立标志。接着去取其后紧跟的数字,应该是两位的 BCD 码,并将它们进行合并,在检查没有错误的情况下将其存入译码结果缓冲器中 N 代码对应的内存单元。再取下一个字符(G 代码),同样先设立相应标志,按着分两次取出 G 指令后面的两位数码(90),判别出是属于 Gf 组,则在译码结果缓冲器 Gf 对应的内存单元置入"90H"即可。继续再读入下一字符仍是 G 指令,并根据其后的数字(01)判断出应

属于 Ga 组,这样只要在 Ga 对应的内存单元中置入"01H"即可。接着读入的代码是 X 代码和 Y 代码及其后紧跟的坐标值,这时需将这些坐标值内码进行拼接,并转换成二进制数,同时检查无误后将其存入 X 或 Y 对应的内存单元中。如此重复进行,一直读到结束字符 LF 后,才进行有关的结束处理,并返回主程序。这样经过上述译码程序处理后,一个完整零件程序段中的所有功能代码连同它们后面的数字码,都被依次对应地存入到相应的译码结果缓冲器中,从而得到如图 5.26 所示的译码结果。这里假设零件程序段内码的首地址为 2000H,译码结果缓冲器的首地址为 4000H。

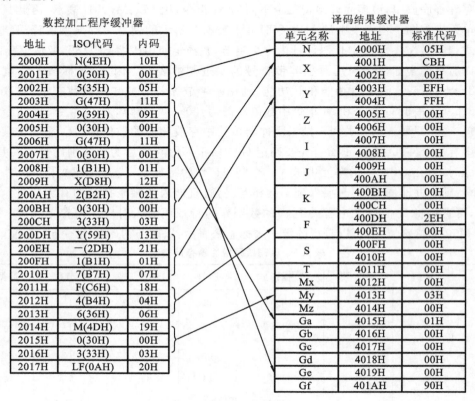

数控加工程序缓冲器

地址	ISO代码	内码
2000H	N(4EH)	10H
2001H	0(30H)	00H
2002H	5(35H)	05H
2003H	G(47H)	11H
2004H	9(39H)	09H
2005H	0(30H)	00H
2006H	G(47H)	11H
2007H	0(30H)	00H
2008H	1(B1H)	01H
2009H	X(D8H)	12H
200AH	2(B2H)	02H
200BH	0(30H)	00H
200CH	3(33H)	03H
200DH	Y(59H)	13H
200EH	−(2DH)	21H
200FH	1(B1H)	01H
2010H	7(B7H)	07H
2011H	F(C6H)	18H
2012H	4(B4H)	04H
2013H	6(36H)	06H
2014H	M(4DH)	19H
2015H	0(30H)	00H
2016H	3(33H)	03H
2017H	LF(0AH)	20H

译码结果缓冲器

单元名称	地址	标准代码
N	4000H	05H
X	4001H	CBH
	4002H	00H
Y	4003H	EFH
	4004H	FFH
Z	4005H	00H
	4006H	00H
I	4007H	00H
	4008H	00H
J	4009H	00H
	400AH	00H
K	400BH	00H
	400CH	00H
F	400DH	2EH
	400EH	00H
S	400FH	00H
	4010H	00H
T	4011H	00H
Mx	4012H	00H
My	4013H	03H
Mz	4014H	00H
Ga	4015H	01H
Gb	4016H	00H
Gc	4017H	00H
Gd	4018H	00H
Ge	4019H	00H
Gf	401AH	90H

图 5.26　零件程序译码过程示意图

2. 零件程序的诊断

零件程序的诊断是指 CNC 装置在程序输入或译码过程中,对不规范的指令格式进行检查、监控及处理的服务操作,其目的在于防止错误代码的读入。例如,采用阅读机读入零件程序时,诊断程序要对阅读机读入的每一个字符实施诊断,判断其是否为错误代码、注销代码,以便进一步处理。这种诊断是针对每一个字符或整个程序而言的。在译码过程中,诊断程序将对零件程序的语法和逻辑错误进行集中检查,只允许合法的程序段进入后续处理。对检测出的错误作相应的标记,并报警提示。

语法错误是指程序段格式或程序格式不规范的错误;逻辑错误则是指整个零件程序或一个程序段中功能代码之间互相排斥、互相矛盾的错误。对于不同的 CNC 装置,零件程序的诊断规则有所不同,与具体的系统约定有关,这里不便一一列举。下面仅列举其中常见的主要错误现象,以供参考。

1）语法错误现象

（1）程序段的第一个代码不是 N 代码。

（2）N 代码后的数值超过了 CNC 装置规定的取值范围。

（3）N 代码后出现负数。

（4）在零件程序中出现不认识的功能代码。

（5）坐标值代码后的数据超越了机床的行程范围。

（6）S 指令所设置的主轴转速超过了 CNC 装置规定的取值范围。

（7）F 代码所设置的进给速度超过了 CNC 装置规定的取值范围。

（8）T 代码后的刀具号不合法。

（9）出现 CNC 装置中未定义的 G 指令，一般的数控装置只能实现 ISO 标准或 EIA 标准中 G 指令的子集。

（10）出现 CNC 装置中未定义的 M 指令，一般的 CNC 装置只能实现 ISO 标准或 EIA 标准中的 M 指令。

2）逻辑现象错误

（1）在同一个零件程序段中先后出现两个或两个以上的同组 G 指令。CNC 装置约定，同组 G 指令具有互斥性，同一程序段中不允许出现多个同组 G 指令，如在同一程序段中不允许 G41 与 G42 同时出现。

（2）在同一个零件程序段中先后出现两个或两个以上的同组 M 指令，如在同一程序段中不允许 M03 与 M04 同时出现。

（3）在同一零件程序段中先后编入相互矛盾的尺寸代码。

（4）违反系统约定，在同一零件程序段中超量编入 M 指令，如 CNC 装置只允许在一个程序段内最多编入三条 M 指令，但实际却编入了四条或更多，这是不允许的。

以上仅仅是零件程序诊断过程中可能会碰到的部分错误。在零件程序的输入与译码过程中，还可能遇到各种各样的错误，要视具体情况加以诊断和防范。一般对零件程序字符与数据的诊断是贯穿在译码软件中进行的，有时也会设计专门的诊断软件模块来完成，具体方法不能一概而论。

3．软件实现

对于 CNC 装置而言，零件程序的输入、译码和诊断是必需的操作。由于译码结果缓冲器对某种 CNC 装置来说是固定不变的，因此，可采用变址寻址的方法来确定译码结果在内存中存放地址。为了寻址方便，在 ROM 中可设置一个译码结果缓冲器格式表格，并规定每种类型功能代码在该表中的位置，即相对表头的地址偏移量，以及该功能字的字节数、数据格式等。

根据译码结果缓冲器的结构特点以及译码方法和诊断原则，设计出零件程序在输入过程中的译码与诊断软件，其流程如图 5.27 所示。

需要指出的是，上述内码转换过程并非是唯一的或必要的。当使用汇编语言写出译码和诊断程序时，应用上述约定将为编写译码和诊断程序提供极大的方便。但当使用高级语言编写译码和诊断程序时，完全可省去内码转换过程，直接将数控加工程序翻译成标准代码。

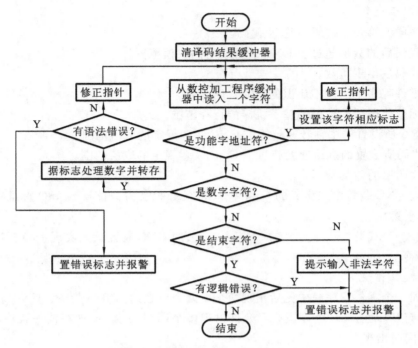

图 5.27　零件程序译码与诊断流程

5.6　管理程序

目前 CNC 装置的软件一般采用两种典型的结构：一是前后台型结构；二是中断型结构。

5.6.1　前后台型管理程序

前后台型软件结构将 CNC 装置整个控制软件分为前台程序和后台程序。前台程序是一组实时中断服务程序，实现插补、位置控制及机床逻辑控制等实时功能；后台程序又称背景程序，是一个循环运行程序，实现零件程序的输入和预处理（即译码、刀补计算和速度计算等数据处理）及管理的各项任务。前台程序和后台程序相互配合完成整个控制任务。工作过程大致是，系统启动后，经过系统初始化，进入背景程序循环中。在背景程序的循环过程中，实时中断程序不断插入完成各项实时控制任务，整个系统的运行情况可用图 5.28 所示的关系来描述。

A-B 公司的 A-B 7360 CNC 装置就采用前后台型软件结构，其简化后的系统软件结构如图 5.29 所示。下面我们以 A-B 7360 CNC 装置软件为例来具体介绍前后台型软件的工作过程。

1. 背景程序

背景程序（后台程序）是 CNC 装置的主程序，主要功能是根据控制面板上的开关命令所确定的系统工作方式，进行任务的调度。它由三个主要程序环组成，以便为键盘、单段、自动和手动四种工作方式服务。

当系统程序的内容被装入内存或断电后电源恢复并启动时立即执行系统初始化程序，包括设置中断入口、设置机床参数、清除位置检测组件的缓冲器等功能。完成初始化以后，CNC 装置进入紧停状态，坐标轴的位置控制系统被断开，并允许 10.24 ms 的实时时钟中断，定时地

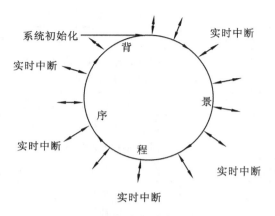

图 5.28　后台程序和前台程序的关系

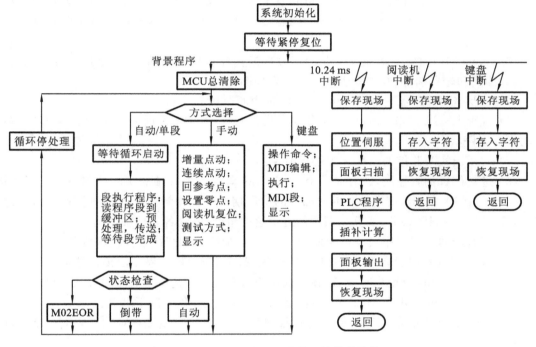

图 5.29　A-B 7360 CNC 装置系统软件结构

扫描控制面板。当操作人员按"紧急复位"按钮后,系统实行 MCU(机床控制装置)总清除。接着启动背景程序,按照操作人员所确定的工作方式,进入相应的服务程序。无论 CNC 装置处于何种工作方式,10.24 ms 的实时时钟中断总是定时发生。

2. 中断程序

A-B 7360CNC 装置的实时过程控制是通过中断方式实现的。由图 5.29 所示为 A-B 7360 CNC 装置的软件结构可见,CNC 装置中可屏蔽的中断有三个,此外,CNC 装置还有两个不可屏蔽的中断,五级中断的优先级和主要中断处理功能如表 5.6 所示。若前一次中断还没有完成,又发生了新的同类中断,则说明发生了任务重叠,系统进入紧停状态。

表 5.6　A-B 7360 CNC 装置中断功能表

优先级	中断名称	中断性质	主要中断处理功能
1	掉电及电源恢复	不可屏蔽	掉电时显示掉电信息,停止处理机,电源恢复时显示接通信息,进入初始化程序
2	存储器奇偶错	不可屏蔽	显示出错地址,停止处理机
3	阅读机	可屏蔽	每读一个字符发生一次中断,对读入的字符进行处理并存入阅读机输入缓冲器
4	10.24 ms 实时时钟	可屏蔽	实现位置控制、扫描 PLC、实时监控和插补
5	键盘	可屏蔽	每按一个键发生一次中断,对输入的字符进行处理并存入 MDI 输入缓冲器

在各种中断中,非屏蔽中断只在上电和系统故障时发生,阅读机中断仅在启动阅读机输入零件程序时才发生,键盘中断占用系统时间非常短,因此 10.24 ms 实时时钟中断是系统的核心。

10.24 ms 实时时钟中断服务程序的实时控制任务包括位置伺服、面板扫描、机床逻辑处理、实时诊断和轮廓插补,其中断服务程序流程如图 5.30 所示。

A-B 7360 CNC 装置中 10.24 ms 实时时钟中断服务过程如下。

(1) 检查上一次 10.24 ms 中断服务程序是否完成,若发生实时时钟中断重叠,CNC 装置自动进入紧停状态。

(2) 对用于实时监控的系统标志进行清零。

(3) 进行位置伺服控制,即对上一个 10.24 ms 周期各坐标轴的实际位移增量进行采样,将其与上一个 10.24 ms 周期结束前所插补的本周期的位置增量命令(已经过齿隙补偿)进行比较,算出当前的跟随误差,换算为相应的进给速度指令,驱动各坐标轴运动。

(4) 若有新的零件程序段经预处理传送完毕(如前所述,此时"零件程序段传送结束"标志被建立),系统则判断本段有否 M、S、T 功能的执行,它们和"零件程序段传送结束"标志一样,都只在一个 10.24 ms 周期内有效,即在本次中断服务结束前清除。若本段编入了要求段后处理的 M 功能,如 M00、M01、M02、M03 等,也设立相应标志,以备随后处理。

(5) 主轴反馈服务及表面恒速(又称恒线速度功能,即控制主轴相对工件表面运动速度保持恒定)处理。

(6) 扫描机床操作面板开关状态,建立面板状态系统标志。

(7) 调用 PLC 程序。若有 M、S、T 编入标志,PLC 程序实现相应的 M、S、T 功能;若没有 M、S、T 辅助功能被编入时,PLC 的主要工作是对机床状态进行监视。

(8) 处理机床操作面板输入信息。对于操作人员的要求(如循环启动、循环停、改变工作方式、手动操作、速率调整等)作出及时响应。

(9) 实时监控,包括以下内容。

①当发生超程、超温、熔丝熔断、回参考点出错、点动处理过程出错和阅读机出错等故障时,作出及时响应。

②检查 M、S、T 功能的执行情况,当段前辅助功能未完成任务时,禁止插补;当段后辅助功能未完成时,禁止新的零件程序段传送。

③若发生了软件设置的紧停请求或操作人员按下了紧停按钮,系统都进入紧停状态。

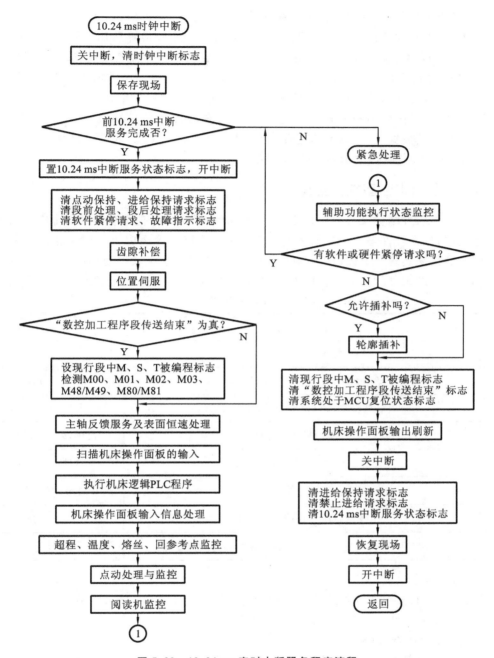

图 5.30　10.24 ms 实时中断服务程序流程

（10）当允许插补的条件成立时，执行插补程序，算出的位置增量作为下一个 10.24 ms 周期的位置增量命令。

（11）刷新机床操作面板上的指示灯，为操作人员指明 CNC 装置的现时状态。

（12）清除一些仅在一个 10.24 ms 周期有效的系统标志和一些实时监控标志。

A-B 7360 CNC 装置使用了数据采样插补方法，这种方法采用了时间分割的思想，即根据零件程序中要求的进给速度，按粗插补周期 10.24 ms 将零件程序段对应曲线段分隔为一个个粗插补段，粗插补结果由位置伺服控制系统进一步实行精插补。位置伺服控制系统由软硬件共同组成,采用软件位置控制方法,粗插补的采样周期也是 10.24 ms。每个 10.24 ms 时钟中断服务结束前,由轮廓插补程序进行粗插补,算出跟踪误差,经换算后输出给位置伺服控制系统硬件部分,经 D/A 转换后作为进给速度指令电压,驱动各坐标轴电动机,从而实现精插补。

PLC 辅助功能键处理程序需要两个方面的原始信息,其一为经数据预处理的 M、S、T 信息,它已存放在系统标志单元;其二是机床现行状态信息。这些数据在 PLC 输入扫描时存放在 PLC 的 I/O 映像区中的输入映像单元中。当"零件程序段传送结束"标志被建立时,PLC 程序读取这些原始数据,进行算术和逻辑运算,并将结果存入 PLC 的 I/O 映像区的输出映像单元,在 PLC 输出刷新时,输出给具体的对象。

5.6.2　多重中断型软件结构

多重中断型软件结构没有前后台之分,除了初始化程序外,把控制程序安排成不同级别的中断服务程序,整个软件是一个大的多重中断系统。系统的管理功能主要通过各级中断服务程序之间的通信来实现。下面以 FANUC-7M CNC 装置的系统软件为例,介绍多重中断型软件的结构。该系统软件除初始化程序外,控制程序分为 8 级中断,各级中断功能见表 5.7。

表 5.7　FANUC-7M CNC 装置中断功能一览表

级别	主 要 功 能	中 断 源
0	控制显示器显示	硬件
1	数控指令译码处理,刀具中心轨迹计算,显示器控制	软件,16 ms 定时
2	NC 键盘监控,I/O 信号处理,穿孔机控制	软件,16 ms 定时
3	外部操作面板和电传机处理	硬件,8 ms 软件定时
4	插补运算,终点判别及转段处理	软件,8 ms 定时
5	纸带阅读机阅读纸带处理	硬件或软件(需要时)
6	伺服系统位置控制的处理	4 ms 时钟
7	通过 7 M 测试板进行存储器数据读、写,程序调试处理	硬件

1. 初始化程序

电源接通后,首先进入初始化程序。初始化程序主要完成以下各项工作。

(1) 对 RAM 中作为工作寄存器的单元设置初始状态。

(2) 进行 ROM 奇偶校验。

(3) 为数控加工正常进行而设置一些所需的初始状态。

2. 第 1 级中断

第 1 级中断主要为插补的正常进行做准备工作。第 1 级中断按工作内容又细分为 13 个口,每一个口对应于口状态字的一位,每一位(每一个口)对应处理一个任务,即 1 级中断包括 13 个子任务,如表 5.8 所示。在执行 1 级中断各口的处理时,可以设置口状态字的其他位的请求,见图 5.31。如在 8 号口的处理程序中,可将 3 号口置"1",这样,8 号口程序一旦执行完,即刻转入 3 号口处理。

表 5.8 各口的主要功能与口状态字的关系表

口状态字中的位	对应口的功能
0	显示处理
1	米制-英制转换计算
2	部分单元重新初始化
3	从 MP 区或 PC 区或 SP 区读一段零件程序到 BS 区
4	将编程轨迹转换成刀具中心轨迹
5	"再启动"开关处于无效状态中,刀具回到断刀点的"启动"处理
6	"再启动"处理
7	按"启动"按钮时,要读一段程序到 BS 的处理
8	连续加工时,要求读一段程序到 BS 的处理
9	带卷盘的纸带阅读机反绕或纸带存储器返回首地址处理
A	启动纸带阅读机使纸带进给一步
B	M、S、T 指令置标志及 G96 速度换算
C	纸带反绕置标志

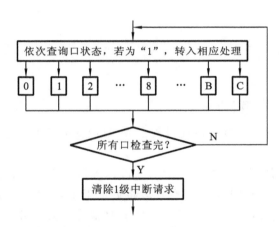

图 5.31 第 1 级中断里各口之间的链接

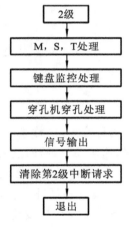

图 5.32 第 2 级中断流程

3. 第 2 级中断

第 2 级中断最主要的功能是对机床控制台的输入信号(控制台送给 CNC 装置的控制开关信号和按钮信号)及 CNC 键盘进行监控处理,其次是穿孔机操作处理,还有 M、S、T 强电信号处理和输出信号处理等。第 2 级中断的简化流程如图 5.32 所示,程序段的增量以 8 ms 时间为单位。

4. 第 4 级中断

第 4 级中断最重要的功能是完成插补计算。FANUC-7M CNC 装置采用"时间分割法"插补,即将程序段的增量以 8 ms 时间为单位,划分为许多小段,每次插补进给一小段。一次插补处理可以分为 4 个阶段,即速度计算、插补计算、终点判别、进给量变换。第 4 级中断简化流程如图 5.33 所示。下面对第 4 级中断的几个具体问题进行说明。

(1)加减速控制的稳定速度与瞬时速度问题 在加减速控制过程中,称刀具匀速运动时

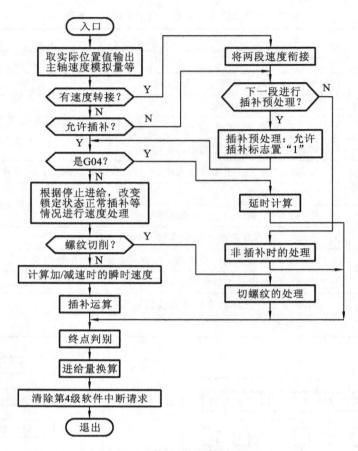

图 5.33　第 4 级中断简化流程

的速度为稳定速度;称某一时刻的速度为瞬时速度。在加减速过程中,瞬时速度不等于稳定速度;在匀速运动时,瞬时速度等于稳定速度。

　　(2) 加工中段与段之间的衔接　第一,零件程序正在加工的那一段内容是存于工作寄存区(AS)内的。每插补一次,程序要进行一次终点判别,当一个程序段将近加工完时,程序就设置一个允许下一程序段读入 AS 区域的标志,于是,在下一次第 4 级中断时就可以去请求将下一程序段读入 AS,从而保证段与段间操作的连续。第二,速度衔接问题。根据指令功能的要求,加工终点时,有些程序段速度一定要减为零。如 G00 为点定位,要求到终点时速度必降为零,而在正常切削加工中,绝大多数是 G01 和 G02 等加工段,在这些情况下,希望速度连续。即使段与段之间 F 值不同,为了不影响加工零件的粗糙度,也希望转段时速度有一个平稳的过渡。在 FANUC-7M CNC 装置的速度处理中,对这种情况,执行"不减速到零的程序段的最后一次插补",作为"速度转接"的特殊处理,即在上段的最后一次插补后发现离终点的剩余距离小于一次插补的进给量,于是设置标志。在下一次第 4 级中断时先根据标志进行下一程序段的第 4 级预处理(将轨迹参数搬到插补的参数区等),然后接着进行速度处理。最后,根据所设定的标志,将本次的插补进给量减去上段的离终点剩余距离作为本次的插补进给量。而上次剩余的轴向距离加上本次插补的轴向进给量,作为本次总的轴向进给量。第三,插补预处理。是将由第 1 级中断计算出的并已存于"输入寄存器"的本程序段刀具运动的中心轨迹等参数及一些轨迹线型(G01,G02)标志搬入插补参数区。对于有插补要求的程序段,一般都要先进行插补预处理。

（3）进给量换算处理　　进给量换算包括进给量米制-英制换算和进给量的指数加减处理。

5．第 6 级中断

第 6 级中断主要完成位置控制、4 ms 定时计时和存储器奇偶校验工作。

在 FANUC 7M CNC 装置中，位置控制是在软件和硬件配合下完成的。软件部分的任务是在第 6 级中断中，定时地从"实际位置计数器"中回收实际位置值，然后将位置指令与实际位置值之间的差值换算成速度指令值，送给硬件的"速度指令寄存器"，去控制电动机的运转。

4 ms 定时计时的具体办法是：对 4 ms 进行计数，每隔 8 ms 定时地产生一次第 3 级和第 4 级软件中断请求。每隔 16 ms 定时地产生一次第 1 级和第 2 级软件中断请求。以 4 ms 为时间基准，对 4 ms 进行累加计算，和数就是 CNC 装置使用的时间，这就是计时功能。

存储器奇偶校验，其方法依 ROM 和 RAM 而有所不同，通过读、写奇偶校验的方法，来判断 RAM 是否出错，如果出错，先使伺服系统停止工作，并报警；然后，对出错的区域进行写/读全"0"、全"1"试验，找出出错的地址和出错的状态，并将出错范围、出错地址和出错状态在显示器上显示。ROM 的奇偶校验以一块 ROM 芯片为单位，通过求该块 ROM 的累加和的方法实现。若出错，则使伺服系统停止工作，点亮报警灯，找出出错的芯片，并在显示器上显示出该 ROM 芯片在印刷板上的安装位置。

第 6 级中断简化流程如图 5.34 所示。

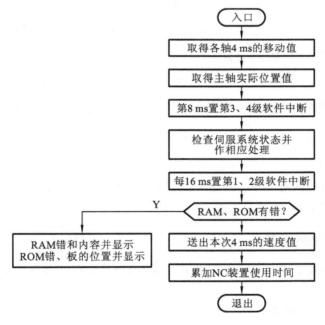

图 5.34　第 6 级中断简化流程

6．第 7 级中断

第 7 级中断对 CNC 装置测试板进行监控。测试板操作主要有：ROM、RAM 和中断保护区内容的"读出"操作，以及"地址加'1'读出"操作；RAM 和中断保护区内容的"改写"操作及"地址加'1'改写"操作；设断点进行运行控制；执行单指令。将上述读/写操作和运行控制操作结合起来就可以进行程序调试。

5.7　进给速度控制

对数控机床来说,进给速度不仅直接影响到加工零件的粗糙度和精度,而且与刀具、机床的寿命和生产效率密切相关。按照加工工艺的需要,进给速度的给定一般是用 F 代码编入程序,故 F 代码称为"指令进给速度"。对不同材料零件的加工,需要根据切削量、粗糙度和精度的要求,选择合适的进给速度,CNC 装置应能提供足够的速度范围和灵活的指定方法。在加工过程中,因为可能发生事先不能确定或意外的情况,还应当考虑能手动调节进给速度功能。此外,当速度高于一定值时,在启动和停止阶段,为了防止产生冲击、失步、超程或振荡,保证运动平稳和准确定位,还要有加减速控制功能。

5.7.1　进给速度的计算

将以 mm/min 为单位的指令进给速度直接编入 F 代码中,这是目前 CNC 装置中普遍采用的方式,这种进给速度编程常用 F4 位的形式表示,F4 位形式是指 F 后跟的数字表示速度在 0～9 999 mm/min 的范围。

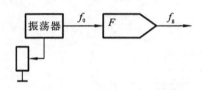

图 5.35　使用积分器的 F 指令控制线路

F 的给定可采用图 5.35 数字积分器构成的速度控制线路。

积分器用二至十进制(四位)运算,F 作积分器内容,则进给脉冲频率 f_g 与积分器输入脉冲频率 f_0 的关系为

$$f_g = \frac{F}{10^4} \cdot f_0 \tag{5.1}$$

f_g 应产生由 F 指定的合成进给速度,所以 $F=60\delta f_g$,故有

$$f_0 = \frac{10^4}{60 \cdot \delta} \tag{5.2}$$

式中:δ——脉冲当量。

设 $\delta=0.001$ mm,则有 $f_0=167$ kHz,若设定 F 的值为某一值时,可对应得到 0～9 999 mm/min 的某一进给速度。

5.7.2　进给速度控制

进给速度的控制方法和所采用的插补法有关,前面提到的插补法可归为一次插补法和二次插补法,它们有所不同。

1. 一次插补算法进给速度的控制

一次插补算法进给速度的控制是通过控制插补运算的频率来实现的,对于 CNC 装置来说,通常采用如下方法。

1)程序延时方法

先根据要求的进给频率,计算出两次插补运算间的时间间隔,用 CPU 执行延时子程序的方法控制两次插补之间的时间。改变延时子程序的循环次数,即可改变进给速度。

2)中断方法

用中断的方法,每隔规定的时间向 CPU 发出中断请求,在中断服务程序中进行一次插补

运算,并发出一个进给脉冲。因此改变中断请求信号的频率,就等于改变了进给速度。

中断请求信号通过 F 代码控制的脉冲信号源产生,也可通过可编程计数器/定时器产生。如采用 Z80CTC 作定时器,由程序设置时间常数,每当定时到,就向 CPU 发中断请求信号。改变时间常数 T_c 就可以改变中断请求脉冲信号的频率。那么时间常数是怎样确定的呢?

设进给速度由 F 代码指定,脉冲当量为 δ(mm/脉冲),则与进给速度对应的脉冲频率 f 为

$$f = \frac{F}{60\delta} \quad (Hz)$$

f 所对应的时间间隔 T 为

$$T = \frac{1}{f} = \frac{60\delta}{F} \quad (s)$$

因此,CTC 的时间常数应为

$$T_c = \frac{T}{Pt_c} = \frac{60\delta}{FPt_c}$$

式中:δ——脉冲当量;

　　P——定标系数;

　　t_c——时钟周期。均为定值,可用一常数 K 表示,所以有

$$T_c = \frac{K}{F} \tag{5.3}$$

式中:K——$60\delta/Pt_c$。

对 T_c 的处理程序可有两种方法:第一种方法用查表法对进给速度进行控制。对每一种 F,预先计算出相应的 T_c 值,按表格存放,工作时根据输入的 F 值,通过查表方式找出相应的 T_c 值,实现有级变速。第二种方法,先计算出常数 K 值,再根据输入的 F 值,做除法运算求得值,这种方法可输入任意的 F 值,调速级数不限。

2. 二次插补算法的进给速度控制

二次插补算法的进给速度控制可在粗插补部分完成,也可在粗插补与精插补之间通过程序运算完成。如时间分割法,粗插补周期定为 8 ms,可根据进给速度计算该插补周期内合速度方向上的进给量,即

$$\Delta L = F \cdot \Delta t \tag{5.4}$$

这里,F 为合速度方向上的进给速度,Δt 为粗插补周期。

若 ΔL 是三轴联动的合成进给量,则根据 ΔL 可计算出各个轴的进给量 Δx、Δy 和 Δz 供精插补。如果精插补通过积分器来实现,则时间分割法精插补进给控制输出原理如图 5.36 所示。

各轴的积分器输出频率为

$$\left. \begin{aligned} f_x &= \frac{\Delta x}{2^n} f_0 = \frac{\Delta x}{\Delta t} \\ f_y &= \frac{\Delta y}{2^n} f_0 = \frac{\Delta y}{\Delta t} \\ f_z &= \frac{\Delta z}{2^n} f_0 = \frac{\Delta z}{\Delta t} \end{aligned} \right\} \tag{5.5}$$

使 $f_0 = \frac{2^n}{\Delta t}$,$f_0$ 经 N 分频器产生插补中断申请时钟频率为 $\frac{1}{\Delta t} = \frac{f_0}{N}$,故有

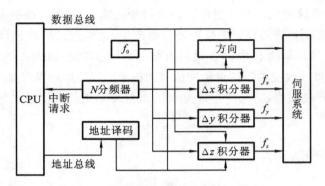

图 5.36　时间分割法精插补控制输出原理

$$N = F_0 \Delta t = \frac{2^n}{\Delta t} \Delta t = 2^n$$

以上说明当各积分器和 N 分频器同时为 n 时,能恰好在一个粗插补间隔中使用相应的轴产生的各轴进给量 Δx、Δy 和 Δz。在积分器和 N 分频器为 8 位的情况下,如果要 8 ms 插补中断申请一次,则 f_0 的频率应为 $f_0 = \frac{1}{0.008} \times 2^8$ Hz $= 32$ kHz。

5.7.3　自动加减速控制

在 CNC 装置中,为了保证机床在启动或停止时不产生冲击、失步、超程或振荡,必须对送到进给电动机的脉冲频率或电压进行加减控制,即在机床加速启动时,保证加在伺服电动机上的进给脉冲频率或电压逐渐增大;当机床减速停止时,保证加在伺服电动机上的进给脉冲频率或电压逐渐减小。

在 CNC 装置中,加减速控制多采用软件来实现,这样给系统带来了较大的灵活性。这种用软件实现的加减速控制可以放在插补前进行,也可以放在插补后进行。放在插补前的加减速控制称为前加速控制,放在插补后的加减速控制称为后加减速控制,如图 5.37 所示。

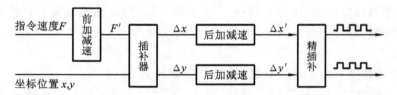

图 5.37　前加减速和后加减速

前加速控制的优点是仅对合成速度——编程指令速度 F 进行控制,所以它不会影响实际插补输出的位置精度。前加速控制的缺点是需要预测减速点,这个减速点要根据实际刀具位置与程序段终点之间的距离来确定,而这种预测工作需要完成的计算量较大。

后加减速控制与前加减速控制相反,它是对各种运动轴分别进行加减速控制,这种加减速控制不需专门预测减速点,而是在插补输出为零时开始减速,并通过一定的时间延迟逐渐靠近程序段终点。后加减速的缺点是,由于它对运动坐标轴分别进行控制,所以在加减速控制以后,实际的各坐标轴的合成位置就可能不准确。但是这种影响仅在加速或减速过程中才会有,当系统进入匀速状态时,这种影响就不存在了。

1. 前加减速控制

1) 稳定速度和瞬时速度

稳定速度是指系统处于稳定状态时,每插补一次的进给量。在 CNC 装置中,零件程序段的速度命令或快速进给(手动或自动)时所设定的快速进给速度 F(mm/min),需要转换成每个插补周期的进给量。另外,为了调速方便,设置了快速进给倍率开关、切削进给率开关等。这样,在计算稳定速度时,还需要将这些因素考虑在内。稳定速度的计算公式为

$$f_s = \frac{TKF}{60 \times 1\,000} \tag{5.6}$$

式中:f_s——稳定速度(mm/min);

$\quad\;\; T$——插补周期(ms);

$\quad\;\; F$——指令进给速度(mm/min);

$\quad\;\; K$——速度系数,包括快速倍率、切削进给倍率等。

除此之外,稳定速度计算完以后,还要进行速度限制检查。如果稳定速度超过了由参数设定的最大速度,则取限制的最大速度为稳定速度。

瞬时速度是指系统在每个插补周期的进给量。当系统处于稳定状态时,瞬时速度 f_i 等于稳定速度 f_s,当系统处于加速(或减速)状态时,$f_i < f_s$(或 $f_i > f_s$)。

2) 线性加减速处理

当机床启动、停止或在切削加工过程中改变进给速度时,系统自动进行线性加/减速处理。加/减速速率分为快速进给和切削进给两种,它们必须作为机床的参数预先设置好。设指令进给速度为 F(mm/min),加速到 F 所需要的时间 t(ms),则加/减速时的加速度 a 可表示为

$$a = 1.67 \times 10^{-2} \frac{F}{t} \tag{5.7}$$

(1) 加速处理　系统每插补一次都要进行稳定速度、瞬时速度和加/减速处理。当计算出的稳定速度 f_s' 大于原来的稳定速度 f_s 时,则要加速。每加速一次,瞬时速度为

$$f_{i+1} = f_i + at \tag{5.8}$$

新的瞬时速度 f_{i+1} 参加插补计算,对各坐标轴进行分配。这样,一直到新的稳定速度为止。图 5.38 所示为线性加速处理的流程。

(2) 减速处理　系统每进行一次插补运算,都要进行终点判别,计算出离开终点的瞬时距离 s_i,并根据本程序段的减速标志,检查是否已达到减速区域,若已到达,则开始减速。当稳定速度 f_s 和设定的加减速度 a 确定后,减速距离可表示为

$$s = \frac{f_s^2}{2a} \tag{5.9}$$

若本程序段要减速,且 $s_i \leqslant s$,则设置减速状态标志,开始减速处理。每减速一次,瞬时速度为

$$f_{i+1} = f_i - at \tag{5.10}$$

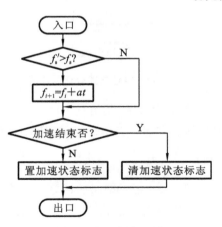

图 5.38　线性加速处理的流程

新的瞬时速度 f_{i+1} 参加插补运算,对各坐标轴运算,对各坐标轴进行分配,一直减速到新的稳定速度或到零。若要提前一段距离开始减速,则可根据需要,将提前量 Δs 作为参数预先

设置好,即

$$s = \frac{f_s^2}{2a} + \Delta s \tag{5.11}$$

图 5.39 所示为线性减速处理的流程。

3) 终点判别处理

在每次插补运算结束后,CNC 装置都要根据求出的各轴的插补进给量,来计算刀具中心离开本程序段终点的距离,然后进行终点判别。在即将到达终点时,设置相应标志。若本程序要减速,则还需检查是否已达到减速区域并开始减速。

终点判别处理可分为直线和圆弧两种情况。

(1) 直线插补时 s_i 的计算   在图 5.40 中,设刀具沿着 OP 作直线运动,P 为程序段终点,A 为某一瞬时点。在插补计算中,已求得 X 和 Y 轴的插补进给量 Δx 和 Δy,因此,点 A 的瞬时坐标值为

$$\left. \begin{array}{l} x_i = x_{i-1} + \Delta x \\ y_i = y_{i-1} + \Delta y \end{array} \right\} \tag{5.12}$$

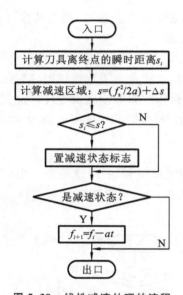

图 5.39   线性减速处理的流程

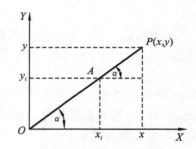

图 5.40   直线插补终点判别

设 X 为长轴,其增量为已知,则刀具在 X 方向上离终点的距离为 $|x-x_i|$。因为长轴和刀具移动方向的夹角是定值,且 $\cos\alpha$ 的值已计算好。因此,瞬时点 A 离终点 P 的距离为

$$s_i = |x - x_i| \cdot \frac{1}{\cos\alpha} \tag{5.13}$$

(2) 圆弧插补时 s_i 的计算   ①当程序圆弧所对应的圆心角小于 180°时,瞬时点离圆弧终点的直线距离越来越小,如图 5.41(a)所示,$A(x_i, y_i)$ 为顺圆插补时圆弧上的某一瞬时点,$P(x, y)$ 为圆弧的终点;AM 为点 A 在 X 方向离终点的距离,$|AM| = |x-x_i|$;MP 为点 P 在 Y 方向离终点的距离,$|MP| = |y-y_i|$;$AP = s_i$。以 MP 为基准,则点 A 离终点的距离为

$$s_i = |MP| \frac{1}{\cos\alpha} = |y - y_i| \cdot \frac{1}{\cos\alpha} \tag{5.14}$$

②程编圆弧长的对应圆心角大于 180°时,设点 A 为圆弧 AP 的起点,点 B 为离终点的弧

长所对应的圆心角等于 180°时的分界点,点 C 为插补到终点的弧长所对应的圆心角小于 180° 时的某一瞬时点,如图 5.41(b)所示。显然,此时瞬时点离圆弧终点的距离 s_i 的变化规律是, 当从圆弧起点 A 开始插补到点 B 时,s_i 越来越大,直到 s_i 等于直径;当插补越过分界点 B 后,s_i 越来越小,与图 5.41(a)所示的相同。对于这种情况,计算 s_i 时首先要判断 s_i 的变化趋势。s_i 若是变大,则不进行终点判别处理,直等到越过分界点;若 s_i 变小,再进行终点判别处理。终点 判别处理流程如图 5.42 所示。

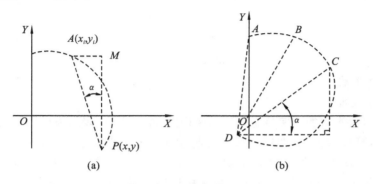

图 5.41　圆弧终点判别

(a)圆心角小于 180°　(b)圆心角大于 180°

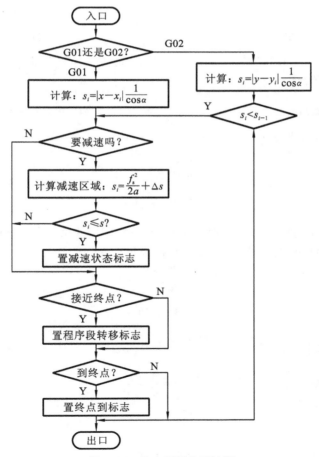

图 5.42　终点判别处理流程

2. 后加减速控制

对于后加减速控制,主要有两种后加减速控制算法,一种是指数加减控制算法,另一种是直线加减速控制算法。这里主要介绍指数加减控制算法。

进行指数加减控制的目的是将启动或停止时的速度随着时间按指数规律上升或下降,如图 5.43 所示。

指数加减速控制速度与时间的关系为

加速时,有
$$v(t) = v_c(1 - e^{-\frac{1}{T}}) \tag{5.15}$$

匀速时,有
$$v(t) = v_c \tag{5.16}$$

减速时,有
$$v(t) = v_c e^{-\frac{1}{T}} \tag{5.17}$$

式中:T——时间常数;

　　　v_c——稳定速度。

图 5.44 所示为指数加减速控制算法的原理图,在图中 Δt 表示采样周期,它在算法中的作用是对加减速运算进行控制,即每个采样周期进行一次加减速运算。误差寄存器 E 的作用是对每个采样周期的输入速度 v_c 与输出速度 v 之差进行累加,累加结果一方面保存在误差寄存器中,另一方面与 $1/T$ 相乘,乘积作为当前采样周期加减速控制的输出 v。同时 v 又反馈到输入端,准备下一个采样周期,重复以上过程。

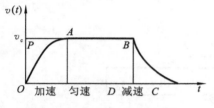

图 5.43　指数加减速示意图

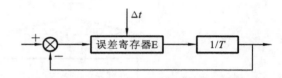

图 5.44　指数加减速控制算法原理图

上述过程可以用迭代公式来实现,即

$$E_i = \sum_{k=0}^{i=1} (v_c - v_k) \cdot \Delta t$$

$$v_i = E_i \cdot \frac{1}{T}$$

式中:E_i、v_i——第 i 个采样周期误差寄存器 E 中的值、输出速度值,且迭代初值为 v_0,E 为零。

只要 Δt 取得足够小,则上述公式可近似为

$$E(t) = \int_0^t (v - v(t)) \mathrm{d}t$$

$$v(t) = E(t) \cdot \frac{1}{T}$$

对上式 $E(t)$ 两端求导,得
$$\frac{\mathrm{d}E(t)}{\mathrm{d}t} = v_c - v(t)$$

对上式 $v(t)$ 两端求导,得
$$\frac{\mathrm{d}v(t)}{\mathrm{d}t} = \frac{1}{T} \frac{\mathrm{d}E(t)}{\mathrm{d}t}$$

$$T \frac{\mathrm{d}v(t)}{\mathrm{d}t} = v_c - v(t)$$

再将两式合并,得
$$\frac{\mathrm{d}v(t)}{v_c - v(t)} = \frac{\mathrm{d}t}{T}$$

两端积分后,得
$$\frac{v_c - v(t)}{v_c - v(0)} = e^{-\frac{t}{T}}$$

加速时
$$v(0) = 0$$

故
$$v(t) = v_c(1 - e^{-\frac{t}{T}})$$

匀速时,$t \to \infty$,得
$$v(t) = v_c$$

减速时输入为零,$v(0) = v_c$,则有
$$\frac{dE(t)}{dt} = -v(t)$$

代入上面微分式中可得
$$\frac{dv(t)}{v(t)} = -\frac{dt}{T}$$

两端积分后可得
$$v(t) = v_0 e^{-\frac{t}{T}} = v_c e^{-\frac{t}{T}} \tag{5.18}$$

令
$$\begin{cases} \Delta s_i = v_i \Delta t \\ \Delta s_c = v_c \Delta t \end{cases}$$

则 Δs_c 实际上为每个采样周期加减速的输入位置增量值,即每个周期粗插补运算输出的坐标值数字增值。而 Δs_i 则为第 i 个插补周期加减速输出的位置增量值。

将 Δs_c 和 Δs_i 代入前面 E_i 和 v_i 公式,可得(取 $\Delta t = 1$)

$$\begin{cases} E_i = \sum_{k=0}^{i=1} (\Delta s_c - \Delta s_i) = E_{i-1} + (\Delta s_c - \Delta s_{i-1}) \\ \Delta s_i = E_i \frac{1}{T} \end{cases} \tag{5.19}$$

式(5.19)就是实用的数字增量值指数加减迭代公式。

在加速过程中,用位置误差累加器记住由于加减延迟失去的位置增量之和;在减速过程中,又将位置误差累加器的位置值按一定的规律(指数或直线)逐渐放出,以保证在加减速过程全部结束时,机床到达指定位置。

5.8　诊　断　程　序

诊断分为开机自诊断、运行中的诊断和停机诊断。

5.8.1　开机自诊断

所谓开机自诊断是指 CNC 装置通电时由系统内部诊断程序自动执行的诊断,它类似于计算机的开机诊断。

开机自诊断可以对 CNC 装置中的关键硬件,如 CPU、存储器、I/O 单元、显示器/MDI 单元、纸带阅读机、软驱等装置进行自动检查;确定指定设备的安装、连接状态与性能;部分系统还能对某些重要的芯片,如 RAM、ROM、专用 LSI 等进行诊断。

CNC 装置的自诊断在开机时进行,只有当全部项目都被确认无误后,才能进入正常运行状态。诊断的时间取决于 CNC 装置,一般只需数秒钟,但有的需要几分钟。

开机自诊断一般按规定的步骤进行,以 FANUC 公司的 FANUC 11 系统为例,诊断程序的执行过程中,系统主板上的七段显示按 9→8→7→6→5→4→3→2→1 的顺序变化,相应的检查内容如下。

9——对 CPU 进行复位,开始执行诊断指令。

8——进行 ROM 测试,表示 ROM 检查出错时,显示器显示 b。

7——对 RAM 清零,系统对 RAM 中的内容进行清除,为正常运行做好准备。

6——对 BAC(总线随机控制)芯片进行初始化。此时,若显示为 A,说明主板与显示器之间的传输出了差错;显示 C,表示连接错误;显示 F,表示 I/O 板或连接电缆不良;显示 H,表示所用的连接单元识别号不对;显示小写字母 c,表示光缆传输出错;显示 J,表示 PLC 或接口转换电路不良等。

5——对 MDI 单元进行检查。

4——对显示器单元进行初始化。

3——显示初始画面,如:软件版本号、系列号等。此时,若显示 L,表明 PLC 的控制软件存在问题;显示 0,表示系统未能通过初始化,控制软件存在问题。

2——表示已完成系统的初始化工作。

1——表示系统已可以正常运转,此时,若显示 E,表示系统的主板或 ROM 板,或 CNC 装置控制软件有故障。

在一般情况下,显示器初始化完成后,若其他部分存在故障,显示器即可以显示出报警信息。

5.8.2　运行中的诊断(在线监控)

在线监控可以分为 CNC 装置内部程序监控、通过外部设备监控两种形式。

CNC 装置内部程序监控是通过系统内部程序,对各部分状态进行自动诊断、检查和监视的一种方法。在线监控范围包括 CNC 装置本身以及与 CNC 装置相连的伺服单元、伺服电动机、主轴伺服单元、主轴电动机、外部设备等。在线监控在数控系统工作过程中始终生效。

CNC 装置内部程序监控包括接口信号显示、内部状态显示和故障显示三方面。

1. 接口信号显示

它可以显示 CNC 装置和 PLC、CNC 装置和机床之间的全部接口信号的现行状态。指示数字输入/输出信号的通断情况,帮助分析故障。维修时,必须了解 CNC 装置和 PLC 装置、CNC 装置和机床之间各信号所代表的意义,以及信号产生、撤销应具备的各种条件,才能进行相应检查。数控系统生产厂家所提供的"功能说明书"、"连接说明书"以及机床生产厂家提供的"机床电气原理图"是进行以上状态检查的技术指南。

2. 内部状态显示

一般来说,利用内部状态显示功能,可以显示以下几方面的内容。

(1) 造成循环指令不执行的外部原因　如 CNC 装置是否处于"到位检查"中;是否处于"机床锁住"状态;是否处于"等待速度到达"信号接通;在主轴每转进给编程时,是否等待"位置编码器"的测量信号;在螺纹切削时,是否处于等待"主轴 1 转信号";进给速度倍率是否设定为 0%;等等。

(2) 复位状态显示　指示系统是否处于"急停"状态或是"外部复位"信号接通状态。

(3) TH 报警状态显示　它可以显示出报警时的纸带错误孔的位置。

(4) 存储器内容以及磁泡存储器异常状态的显示。

(5) 位置跟随误差的显示。

(6) 伺服驱动部分的控制信息显示。

（7）编码器、光栅等位置测量元件的输入脉冲显示。

3. 故障信息显示

在 CNC 装置中,故障信息一般以"报警显示"的形式在显示器上显示。报警显示的内容根据 CNC 装置的不同而有所区别。这些信息大都以"报警号"加文本的形式出现,具体内容以及排除方法在 CNC 装置生产厂家提供的"维修说明书"上可以查阅。

通过外部设备监控是指采用计算机、PLC 编程器等设备,对数控机床的各部分状态进行自动诊断、检查和监视的一种方法。如:通过计算机、PLC 编程器对 PLC 程序以梯形图、功能图的形式进行动态检测,它可以在机床生产厂家未提供 PLC 程序时,进行 PLC 程序的阅读、检查,从而加快数控机床的维修进度。此外,伺服驱动、主轴驱动系统的动态性能测试、动态波形显示等内容,通常也需要借助必要的在线监控设备进行。

随着计算机网络技术的发展,作为外部设备在线监控的一种,通过网络连接进行的远程诊断技术正在进一步普及、完善。通过网络,CNC 装置生产厂家可以直接对其生产的产品在现场的工作情况进行检测、监控,及时解决系统中所出现的问题,为现场维修人员提供指导和帮助。

5.8.3　停机诊断(离线诊断)

停机诊断亦称"离线诊断",它是将 CNC 装置与机床脱离后,对 CNC 装置本身进行的测试与检查。通过脱机测试可以对系统的故障作进一步的定位,力求把故障范围缩到最小。如通过对印制线路板的脱机测试,可以将故障范围定位到印制电路板的某部分甚至某个芯片或器件,这对印制电路板的修复是十分必要的。

CNC 装置的脱机测试需要专用诊断软件或专用测试装置,因此,它只能在 CNC 装置的生产厂家或专门的维修部门进行。

随着计算机技术的发展,现代 CNC 装置的离线诊断软件正在逐步与 CNC 装置的控制软件一体化,有的 CNC 装置已将"专家系统"引入故障诊断中。通过这样的软件,操作者只要在 MDI/显示器上作一些简单的会话操作,即可诊断出 CNC 装置或机床的故障。

思考题与习题

5.1　简述 CNC 装置的基本结构、特点及其功能。

5.2　简述 CNC 装置的工作过程。

5.3　个人计算机型结构的 CNC 装置有哪些特点?

5.4　单 CPU 硬件结构的 CNC 装置由几部分组成? 这种结构有何特点?

5.5　多 CPU 硬件结构的 CNC 装置由几部分组成? 这种结构有何特点?

5.6　简述 PLC 的基本组成和工作过程。

5.7　内装型 PLC 与独立型 PLC 比较各有何特点?

5.8　在 CNC 装置中的 PLC 主要完成哪些工作?

5.9　CNC 装置的接口电路的主要任务是什么?

5.10　简述 CNC 装置软硬件界面的关系。

5.11　简述 CNC 装置软件的特点。

5.12　零件程序的输入有哪三种工作方式?

5.13　何谓译码？译码的主要工作有哪些？

5.14　译码时为什么要对 G、M 指令分组？

5.15　输入诊断的作用是什么？

5.16　CNC 装置的系统软件主要有哪些功能？

5.17　简述前后台型软件结构的组织方式和特点。

5.18　简述中断型软件结构的组织方式和特点。

5.19　简述 CNC 装置实现进给速度控制的计算方法。

5.20　CNC 装置实现进给速度控制有哪几种方法？

5.21　前加减速和后加减速控制各有何特点？

5.22　前加减速控制如何预测终点？

5.23　简述指数函数法后加减速的控制原理。

5.24　CNC 装置在运行中诊断的主要对象有哪些？

第6章 数控机床伺服驱动系统

6.1 概　述

伺服驱动系统是指以位置和速度作为控制对象的自动控制系统,又称拖动系统或随动系统。在数控机床上,伺服驱动系统接收来自插补装置或插补软件产生的进给脉冲指令,经过一定的信号变换及电压、功率放大,将其转化为机床工作台相对于切削刀具的运动,主要通过对步进电动机、交/直流伺服电动机等进给驱动元件的控制来实现。

数控机床的伺服驱动系统作为一种实现切削刀具与工件间运动的进给驱动和执行机构,是数控机床的一个重要部分,在很大程度上决定了数控机床的性能。数控机床的最高转速、跟踪精度、定位精度等一系列重要指标主要取决于伺服驱动系统性能的优劣。因此,研究和开发高性能的伺服系统,一直是现代数控机床的关键技术之一。

6.1.1 进给伺服驱动系统的基本要求

数控机床的伺服驱动系统应满足以下基本要求。

(1) 精度高　数控机床不可能像传统机床那样用手动操作来调整和补偿各种误差,因此它要求很高的定位精度和重复定位精度。所谓精度是指伺服驱动系统的输出量跟随输入量的精确程度。脉冲当量越小,机床的精度越高。一般脉冲当量为 0.01～0.001 mm。

(2) 快速响应特性好　快速响应是伺服驱动系统动态品质的标志之一。它要求伺服驱动系统跟随指令信号不仅跟随误差小,而且响应要快,稳定性要好,即给定输入后,能在短暂的调节之后达到新的平衡或外界干扰作用下能迅速恢复原来的平衡状态。一般是在 200 ms 以内,甚至小于几十毫秒。

(3) 调速范围要大　由于工件材料、刀具以及加工要求各不相同,要保证数控机床在任何情况下都能得到最佳切削条件,伺服驱动系统就必须有足够的调速范围,既能满足高速加工要求,又能满足低速进给要求。调速范围一般大于 1∶10 000。而且在低速切削时,还要求伺服驱动系统能输出较大的转矩。

(4) 可靠性要好　数控机床的使用率要求很高,常常是 24 h 连续工作不停机。因而要求伺服驱动系统工作可靠。伺服驱动系统的可靠性常用发生故障时间间隔的长短的平均值作为依据,即平均无故障时间,这个时间越长,可靠性越好。

6.1.2 进给伺服驱动系统分类

数控机床的伺服驱动系统按其用途和功能分为进给驱动系统和主轴驱动系统;按其控制原理和有无位置检测反馈环节分为开环伺服驱动系统、闭环伺服驱动系统和半闭环伺服驱动系统;按驱动执行元件的动作原理分为电液伺服系统和电气伺服驱动系统。电气伺服驱动系统又分为直流伺服驱动系统和交流伺服驱动系统。

1. 开环控制和闭环控制

（1）开环伺服驱动系统　图 6.1 所示为开环伺服驱动系统构成原理图。它主要由步进电动机及其驱动线路构成。数控装置发出指令脉冲,经过驱动线路变换与放大,传给步进电动机。步进电动机每接受一个指令脉冲,就旋转一个角度,再通过齿轮副和丝杆螺母副带动机床工作台移动。步进电动机的转速和转过的角度取决于指令脉冲的频率和个数,反映到工作台上就是工作台的移动速度和位移大小。然而,由于数控装置没有检测和反馈环节,工作中移动到位不到位,取决于步进电动机的步距角精度、齿轮传动间隙、丝杆螺母副的精度等,所以它的精度较低。但其结构简单、易于调整、工作可靠、价格低廉。该系统应用于精度要求不高的数控机床。

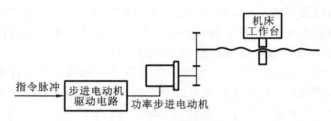

图 6.1　开环伺服驱动系统

（2）闭环伺服驱动系统　由于开环伺服驱动系统只接受数控装置的指令脉冲,至于执行情况的好坏,CNC 装置则无法控制。如果能对执行情况进行监控,其加工精度无疑会大大提高。图 6.2 所示为闭环伺服驱动系统构成的原理图。它由比较控制环节、驱动线路(包括位置控制和速度控制)、伺服电动机、检测反馈单元等组成。安装在机床工作台的位置检测装置将工作台的实际位移量测出并转换成电信号,经反馈线路与指令信号进行比较,将其差值经伺服放大,控制伺服电动机带动工作台移动,直到两者差值为零为止。

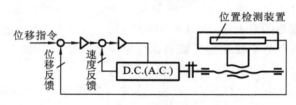

图 6.2　闭环伺服驱动系统构成原理图

由于闭环伺服驱动系统是直接以工作台的最终位移为目标,从而消除了进给传动系统的全部误差,所以精度很高(从理论上讲,其精度取决于检测装置的检测精度)。然而,正是由于各个环节都包括在反馈回路内,因此它们的摩擦特性、刚度和间隙等都直接影响伺服驱动系统的调整参数。所以闭环伺服系统的结构复杂,其调试和维护都有较大的技术难度,价格也比价贵。因此一般只在大型精密数控机床上采用。

（3）半闭环伺服驱动系统　闭环伺服驱动系统由于检测的是机床最末端的位移量,其影响因素多而复杂,极易造成系统不稳定,且其安装调试都很复杂,而测试转角则容易得多。伺服电动机在制造时将测速发电机、旋转变压器等转角测量装置直接装在电动机轴端上。工作时将所测的转角折算成工作台的位移,再与指令值进行比较,进而控制机床运动。这种不在机床末端而在中间某一部分拾取反馈信号的伺服驱动系统就称为半闭环伺服驱动系统。图 6.3 所示为半闭环伺服驱动系统构成原理图。由于这种系统抛开了一些诸如传动系统刚度和摩擦阻尼等非线性因素,所以这种系统调试比较容易,稳定性好。尽管这种系统不反映反馈回路之外的误差,但由于采用高分辨率的检测元件,也可以获得比较满意的精度。这种系统被广泛应用于中小型数控机床上。

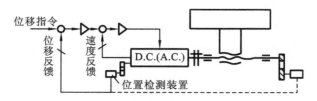

图 6.3　半闭环伺服驱动系统

2. 进给驱动与主轴驱动

进给驱动系统是用于数控机床工作台或刀架坐标的控制系统,控制机床各坐标轴的切削进给运动,并提供切削过程所需的转矩。主轴驱动系统控制机床主轴的旋转,为机床主轴提供驱动功率和所需的切削力。一般地,对于进给驱动系统,主要关心它的转矩大小、调节范围的大小和调节精度的高低,以及动态响应速度的快慢;对于主轴驱动系统,主要关心其是否具有足够的功率、宽的恒功率调节范围及速度调节范围。

3. 直流伺服驱动与交流伺服驱动

20 世纪 70 年代和 80 年代初,数控机床大多采用直流伺服驱动。直流大惯量伺服电动机具有良好的宽调速性能。输出转矩大,过载能力强,而且,由于电动机惯性与机床传动部件的惯量相当,构成闭环后易于调整。而直流中小惯量伺服电动机及其大功率晶体管脉宽调制驱动装置,比较适应数控机床对频繁启动、制动,以及快速定位、切削的要求。但直流电动机一个最大的特点是有电刷和机械换向器,这限制了它向大容量、高电压、高速度方向的发展,使其应用受到限制。

进入 20 世纪 80 年代。在电动机控制领域,交流电动机调速技术取得了突破性进展,交流伺服驱动系统大举进入电气传动调速控制的各个领域。交流伺服驱动系统的最大优点是交流电动机容易维修,制造简单,易于向大容量、高速度方向发展,适合于在较恶劣的环境中使用。同时,从减少伺服驱动系统外形尺寸和提高可靠性角度来看,采用交流电动机比直流电动机将更合理。

6.1.3　伺服电动机的特点和选用原则

1. 直流伺服电动机的特点

直流伺服电动机具有如下特点。

(1) 稳定性好、过载能力强　直流伺服电动机具有下垂的机械特性,能在较宽的速度范围内稳定运行。由于采用了高级的绝缘材料,转子惯性又不大,允许过载转矩达 5~10 倍。而且在密闭的自然空冷的条件下可以长时间超负荷运转。

(2) 可控性好、调速范围宽　直流伺服电动机具有线性的调节特性,能使转速正比于控制电压的大小;转向取决于控制电压的极性(或相位);控制电压为零时,转子惯性很小,能立即停止。直流电动机采用增加槽数和换向片数、齿槽分度均匀、极弧宽度与齿槽配合合理以及斜槽等措施,减少电机转矩波动,提高低速转动精度,从而大大地扩大了调速范围。低速时能提供足够的转矩,高速时也能提供所需功率。

（3）动态响应好　直流伺服电动机具有较大的启动转矩和较小的转动惯量,在控制信号增加、减小或消失的瞬间,直流伺服电动机能快速启动、快速加速、快速减速和快速停止。同时定子采用了矫顽力很高的铁氧体永磁材料,在过载 10 倍的情况下也不会失磁,大大提高了伺服电动机的瞬时加速转矩,改善了动态响应性能。

（4）易调试、控制功率低　由于电动机的转子惯量接近普通电动机,外界负载惯量对伺服系统的影响较小,在调试时可以不加负载预调,联机时再作少量调整即可。控制过程功率低、损耗小。

（5）转矩大　在相同的转子外径和电枢电流的情况下,由于其设计的力矩系数较大,所以产生的力矩也较大,从而使电动机的加速性能和响应特性都有显著的提高,低速时也能输出较大的力矩。直流伺服电动机广泛应用在宽调速系统和精确位置控制系统中,其输出功率一般为 1～600 W,也有达数千瓦。电压有 6 V、9 V、12 V、24 V、27 V、48 V、110 V、220 V 等。转速可达 1 500～1 600 r/min。时间常数低于 0.03。

2. 交流伺服电动机的特点

交流伺服电动机具有如下特点。

（1）具有直流伺服电动机的全部特点。

（2）结构特点　交流伺服电动机采用了全封闭无刷结构,以适应实际生产环境,不需要定期检查和维修。其定子省去了铸件壳体。结构紧凑、外形小、质量小(只有同类直流电动机的75％～90％)。定子铁芯较一般电动机开槽多且深,围绕在定子铁芯上,绝缘可靠,磁场均匀。可对定子铁芯直接冷却,散热效果好,因而传给机械部分的热量小,提高了整个系统的可靠性。转子采用具有精密磁极形状的永久磁铁,因而可实现高转矩/惯量比,动态响应好,运行平稳。转轴安装有高精度的脉冲编码器作为检测元件。因此交流伺服电动机以其高性能、大容量日益受到广泛的重视和应用。

3. 选用原则

1）满足负载要求原则

伺服电动机的选择,首先要保证能提供负载所需要的转矩和转速。从偏安全的角度讲,就是能够提供克服峰值负载所需要的功率。要求电动机在峰值负载转矩以下峰值转速不断的驱动负载,则电动机功率

$$P_{\mathrm{m}} = (1.5 \sim 2.5) \frac{T_{\mathrm{LP}} n_{\mathrm{LP}}}{159 \eta} \tag{6.1}$$

式中：T_{LP}——负载峰值力矩(N·m)；

n_{LP}——电动机负载峰值转速(r/s)；

η——传动装置的效率,初步估算时取 $\eta=0.7\sim0.9$。

其次,当电动机的工作周期可以与其发热时间常数项比较时,必须考虑作为确定电动机发热功率的基础。选择发动机时应满足发热校核公式,即

$$T_{\mathrm{N}} \geqslant T_{\mathrm{Lr}} \tag{6.2}$$

$$T_{\mathrm{Lr}} = \sqrt{\frac{1}{t} \int_0^t (T_{\mathrm{L}} + T_{\mathrm{La}} + T_{\mathrm{LF}})^2 \mathrm{d}t} \tag{6.3}$$

式中：T_{N}——电动机额定转矩(N·m)；

T_{Lr}——折算到电动机轴上的负载方均根转矩(N·m)；

t——电动机循环工作时间(s)；

T_{La}——折算到电动机转子上的等效惯性力矩($kg \cdot m^2$);

T_{LF}——折算到电动机上的摩擦力矩($N \cdot m$)。

转矩过载校核,校核公式为

$$(T_L)_{max} \leqslant (T_m)_{max} \tag{6.4}$$

而$(T_m)_{max} = \lambda T_N$

式中:$(T_L)_{max}$——折算到电动机轴上的负载力矩的最大值($N \cdot m$);

$(T_m)_{max}$——电动机输出转矩的最大值(过载转矩)($N \cdot m$);

T_N——电动机的额定力矩($N \cdot m$);

λ——电动机的转矩过载系数,具体数值可向电动机的设计、制造单位了解。对直流伺服电动机,$\lambda \leqslant 2.0$;对交流伺服电动机,$\lambda \leqslant 1.5$。

2)惯量匹配原则

实践和理论分析表明,J_e/J_m比值的大小对伺服驱动系统性能有很大的影响,且与交流伺服电动机种类及其应用场合有关。

(1)对于采用惯量较小的交流伺服电动机的伺服系统,其比值通常推荐为

$$1 < \frac{J_e}{J_m} < 3$$

当J_e/J_m时,对电动机的灵敏度与响应时间有很大的影响,甚至会使伺服驱动器不能在正常调节范围内工作。

小惯量交流伺服电动机的惯量低达$J_m \approx 5 \times 10^{-5}\ kg \cdot m^2$,其特点是转矩/惯量比大,时间常数小,加减速能力强,所以其动态性能好,响应快。但是,使用小惯量电动机容易发生对电源频率的响应共振,当存在间隙、死区时容易造成振荡或蠕动,这才提出"惯量匹配原则",并有了在数控机床伺服进给系统采用大惯量电动机的必要性。

(2)对于采用大惯量交流伺服电动机的伺服系统,其比值通常推荐为

$$0.25 < \frac{J_e}{J_m} < 1$$

所谓大惯量是相对小惯量而言,其数值$J_m = (0.1 \sim 0.6) \times 10^{-5}\ kg \cdot m^2$。大惯量宽调速伺服电动机的特点是惯量大、转矩大,且能在低速下提供额定转矩,常常不需要传动装置,而与滚珠丝杠直接相连,而且受惯性负载的影响小,调速范围大;热时间常数有的长达100 min,比小惯量电动机的热时间常数2~3 min长得多,并允许长时间的过载,即过载能力强。其次,由于其特殊构造使其转矩波动系数很小(<2%)。因此,采用这种电动机能获得优良的低速范围的速度刚度和动态性能,在现代数控机床中应用较广。

6.2　开环进给伺服驱动系统

采用步进电动机作为动力的伺服系统称为开环进给伺服驱动系统,其组成如图6.1所示。在开环进给伺服系统中,指令信号是单向流动的。由机床数控装置送来的指令脉冲,经驱动电路、功率步进电动机或电液脉冲马达、减速器、丝杠螺母副转换成机床工作台的移动。开环系统没有位置和速度反馈回路,因此省去了检测装置,系统简单可靠,不需要像闭环进给伺服系统那样进行复杂的计算与校正。

开环进给伺服驱动系统的脉冲当量一般取为0.01 mm或0.001°,也可选用0.002~

0.005 mm或0.002°～0.005°。脉冲当量小,进给位移的分辨率和精度就高。但由于进给速度 $v = 60f\delta$ 或 $\omega = 60f\delta$,在同样的最高工作频率 f 时,脉冲当量 δ 越小,则最大进给速度之值也越小。在开环进给伺服驱动系统中使用齿轮传动,不仅是为了求得所需的脉冲当量 δ,还有满足结构要求和增大转矩的作用。

步进电动机开环进给伺服驱动系统由于具有结构简单、使用维护方便、可靠性高、制造成本低等一系列优点,在中小型机床和速度、精度要求不十分高的场合得到了广泛的应用,并适合用于发展简化功能的经济型数控机床和对现有的普通机床进行数控化技术改造。

6.2.1　步进电动机的工作原理

步进电动机的工作原理实际上是电磁铁的工作原理。以图6.4所示的步进电动机为例,

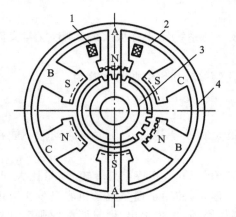

图6.4　单定子、径向分相、反应式步进电动机结构
1—绕组;2—定子铁芯;3—转子铁芯;4—A相磁通 Φ_A

当A相绕组通电时,转子的齿与定子A—A上的齿对齐。若A相断电,B相通电,由于磁力的作用,转子的齿与定子B—B上的齿对齐,转子顺时针方向转过3°,如果控制路线不停地按A→B→C→A…的顺序控制步进电动机绕组的通断电,步进电动机的转子便不停地顺时针转动。若通电顺序改为A→C→B→A…,步进电动机的转子将逆时针转动。这种通电方式称为三相三拍,而常用的通电方式为三相六拍,其通电顺序为 A→AB→B→BC→C→CA→A…及 A→AC→C→CB→B→BA→A…,相应地,定子绕组的通电状态每改变一次,转子转过1.5°。

综上所述,可以得到如下结论。

(1)步进电动机定子绕组的通电状态每改变一次,它的转子便转过一个确定的角度,即步进电动机的步距角 α。

(2)改变步进电动机定子绕组的通电顺序,转子的旋转方向随之改变。

(3)步进电动机定子绕组通电状态的改变速度越快,其转子旋转的速度也越快,即通电状态的变化频率越高,转子的转速越高。

(4)步进电动机步距角 α 与定子绕组的相数 m、转子的齿数 z、通电方式 k 有关,可表示为

$$\alpha = \frac{360°}{mzk} \tag{6.5}$$

式中:m 相 m 拍时,$k=1$;m 相 $2m$ 拍时,$k=2$。

6.2.2　步进电动机的分类

步进电动机的分类方式很多,根据不同的分类方式,可将步进电动机分为多种类型,如表6.1所示。

表 6.1　步进电动机的分类

分 类 方 式	具 体 类 型
按力矩产生的原理	(1) 反应式:转子无绕组,由被激磁的定子绕组产生力矩实现步进运行; (2) 激磁式:定、转子均有激磁绕组(或转子永久磁钢),用电磁力矩实现步进运行
按输出力矩大小	(1) 伺服式:输出力矩在百分之几到十分之几 N·m,只能按驱动较小的负载,要与液压扭矩放大器配合,才能驱动机床工作台等较大的负载; (2) 功率式:输出力矩在 5~50 N·m 以上,可以直接驱动机床工作台等较大的负载
按定子数	(1) 单定子式;(2)双定子式;(3)三定子式;(4)多定子式
按各组绕组分布	(1) 径向分相式:电动机各相按圆周依次排列; (2) 轴向分相式:电动机各相按轴向依次排列

图 6.4 所示为一种典型单定子、径向分相、反应式步进电动机的结构。它与普通电动机一样,分为定子和转子两部分,其中定子又分为定子铁芯和定子绕组。定子铁芯由硅钢片叠压而成。定子绕组是绕置在定子铁芯上 6 个均匀分布的齿上的线圈,在直径方向上相对的两个齿上的线圈串联在一起,构成一相控制绕组。图 6.4 所示的步进电动机可构成三相控制绕组,故也称三相步进电动机。若任一相绕组通电,便形成一组定子磁极,其方向即图中所示的 NS极。在定子的每个磁极上,即定子铁芯上的每个齿上又开了 5 个小齿,齿槽等宽,齿间夹角是 9°,转子上没有绕组,只有均匀分布的 40 个小齿,齿槽也是等宽的,齿间夹角也是 9°,与磁极上的小齿一致。此外,三相定子磁极上的小齿在空间位置上依次错开 1/3 齿距。当 A 相磁极上的小齿与转子上的小齿对齐时,B 相磁极上的齿刚好超前(或滞后)转子齿 1/3 齿距角,C 相磁极齿超前(或滞后)转子齿 2/3 齿距角。

6.2.3　步进电动机的特性

(1) 步距角和静态步距误差　步进电动机的步距角 α 是决定开环伺服驱动系统脉冲当量的重要参数,数控机床中常见的反应式步进电动机的步距角一般为 $0.5°\sim3°$。一般情况下,步距角越小,加工精度越高。静态步距误差指理论的步距角和实际的步距角之差,以分表示,一般在 $10'$ 之内。步距误差主要由步进电动机齿距制造误差、定子和转子间气隙不均匀及各相电磁转矩不均匀等因素造成的。步距误差直接影响工件的加工精度及步进电动机的动态特性。

(2) 启动频率 f_q　空载时,步进电动机由静止突然启动,并进入不丢步的正常运行所允许的最高频率称为启动频率或者突跳频率,用 f_q 表示。若启动时频率大于突跳频率,步进电动机就不能正常启动。f_q 与负载惯量有关,一般说来随着负载惯量的增长而下降。空载启动时,步进电动机定子绕组通电状态变化的频率不能高于该突跳频率。

(3) 连续运行的最高工作频率 f_{max}　步进电动机连续运行时,它所能接受的,即保证不丢步运行的极限频率 f_{max} 称为最高工作频率。它是决定定子绕组通电状态最高变化频率的参数,它决定了步进电动机的最高转速。其值远大于 f_q,且随负载的性质和大小而异,与驱动电源也有很大关系。

（4）加减速特性　步进电动机的加减速特性是描述步进电动机由静止到工作频率和由工作频率到静止的加减速过程中，定子绕组通电状态的变化频率与时间的关系。当要求步进电动机启动到大于突跳频率的工作频率停止时，变化速度必须逐渐下降。逐渐上升和下降的加速时间和减速时间不能过小，否则会出现失步或超步。我们用加速时间常数 T_a 和 T_d 来描述步进电动机的升速和降速特性，如图 6.5 所示。

（5）矩频特性与动态转矩　矩频特性 $M=F(f)$ 是描述步进电动机连续稳定运行时输出转矩与连续运行频率之间的关系。如图 6.6 所示，该特性上每一个频率对应的转矩称为动态转矩。可见，动态转矩随连续运行频率的上升而下降。

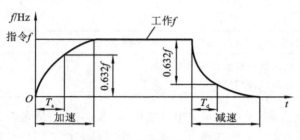

图 6.5　加减速特性曲线

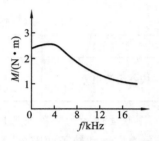

图 6.6　转矩-频率特性曲线

上述步进电动机的主要特性除第一项外，其余均与驱动电源有很大关系。驱动电源性能好，步进电动机的特性可得到明显改善。

6.2.4　步进电动机的驱动

根据步进式伺服驱动系统的工作原理，步进电动机驱动控制线路的功能是：将具有一定频率 f、一定数量和方向的进给脉冲转换成控制步进电动机各相定子绕组通断电的电平信号，电平信号的变化频率、变化次数和通断电顺序与进给指令脉冲的频率、数量和方向对应。为了能够实现该功能，一个较完善的步进电动机的驱动控制线路应包括脉冲混合电路、加减脉冲分配电路、加减速电路、环形分配器和功率放大器（见图 6.7），并应能接受和处理各种类型的进给指令控制信号如自动进给信号、手动信号和补偿信号等。脉冲混合电路、加减脉冲分配电路、加减速电路和环形分配器可用硬件线路来实现，也可用软件来实现。

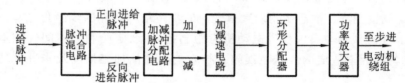

图 6.7　驱动控制线路框图

1. 脉冲混合电路

无论是来自于数控装置的插补信号，还是各种类型的误差补偿信号、手动进给信号及手动、回原点信号等，它们的目的无非是使工作台正向进给或负向进给。必须首先将这些信号混合为使工作台正向进给的"正向进给"信号或使工作台负向进给的"负向进给"信号。这一功能由脉冲混合电路实现。

2. 加减速脉冲分配电路

当机床在进给脉冲的控制下正在沿某一方向进给时，由于各种补偿脉冲的存在，可能还会出现极个别的反向进给脉冲,这些与正在进给方向相反的个别脉冲指令的出现,意味着执行元件即步进电动机正在沿着一个方向旋转时,再向相反的方向旋转极个别几个步距角。根据步进电动机的工作原理,要做到这一点,必须首先使步进电动机从正在旋转的方向静止下来,然后才能向相反的方向旋转,待旋转极个别几个步距角后,再恢复至原来的方向继续旋转进给。这从机械加工工艺性方面来看是不允许的,即使是允许,控制路线也相当复杂。一般采用的方法是,从正在进给方向的进给脉冲指令中抵消相同数量的相反方向补偿脉冲,这也正是加减脉冲分配电路的功能和作用。

3. 加减速电路(又称自动升降速电路)

根据步进电动机加减速特性,进入步进电动机定子绕组的电平信号的频率变化要平滑,而且应有一定的时间常数。但由加减脉冲分配电路来的进给脉冲频率的变化是有跃变的。因此,为了保证步进电动机能够正常可靠工作,此跃变频率必须首先进行缓冲,使之变成符合步进电动机加减速特性的脉冲频率,然后再送入步进电动机的定子绕组。加减速电路就是为此而设置的。图 6.8 所示为一种加减速电路的工作原理。

图 6.8　加减速电路原理框图

该加减速电路由同步器、可逆计数器、数模转换电路和 RC 变频振荡器四部分组成。同步器的作用是使得进给脉冲 P_a(其频率为 f_a)和由 RC 变频振荡器来的脉冲脉冲 P_b(其频率为 f_b)不会在同一时刻出现,以防止 P_a 和 P_b 同时进入可逆计数器,使可逆计数器在同一时刻既作加法又作减法,产生计数错误。RC 变频振荡器的作用是将经数/模转换器输出的电压信号转换成脉冲信号,脉冲的频率与电压值的大小成正比。可逆计数器是既可作加法又可作减法计数的计数器,但不允许在同一时刻既做加法又作减法。数模转换器的作用是将数字量转换为模拟量。

系统工作前,先将可逆计数器清"0",振荡器输出脉冲的频率 $f_b = 0$。

进给开始时,进给脉冲的频率 f_a 由 0 跃变到 f_1,而 $f_b = 0$,可逆计数器的存数 i 以频率 f_1 变化、增长。但由于开始时计数器内容为零。RC 变频振荡器输出脉冲的频率 f_b 也就是由零以对应于计数器存数增长的速度逐渐增大,f_b 增加以后,又反馈回去使可逆计数器作减法计数,抑制计数器存数的增长。计数器存数 i 增长速度减小之后,振荡器输出脉冲的频率 f_b 增加的速度也随之减少,经时间 t_T 后,$f_a = f_b(f_1 = f_2)$,这就是升速过程。

在 $f_a = f_b$ 后,计数器存数 i 增长速度为零,即存数不变,因而振荡器的频率亦稳定下来,此过程是匀速过程。

若经过一段时间 t_2 后进给脉冲由 f_2 突变为零,计数器的存数便以 $f_b = f_1$ 的频率下降,相应地,振荡器输出的脉冲频率 f_b 随之下降,直到计数器为零,$f_b = 0$,步进电动机停止运转,这个过程就是降速过程。

在整个升速、匀速和降速过程中,进给脉冲 P_a 使可逆计数器作加法计数,RC 变频振荡器的输出脉冲 P_b 使可逆计数器做减法计数,而最后计数器的内容为零,故进给脉冲 P_a 的个数和 RC 变频振荡器的输出脉冲 P_b 的个数是相等的。由于 RC 变频振荡器输出的脉冲 P_b 是进入步进电动机的工作脉冲,因此,经过该加减速电路保证不会产生丢步。图 6.9 所示为加减速电

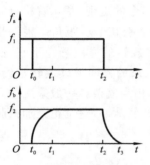

**图 6.9　加减速电路输入
输出特性曲线**

路输入输出特性曲线。

4. 环形分配器

环形分配器的作用是把来自加减速电路的一系列进给脉冲指令，转换成控制步进电动机定子绕组通、断电的电平信号，电平信号状态的改变次数及顺序与进给脉冲的个数及方向对应。如对于三相三拍步进电动机，若"1"表示通电，"0"表示断电，A、B、C 是其三相定子绕组，则经环形分配器后，每来一个进给脉冲指令，A、B、C 应按(100)→(010)→(001)→(100)→…顺序改变一次。

功率步进电动机一般采用五相或六相制，现以五相十拍(2-3相同时通电)为例说明环形分配器的工作原理。五相步进电动机的五相十拍的通电顺序是 AB→ABC→BC→BCD→CD→CDE→DE→DEA→EA→EAB…。

五相十拍环形分配器原理如图 6.10 所示。它是由集成电路与非门、驱动反相器和 J-K 触发器组成的。五个 J-K 触发器引出五个输出端，分别控制电动机 A、B、C、D、E 五相绕组的通、断电。开始由清零控制线置"0"信号将五个触发器都置成"0"状态。由于连到步进电动机各相绕组的信号，A、B、C 三相是从触发器的 A 端接出的，而 D、E 两相是从触发器的 $\overline{A}$ 端接出的。触发器的"0"状态对 A、B、C 三相而言是激磁状态，而对 D、E 两相为非激磁状态。所以清零状态为 A、B、C 三相通电。所有触发器的同步触发脉冲由数控装置的进给控制脉冲经两级驱动反向器控制。触发器 J、K 端的控制信号由数控装置来的正向进给信号 K^+ 或负向进给信号 K^- 和各触发器的反馈信号经逻辑控制门组合而成，以保证各触发器按一定的规律翻转。下面以正向进给情况为例，此时 K^+ 为"1"，K^- 为"0"，则 K^- 信号封住负向控制门，只有正向控制门起作用。进给脉冲未到之前，各触发器为原始清零状态，A、B、C 三相通电。此时各触发器的 J 控制端状态为

$$A_{1J} = K^+ \cdot A_3 = 1 \cdot 1 = 1$$
$$A_{2J} = K^+ \cdot A_4 = 1 \cdot 0 = 0$$
$$A_{3J} = K^+ \cdot A_5 = 1 \cdot 0 = 0$$
$$A_{4J} = K^+ \cdot A_1 = 1 \cdot 0 = 0$$
$$A_{5J} = K^+ \cdot A_2 = 1 \cdot 0 = 0$$

由此看来，只有 A_1 触发器的 J 端信号与 A_1 触发器本身状态不符，这为下次翻转准备了条件。当第一个进给脉冲来到时，进给脉冲的下降沿只使 A_1 触发器由"0"态翻转成"1"态，其余触发器保持原态不变，故此时通电相变为 B、C。由于 A_1 触发器翻转，使 A_4 触发器的 J 端控制信号 A_{4J} 由"0"变成"1"，A_{1J} 仍为"1"，其余全为"0"。同理可知，此时只有 A_{4J} 信号与 A_4 触发器本身状态不符，为其下次翻转准备了条件。当第二个进给脉冲的下降沿到来时，使 A_4 触发器由"0"翻成"1"状态，其余触发器保持原态不变，故此时通电相变成 B、C、D。与此同时，A_{2J} 为"1"，为 A_2 触发器翻转准备了条件。以此类推，不难得到表 6.2 所示正向进给时环形分配器的真值表。负向进给时，K^+ 为"0"封住正向控制门，K^- 为"+"，打开负向控制门，其动作的原理与正向进给一样，只是各相绕组通电循环变成：ABC→AB→EAB→EA→DEA→DE→CDE→CD→BCD→BC→ABC。在实际使用中，应尽量避免采用各单相轮流通电的控制方式，而应采用控制拍数为电动机相数两倍的通电方式。这对提高电磁力矩，提高启动和连续运行频率，减小振荡及提高电动机运行稳定性有很大好处。

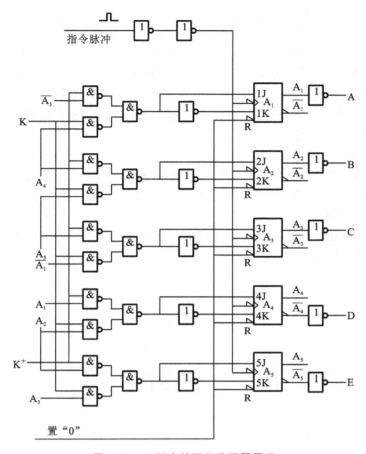

图 6.10 五相十拍环形分配器原理

表 6.2 正向进给时环形分配器真值表

进给控制脉冲输入顺序	$A_{1J}=$ $K^+ \cdot A_3$	$A_{2J}=$ $K^+ \cdot A_4$	$A_{3J}=$ $K^+ \cdot A_5$	$A_{4J}=$ $K^+ \cdot A_1$	$A_{5J}=$ $K^+ \cdot A_2$	触发器状态					输出通电相
						A_1	A_2	A_3	A_4	A_5	
0	1	0	0	0	0	0	0	0	1	1	ABC
1	1	0	0	1	0	1	0	0	1	1	BC
2	1	1	0	1	0	1	0	0	0	1	BCD
3	1	1	0	1	1	1	1	0	0	1	CD
4	1	1	1	1	1	1	1	0	0	0	CDE
5	0	1	1	1	1	1	1	1	0	0	DE
6	0	1	1	0	1	0	1	1	0	0	DEA
7	0	0	1	0	1	0	1	1	1	0	EA
8	0	0	1	0	0	0	0	1	1	0	EAB
9	0	0	0	0	0	0	0	1	1	1	AB
10	1	0	0	0	0	0	0	0	1	1	(ABC)

　　另外,近年来国内、外集成电路厂家针对步进电动机的种类、相数和驱动方式等,开发了一系列步进电动机控制专用集成电路,如国内的 PM03—三相电动机控制,PM04—四相电动机控制,PM05—五相电动机控制,PM06—六相电动机控制;国外的 PMM8713、PPMC101B 等专用集成电路。采用专用集成电路有利于降低系统的成本和提高系统的可靠性,而且能够大大方便用户。当需要更换电动机本身时,不必改变电路设计,仅仅改变一下电动机的输入参数就可以了,同时通过改变外部参数也能变换励磁方式。在一些具体应用场合,还可以用计算机软件实现脉冲序列的环形分配。

5. 功率放大器

　　从环形分配器来的进给控制信号的电流只要几毫安,而步进电动机的定子绕组需要几安培电流。因此,需要对从环形分配器来的信号进行功率放大,以提供幅值足够、前后沿比较好的励磁电流。常用的电路有以下两种。

　　(1)单电压供电功放电路　图 6.11 所示为一种典型的单电压供电功放电路,步进电动机的每一相都有一套这样的电路。

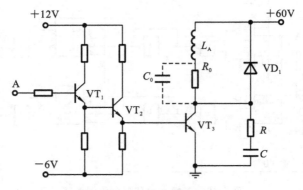

图 6.11　单电压供电功放电路

　　电路由两级射级跟随器和一级功率放大器组成。第一级射级跟随器主要起隔离作用,使功率放大器对环形分配器的影响减小,第二级射极跟随器 VT_2 管处于放大区,用以改善功放器的动态特性。另外由于射极跟随器的输出阻抗较低,可使加到功率管 VT_3 的脉冲前沿较好。

　　当环形分配器的 A 输出端为高电平时,VT_3 饱和导通,步进电动机 A 相绕组 L_A 中的电流从零开始按指数规律上升到稳态值。当 A 端为低电平时,VT_1、VT_2 处于小电流放大状态,VT_2 的射极电位,也就是 VT_3 的基极电位不可能使 VT_3 导通,绕组 L_A 断电。此时,由于绕组的电感存在,将在绕组两端产生很大的感应电动势。它和电源电压加到一起加到 VT_3 管上,将造成过压击穿。因此,绕组 L_A 并联有续流二极管 VD_1,VT_3 的集电极与发射极之间并联 RC 吸收回路,以保护功率管 VT_3 不被损坏。在绕组 L_A 上串联电阻 R_0,用以限流和减小供电回路的时间常数,并联加速电容 C_0 以提高绕组的瞬间过压,这样可使 L_A 中的电流上升速度提高,从而提高启动功率。但是串入电阻 R_0,功耗增大。为保持稳态电流,相应的驱动电压较无串接电阻时也要大为提高,对晶体管的耐压要求更高,为了克服上诉缺点,出现了双电压供电电路。

　　(2)双电压供电功放电路　双电压供电功率放大电路又称高低电压供电功放电路,图 6.12所示为双电压供电定时切换电路的工作原理。该电路包括功率放大级(由功率管 VT_g、

VT$_d$组成)、前置放大器和单稳延时电路。二极管 VD$_d$ 是用作高低压隔离的,VD$_g$ 和 R_g 是高压放电回路。高压导通时间由单稳延时电路整定,通常为 $100 \sim 600\ \mu s$,对功率步进电动机可达几千微秒。

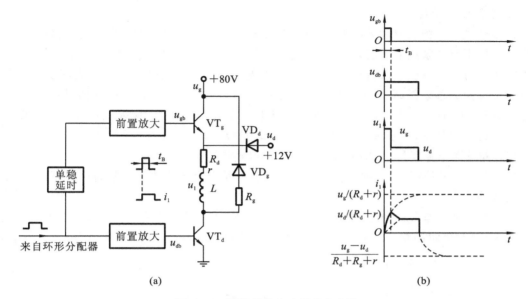

图 6.12 双电压供电功率放大电路

(a) 原理框图 (b) 波形图

当环形分配器输出高电平时,两只功率放大管 VT$_g$、VT$_d$ 同时导通,电动机绕组以 $+80$ V 电压供电,绕组电流按 $L/(R_d+r)$ 的时间常数向电流稳定值 $u_g/(R_d+r)$ 上升,当达到单稳延时时间时,VT$_g$ 管截止,改由 $+12$ V 供电。维持绕组额定电流。若高低压之比为 u_g/u_d 倍,上升时间明显减小。当低压断开时,电感 L 中储能通过 R_g VD$_g$ 及 $u_g u_d$ 构成的回路放电,放电电流的稳态值为 $(u_g/u_d)(R_g+R_d+r)$,因此也加快了放电过程。这种供电电路由于加快了绕组电流的上升和下降过程,故有利于提高步进电动机的启动频率和最高连续工作频率。由于额定电流是由低压维持的,只需较小的限流电阻,功耗大为减小。

6.2.5 步进电动机的控制

步进式伺服驱动系统是一个开环系统,在此系统中,步进电动机的质量、机械传动部分的结构和质量以及控制电路的完善与否,均影响到系统的工作精度。要提高系统的精度,要从这几个方面考虑:如改善步进电动机的性能,减小步距角;采用精密传动副,减少传动链中传动间隙等。但这些因素往往由于结构和工艺的关系受到一定的限制。为此,需要从控制方法中采取一些措施,弥补其不足。

1. 传动间隙补偿

在进给传动结构中,提高传动元件的制造精度并采取消除传动间隙的措施,可以减小但不能消除传动间隙,由于传动系数的存在,接收反向进给的指令后,最初的若干个指令脉冲只能起到消除间隙的作用,因此产生了传动误差。传动间隙补偿的基本方法是:当接收方向位移指令后,首先不向步进电动机输送反向位移脉冲,而是由间隙补偿电路或补偿软件产生一定数量的补偿脉冲,使步进电动机转动越过传动间隙,然后再按指令脉冲使执行部件作准确的位移。

间隙补偿的数目由实测决定,并作为参数存储起来,接收反向指令信号后,每向步进电动机输送一个补偿脉冲的同时,将所存的补偿脉冲数减"1",直至存数为零时,发出补偿完成信号控制脉冲输出门向步进电动机分配进给指令脉冲。

2. 螺距误差补偿

在步进式开环伺服驱动系统中,丝杠的螺距累计误差值直接影响工作台的位移精度,若想提高开环伺服驱动系统的精度,就必须予以补偿。补偿原理如图 6.13 所示。通过对丝杠的螺距进行实测,得到丝杠全程的误差分布曲线。误差有正有负,当误差为正时,表明实际的移动距离大于理论的移动距离,应该采用扣除进给指令脉冲的方式进行误差的补偿,使步进电动机少走,当误差为负时,表明实际的移动距离小于理论的移动距离,应该采取增加进给指令脉冲的方式进行误差补偿,使步进电动机多走。具体的做法如下。

(1) 安置两个补偿杆,分别负责正误差和负误差的补偿。

(2) 在两个补偿杆上,根据丝杠全程的误差分布情况及上述螺距误差的补偿原理,设置补偿开关或挡块。

(3) 当机床工作台移动时,安装在机床上的微动开关每与挡块接触一次,就发出一次误差补偿的信号,对螺距误差进行补偿,以消除螺距积累的误差。

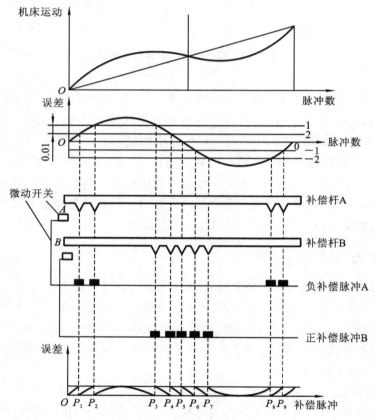

图 6.13　螺距误差补偿原理

3. 细分线路

细分线路是指把步进电动机的一步再分得细一些的线路。如十细分线路,它是将原来输入一个进给脉冲步进电动机走一步变为输入十个脉冲才走一步。换句话说,采用十分线路后,在进给速度不变的情况下,可使脉冲当量缩小到原来的 1/10。

若无细分,定子绕组的电流是由零跃升到额定值的,相应的角位移如图 6.14(a)所示。采用细分后,定子绕组的电流要经过若干小步的变化,才能达到额定值,相应的角位移如图 6.14(b)所示。

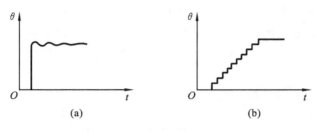

图 6.14　细分前后的一步角位移波形图

（a）无细分　（b）细分后

6.3　直流进给伺服驱动系统

6.3.1　直流伺服电动机的工作原理及分类

直流电动机容易实现调速,他励直流电动机又具有较硬的机械特性,因而在数控伺服系统中早有使用。但由于数控机床的特殊要求,一般的直流电动机不能满足要求,因而目前在进给伺服系统中使用的都是大功率直流伺服电动机,如小惯量电动机和宽调速电动机等。各种直流伺服电动机的基本工作原理与一般他励直流电动机相同,由于结构上不断改进,因而其特性提高较快。

1. 小惯量直流电动机

小惯量电动机与一般直流电动机的区别在于:其转子为光滑无槽的铁芯,用绝缘粘合剂直接把线圈黏在铁芯表面,且转子长而直径小,气隙尺寸比一般直流电动机大 10 倍以上,输出功率一般在几十瓦到 10 千瓦,主要用于要求快速动作、功率较大的系统。小惯量直流伺服电动机具有以下特点。

（1）转动惯量小,约为一般直流电动机的 1/10。

（2）由于气隙大,电枢反应较小,具有良好的换向性能,机电时间常数（又称机械时间常数,为电动机动态特性的一个重要参数,定义为当施加一个阶跃电压时,电动机电枢达到整个速度 63.2% 时所需的时间）只有几个毫秒。

（3）由于转子无槽,大大减低了低速时电磁转矩的波动和不稳定性,保证了低速运行的稳定性和均匀性,在转速低达 10 r/min 时无爬行现象。

（4）过载能力强。最大电磁转矩可达额定值的 10 倍。

（5）热时间常数较小,允许过载的持续时间不能太长。

2. 宽调速直流伺服电动机

小惯量电动机是以减少电动机转动惯量来提高电动机的快速性,而宽调速直流伺服电动机则是在维持一般直流电动机较大转动惯量的前提下,以尽量提高转矩的方法来改善其动态特性的,又称为大惯量宽调速直流伺服电动机或大惯量直流电动机。它既有普通直流电动机的各项优点,又具有小惯量电动机的快速响应性能,即较好的输出转矩/惯量的比值,易与机床惯量匹配,因而得到广泛的应用。宽调速直流伺服电动机还可同时在电动机内安装上测速发电机、旋转变压器、编码盘等检测装置及制动装置。

宽调速直流伺服电动机的结构形式与一般直流电动机相似,通常采用他激式,目前几乎都用永磁式电枢控制。它具有以下特点。

(1) 高转矩　在相同的转子外径和电枢电流的情况下,由于其设计的力矩系数较大,所以产生的力矩也较大,从而使电动机的加速性能和响应特性都有显著的提高,在低速时输出较大的力矩,可以不经减速齿轮而直接驱动丝杆,从而避免由于齿轮传动间隙所产生的噪声、振动及齿隙造成的误差。

(2) 调速范围宽　它采用增加槽数和换向片数、齿槽分度均匀、极弧宽度与齿槽配合合理及斜槽等措施,减小电动机转矩的波动,提高低速转动的精度,从而大大地扩大了调速范围。它不但在低速时提供足够的转矩,在高速时也能提供所需的功率。

(3) 动态响应好　由于定子采用了矫顽力很高的铁氧体永磁材料,在电动机电流过载10倍的情况下也不会被去磁,这就大大提高了电动机瞬时加速转矩,改善了动态响应性能。

(4) 过载能力强　由于采用了高级的绝缘材料,转子的惯性又不大,允许过载转矩达5～10倍。而且在密闭的自然空冷条件下可以长时间地超负荷运转。

(5) 易于调试　由于直流电动机转子惯量接近于普通电动机,外界负载惯量对伺服系统的影响较小,在调试中可以不加负载预调,联机时再作少量的调整即可。

6.3.2　永磁直流伺服电动机

永磁式直流伺服电动机与普通直流电动机相同,但电枢铁芯长度与直径之比较大,气隙也较小,磁场由永久磁钢产生,无需励磁电源。

图6.15所示为永磁直流伺服电动机的结构。转子绕组通过电刷供电,在转子的尾部装有测速发电机和旋转变压器(或光电编码器),它的定子磁极是永久磁铁,稀土永磁材料具有很大的磁能积和较大的矫顽力。把永磁材料用在电动机中不但可以节约能源,还可以减少发动机发热,减少电动机的体积。永磁式直流伺服电动机与普通直流电动机相比过载能力更高,转矩转动惯量比更大,加速度大,响应快,低速输出的转矩大,调速范围宽。因此,直流伺服电动机曾广泛应用于数控机床进给伺服系统中。由于几年来出现了性能更好的转子为永磁铁的交流伺服电动机,这种电动机在数控机床上的应用才越来越少。

6.3.3　直流伺服电动机的 PWM 调速

直流伺服电动机的调速方法主要是调整电动机电枢电压。一般直流速度控制单元较多采用晶闸管(即晶闸管 SCR)调速系统和晶体管脉宽调制(PWM)调速系统。目前使用最为广泛的方法是晶体管脉宽调制调速。

1. PWM 调速系统的特点

(1) 频带宽　晶体管的"结电容"小,截止频率高于晶闸管,因此可允许系统有较高的工作频率,PWM 系统的开关工作频率多为 2 kHz 或 5 kHz。远大于 SCR 系统,整个系统的快速响应好,能给出极快的定位速度和很高的定位精度,适合于启动频繁的场合。

(2) 电动机脉动小　输出转矩平稳,对低速加工有利。

(3) 电源的功率因数高。

(4) 动态硬度好,系统具有良好的线性。

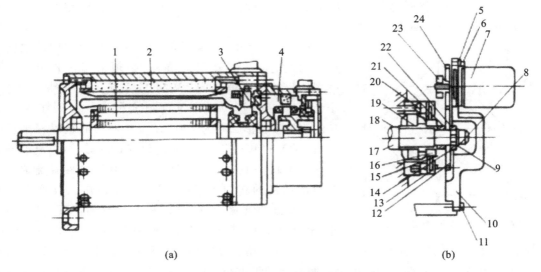

图 6.15　永磁式直流伺服电动机的结构

1—转子;2—定子(永磁体);3、15—电刷;4—低波纹测速机;5—旋变支承;
6—内六角螺栓 M3;7—旋转变压器;8—内六角螺栓 M6;9—弹簧垫圈;10—安装平面;
11—内六角螺栓 M4;12—齿轮;13—小平头螺钉;14—平垫圈;16—整流子;17—电动机轴;
18、21、22—空隔圈;19—测速机;20—小沉头螺钉;23—夹紧螺母;24—小间隙齿轮

2. 脉宽调制器的工作原理

脉宽调制器的基本工作原理是:利用大功率晶体管的开关作用,将直流电压转换成一定频率的方波电压,加到直流电动机的电枢上。通过对方波脉冲宽度的控制,改变电枢的平均电压,从而调节电动的转速。图 6.16 所示为 PWM-M 系统的工作原理。设将图 6.16(a)所示的开关 S 周期地闭合、断开,开和关的周期是 T。在一个周期内,闭合的时间为 τ,断开的时间为 $T-\tau$。若外加电源的电压 U 是常数,则电源加到电动机电枢上的电压波形将是一个方波列,其高低压为 U,宽度为 τ,如图 6.16(b)所示。它的平均值 U_a 为

$$U_a = \frac{1}{T}\int_0^\tau u\mathrm{d}t = \frac{\tau}{T}U = \delta rU \tag{6.6}$$

式中:δ——τ/T,称为导通率。当 T 不变时,只要连续地改变 $\tau(0\sim T)$,就可使电枢电压的平均值(即直流分量 U_a)由零连续变化至 U,从而连续地改变电动机的转速。实际的 PWM-M 系统用大功率三极管代替开关 S,其开关频率是 2 000 Hz,即 $T=1/2\,000=0.5$ ms。

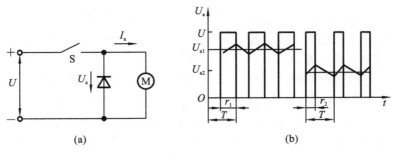

图 6.16　PWM-M 调速系统的电气原理

图 6.16 中的二极管是续流二极管,当 S 断开时,由于电枢电感 L_a 的存在,电动机的电枢电流 I_a 可通过它形成回路而流通。

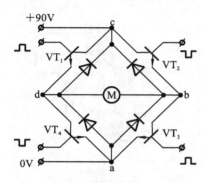

图 6.17 PWM-M 系统的主回路

图 6.16 所示的电路只能实现电动机单方向的速度调节。为使电动机实现双向调速,必须采用桥式电路。图 6.17 所示的桥式电路为 PWM-M 系统的主回路。图中 4 个大功率三极管 $VT_1 \sim VT_4$ 组成电桥。如果在 VT_1 和 VT_4 的基极加正脉冲的同时,在 VT_2 和 VT_4 的基极加负脉冲,这时 VT_1 和 VT_3 导通,VT_2 和 VT_4 的截止,电流沿 +90 V→c→VT_1→d→M→b→VT_3→a→0 V 的路径流通。设此时电动机的转向为正向。反之,如果在三极管 VT_1 和 VT_3 的基极加负脉冲,在 VT_2 和 VT_4 导通,VT_1 和 VT_3 截止,电流沿 +90 V→c→VT_2→b→M→d→VT_4→a→0 V

的路径流通。电流的方向与前一种情况相反,电动机反向旋转。显然,如果改变加到 VT_1 和 VT_3,VT_2 和 VT_4 这两组管子基极上控制脉冲的正负和导通率 δ_r,就可以改变电动机的转向和转速。

6.4 交流进给伺服驱动系统

由于直流电动机具有优良的调速性能,因此长期以来,在要求调速性能较高的场合,直流进给伺服驱动系统一直占据主导地位。但直流电动机却存在一些固有的缺点,如电刷和换向器易磨损,需经常维护,换向器换向时会产生火花,使电动机的最高转速及应用环境受到限制,并且直流电动机的结构复杂、制造困难、成本高。而交流电动机则无上述缺点,且转子惯量较直流电动机小,动态响应好,它能在较宽的调速范围内产生理想的转矩,结构简单、运行可靠。一般说来,在同样体积下,交流电动机的输出功率可比直流电动机提高 $10\% \sim 70\%$。另外,交流电动机的容量可比直流电动机造得大,达到更高的电压和转速。因此现代进给伺服驱动系统中,则更多采用交流伺服电动机,交流进给伺服驱动系统大有取代直流进给伺服驱动系统之势。

交流进给伺服驱动系统中,一般使用交流异步电动机作为伺服执行元件,交流异步电动机的结构简单,成本低廉,无电刷与换向器磨损等问题,使用可靠,基本上无需维修。交流伺服电动机的工作原理与普通异步电动机相似,然而,由于它在数控机床中作为执行元件,将交流电信号转换为轴上角位移或角速度,所以要求转子速度的快慢能够反映控制信号的相位,无控制信号时它不转动。特别是当它已在转动时,如果控制信号消失,它应立即停止转动。而普通的感应电动机转动起来以后,若控制信号消失,它往往不能立即停止,而要继续转动一会儿。因此,一般交流伺服电动机的转子内阻做得特别大,使它的临界转差率 s_k 大于 1。在电动机运行过程中,如果控制信号降为零,励磁电流仍然存在,气隙中产生一个脉动磁场,此脉动磁场可视为正向旋转磁场和反向旋转磁场的合成。图 6.18 中分别画出了正向及反向旋转磁场切割转子导体后产生的力矩—转速特性曲线 1、2,以及它们的合成特性曲线 3。在图 6.18 中,假设电动机原来在单一正向旋转磁场的带动下运行于 A 点,此时负载力矩是 M_1,一旦控制信号消失,气隙磁场转化为脉动磁场,它可视为正、反向旋转磁场的合成,电动机即按合成特性曲线 3 运行,由于转子的惯性,运行点由 A 移动到 B,此时电动机产生了一个与转子原来转动方向相

反的制动力矩 M_z。在负载力矩 M_1 和制动力矩 M_z 的作用下,电动机转子迅速停止。

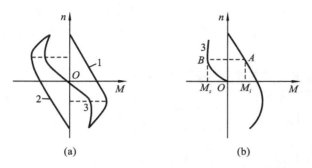

图 6.18　交流伺服电动机的机械特性

6.4.1　交流伺服电动机的分类及特点

在交流进给伺服驱动系统中既可以采用交流异步(感应)电动机,也可以采用交流同步电动机。

交流异步电动机因其结构简单,它与同容量的直流电动机相比,重量约轻 1/2,价格仅为直流电动机的 1/3 左右。它的缺点是不能经济地实现范围较广的平滑调速,必须从电网吸收滞后电流,因而会使电网功率因数变差。

交流同步电动机与交流异步电动机间存在着一个根本的差异,即同步电动机的转速与所接电源的频率之间存在着一种严格的关系;在电源电压和频率固定不变时,它的转速是稳定不变的。因此可以设想,由变频电源供电给同步电动机时,可方便地获得与频率成正比的可变转速,也就可以得到非常硬的机械特性和宽的调速范围。在结构方面,同步电动机虽较异步(感应)电动机复杂,但比直流电动机简单。它的定子与异步电动机一样,而转子则不同。从建立所需磁场的磁势源来说,同步电动机可以分为电磁式及非电磁式及非电磁式两大类。在后一类中又有磁滞式、永磁式和反应式多种。在数控机床进给驱动中多采用永磁式同步电动机。与电磁式同步电动机相比,永磁式同步电动机的优点是结构简单,运行可靠,效率较高;缺点是体积较大,启动特性差。但永磁同步电动机如在结构上采取措施,例如采用高剩磁感应、高矫顽力和稀土类磁铁等,可比直流电动机的外形尺寸约减少 1/2,重量减轻 60%,转子惯量可减少到直流电动机的 1/5。它与异步电动机相比,由于采用永磁铁励磁,消除了励磁损耗及有关的杂散损耗,所以效率高。

2. 结构特点

交流伺服电动机采用了全封闭无刷结构,以适应实际生产环境中不需要定期检查和维修。其定子省却了铸件壳体,结构紧凑、外形小、重量轻(只有同类直流电动机重量的 75% ～ 90%)。定子铁芯的开槽较一般电动机多且深,围绕在定子铁芯上,绝缘可靠磁场均匀。可对定子铁芯直接冷却,散热效果好,因而传给机械部分的热量小,提高了整个系统的可靠性。转子采用具有精密磁极形状的永久磁铁,因而可实现高转矩/惯量比,动态响应好,运行平稳。转轴安装有高精度的脉冲编码器,作为检测元件。因此交流伺服电动机以其高性能、大容量的特点,日益受到广泛的重视和应用。

6.4.2　永磁交流伺服电动机结构及工作原理

永磁交流伺服电动机结构如图 6.19 所示。由图可见,永磁交流伺服电动机主要由三部分组成:定子、转子和检测元件。其中定子具有齿槽,内有三相绕组,形状与普通感应电动机的定子相同。但其外轮廓呈多边形,这样有利于散热,可以避免电动机发热对机床精度的影响。转子由多块永久磁铁和冲片组成。这种结构的优点是气隙磁密较高,极数较多。

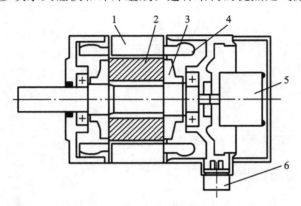

图 6.19　永磁交流伺服电动机的结构

1—定子;2—转子;3—压板;4—定子三相绕组;5—脉冲编码器;6—出线盒

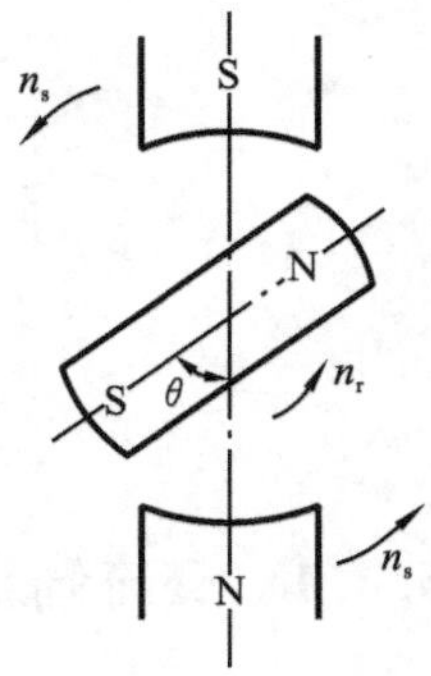

图 6.20　永磁交流伺服电动机的工作原理

永磁交流伺服电动机的工作原理如图 6.20 所示。当定子三相绕组通上交流电源后,二极永磁转子(实际上也可以是多极的),就产生一个旋转磁场,该旋转磁场将以同步转速 n_s 旋转。根据磁极的同性排斥、异性相吸的原理,旋转磁极与转子的永磁磁极互相吸引,并带着转子一起旋转。因此,转子也将以同步转速 n_s 与旋转磁场一起旋转。当转子加上负载转矩之后,将造成定子与转子磁场轴线的不重合,如图 6.20 所示,夹角为 θ 角。随着负载的加大,θ 角也随之增大,而当负载减小时,θ 角也随之减小。因此,当负载发生变化,θ 角也跟着变化,但只要不超过一定的限度,转子始终跟着定子的旋转磁场以恒定的同步转速 n_s 旋转,转子速度 $n_r = n_s = 60f/p$。因此,转子速度取决于电源频率 f 和极对数 p。

但当负载超过一定极限后,转子不再按同步转速旋转,甚至可能不转,这就是所谓同步电动机"失步"现象,此负载的极限称为最大同步转矩。永磁同步电动机和电磁式同步电动机一样,有一个致命的弱点是启动比较困难。这是由于当三相电源供给定子绕组时,虽已产生旋转磁场,但此时转子仍处于静止状态,由于惯性作用跟不上旋转磁场的转动,这样在定子和转子这两对磁极间存在着相对运动,此时转子受到的平均转矩为零。因此,永磁同步电动机往往不能自启动。

从上述分析可见,造成不能自启动的原因是,转子本身存在惯量,定子、转子磁场之间的转速相差过大。为此,电磁式同步电动机在转子上一般都装有启动绕组,将使永磁同步电动机如同异步电动机工作时那样,产生启动转矩,使转子开始转动。当定子速度上升到接近同步转速时,定子磁场与转子永久磁极相吸引,将其拉入同步,然后电动机将以同步转速旋转。

而在永磁交流伺服电动机中多无启动绕组,而且在设计中设法降低转子惯量或是采用多极等方法使定子旋转磁场的同步转速不很大。所以虽无启动绕组还是能使永磁交流伺服电动机直接启动的。另外还可以在速度控制单元中采取措施,使电动机先在低速下启动,然后再提高到所要求的速度。

6.4.3　永磁交流伺服电动机调速

交流伺服电动机的速度调节通常由调频调速的方法实现。交流电动机的转速 n 与电源频

率 f、电动机极对数 p 以及转速的滑差率 s 之间的关系为

$$n = \frac{60f}{p}(1-s) \tag{6.7}$$

对于异步电动机 $s \neq 0$，由式(6.7)可知，改变 f，电动机的转速 n 与 f 成比例变化。但在异步电动机中，定子绕组的反电势为

$$E = 4.44 f\omega k\varphi \tag{6.8}$$

如果略去定子的阻抗压降，则端电压为

$$U \approx E = 4.44 f\omega k\varphi \tag{6.9}$$

由式(6.9)可见，在感应系数 k 为定值的情况下，若端电压不变，则随着频率 f 与相应的同步角度 ω 的升高，气隙磁通 φ 将减小。又从转矩公式

$$M = C_m \varphi I_2 \cos\varphi \tag{6.10}$$

可以看出，φ 值减小，电动机转子的感应电流 I_2 相应减小，势必导致电动机的允许输出转矩 M 下降。因此，变频调速时，为了获得恒转矩输出，需同时改变定子端电压 U 以维持 φ，从而使 M 接近不变。可见交流伺服系统电动机变频调速的关键问题是要获得调频调压的交流电源。

实现调频调压有多种多样的方法，通常都是采用交流—直流—交流的变换电路来实现，这种电路的主要组成部分是电流逆变器。图 6.21 所示是两种典型的变频电路的原理框图。在图 6.21(a)所示的电路中，由担任调压任务的晶闸管整流器、中间直流滤波环节和担任调频任务的逆变器组成，这是一种脉冲幅值调制(PAM)的控制方法。这种电路要改变逆变器输入端的直流电压，以控制逆变器的输出电压，即交流电压，而在逆变器内只对输出的交流电压的频率进行控制。

图 6.21(b)所示的电路由交流—直流变换的二极管整流电路获得恒定的直流电压，再由脉宽调制(PWM)的逆变器完成调频和调压任务，这是脉宽调制的控制方法。逆变器输入为恒定的直流电压，由逆变器对输出的交流电的电压和频率进行控制。这种方案只有一个可控功率级，装置的体积小、价格低、可靠性高，电网的功率因数高，电压和频率的调节速度快，动态性能好，输出的电压电流波形接近于正弦波，因而电动机的运行特性好，是一种常用的方案。

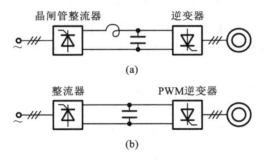

图 6.21 变频调速电路的原理框图

图 6.22(a)所示的是直流电压恒定的电压型脉宽调制式逆变器的结构，图中未画出强迫换流电路。图中的脉宽调制逆变器由开关元件组成。由控制电路获得一组等效于某一频率的正弦电压的等幅而不等宽的矩形脉冲，作为逆变器各开关元件的控制信号，而在逆变器输出端可以获得一组经放大了的类似的矩形脉冲，当然它也等效于同一频率的正弦电压。在实施方案中常采用双极性三角波与幅值、频率均可调的正弦波的交叉点来产生逆变器的开关元件的控制信号，即触发与关断脉冲，如图 6.22(b)所示。常称三角波为载波，频率、幅值可调的正弦

波称为正弦控制波。

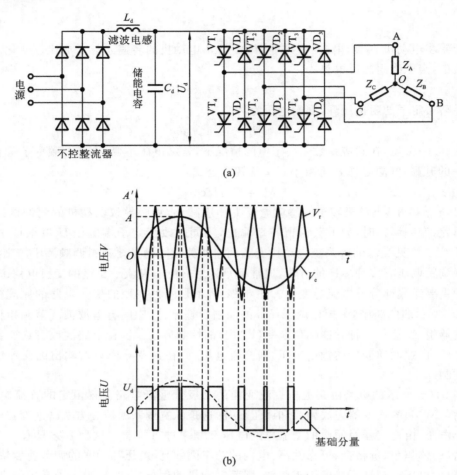

(a)

(b)

图 6.22　电压型脉宽调制式逆变器

对于交流伺服电动机的变频调速系统,正弦控制波可以由矢量变换控制原理来获得。异步电动机的矢量变换控制是一种新的控制理论方法,它的作用是使异步电动机能像直流电动机那样,实现磁通和转矩的单独控制,使异步电动机能够获得与直流电动机同样的控制灵活性和动态特性。有关矢量变换控制原理及其实现可参阅相关文献。

6.5　进给运动闭环位置控制

6.5.1　相位伺服系统比较单元

1. 鉴相式伺服系统的基本组成和工作原理

图 6.23 所示为鉴相式伺服系统框图,它主要由基准信号发生器、鉴相器、检测元件及其信号处理线路、脉冲调相器和执行元件等组成。

基准信号发生器输出的是一列具有一定频率的脉冲信号,其作用是为伺服系统提供一个相位比较的基准。

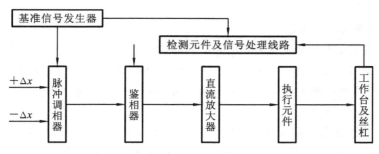

图 6.23　鉴相式伺服系统框图

脉冲调相器又称数字相位转换器,它的作用是将脉冲信号转换为相位变化信号,该相位变化信号可用正弦波或方波表示。若没有脉冲信号输入,脉冲调相器的输出与基准信号发生器输出的基准信号同相位,即两者没有相位差;若有脉冲到来,则每输入一个正向或反向脉冲,脉冲调相器的输出将超前或滞后基准信号一个相应的相位角。

检测元件及信号处理线路的作用是检测工作台的位移,并表达为基准信号之间的相位差。此相位差的大小代表了工作台的实际位移量。

鉴相器的输入信号有两路:一路是来自脉冲调相器的指令进给信号;另一路是来自于检测元件及信号处理线路的反馈信号。这两路信号都用它们与基准信号之间的相位差表示,且同频率,同周期。鉴相器的作用就是鉴别出两个信号之间的相位差,并以与此相位差信号成正比的电压信号输出。

鉴相器的输出信号一般比较微弱,不能直接驱动执行元件,故需要进行电压和功率放大,然后再去驱动执行元件。当执行元件为宽调速直流电动机时,鉴相器的输出首先进行电压、功率放大,然后再送入晶闸管驱动线路,由晶闸管驱动线路驱动执行元件。这些都是驱动线路要完成的工作内容。

鉴相式伺服系统是利用相位比较的原理进行工作的。当数控机床的数控装置要求工作台沿一个方向进给时,插补装置便产生一列进给脉冲。该进给脉冲作为指令信号被送入伺服系统。在伺服系统中,进给脉冲首先经脉冲调相器转变为相对于基准信号的相位差,设为 φ。来自于测量元件及信号处理线路的反馈信号也表示成相对于基准信号的相位差,设为 θ。x 和 θ 分别代表了指令要求工作台的进给距离和机床工作台实际移动的距离。φ 和 θ 被送入鉴相器,在鉴相器中,代表指令要求工作台进给距离的指令信号 φ 和代表机床工作台实际位移距离的反馈信号 θ 进行比较,两者的差值 $\varphi-\theta$ 称为跟随误差。跟随误差信号经电压和功率放大后,驱动执行元件带动工作台移动。当进给开始时,由于工作台没有位移,$\theta=0$,而设 $\varphi=\varphi_1$ 是指令要求工作台进给的距离,φ 和 θ 之差 $\varphi-\theta=\varphi_1$。鉴相器将该相位差检测出来,并作为跟随误差送入驱动线路,由驱动线路依照其大小驱动执行元件拖动工作台进给。工作台进给之后,测量元件检测出此进给位移,并经信号处理线路转变为相对于基准信号的相位差信号,设其值为 θ_1。该信号再次进入鉴相器中与指令信号进行比较,若 $\varphi-\theta=\varphi_1-\theta_1\neq0$,说明工作台实际移动的距离不等于指令信号要求的工作台移动的距离,鉴相器进一步将 φ 和 θ 的差值 $\varphi_1-\theta_1$ 检测出来,送入驱动线路,驱动执行元件继续拖动工作台进给。若 $\varphi-\theta=\varphi_1-\theta_1=0$,则说明工作台移动的距离等于指令信号要求它移动的距离,鉴相器的输出 $\varphi-\theta=0$,驱动线路停止驱动执行元件拖动工作台进给。如果数控装置又发出了新的进给脉冲,伺服系统按上述循环过程继续工作。由此可见,鉴相式伺服系统是一个自动调节系统。如果每个坐标都配备一套这样的系统,即可实现多坐标进给控制。

2. 鉴相式伺服系统的类型

不同的测量元件,其工作原理和输出的信号形式也不同,由此造成了测量元件的控制及其输出信号的处理方法不同。因而,选用的测量元件不同,鉴相式伺服系统的结构也不同。另外,不同的执行元件也使系统的构成有所不同。常见的鉴相式伺服系统可以分为以下几种形式。

(1) 以旋转变压器为测量元件的半闭环伺服系统　图 6.24 所示为以旋转变压器为测量元件的半闭环伺服系统的框图。它的执行元件是宽调速直流电动机。在该系统中,基准信号发生器一方面控制脉冲调相器,使进给脉冲按一定的比例转换成相位的变化,另一方面经励磁线路产生出旋转变压器的激磁信号,整形线路将旋转变压器的输出变成与脉冲调相器的输出同形式的信号。鉴相器的输出经直流放大之后,首先驱动宽调速直流电动机的晶闸管驱动线路,然后再由晶闸管线路驱动宽调速直流电动机带动工作台移动。为消除丝杆和工作台之间存在着传动误差,可采用步进式开环伺服驱动系统所采取的措施,如齿隙补偿和螺距误差补偿等,或者采用闭环伺服驱动系统。

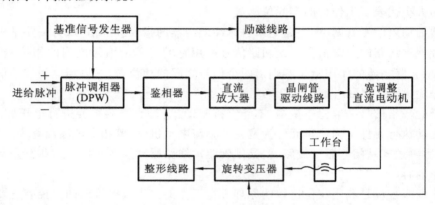

图 6.24　由旋转变压器组成的半闭环伺服系统框图

(2) 以直线式感应同步器为测量元件的闭环伺服系统　该系统与半闭环伺服系统的唯一区别是测量元件直接装在机床的工作台上。整个系统的构成与半闭环伺服系统基本一样。

(3) 以光栅为测量元件的数字相位比较伺服系统　图 6.25 所示的是数字相位比较伺服系统的框图。在该系统中,测量元件是光栅,执行元件是宽调速直流伺服电动机。光栅的输出信号经信号处理线路即鉴向倍频线路之后,进入它的数字相位变换器,把代表工作台实际位移的数字脉冲信号转换成与基准信号成一相位差的方波信号。同样,进给脉冲经它的脉冲调相器即数字相位变化器之后,变成另一与基准信号成一相位差的方波信号。这两路方波信号共同进入鉴相器,在鉴相器中进行比较,其差值以电压信号的形式输出。这个输出经直流放大、控制宽调速直流电动机带动工作台移动。

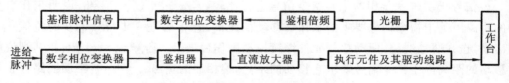

图 6.25　数字相位比较伺服系统框图

3. 鉴相式伺服系统的主要控制路线

（1）脉冲调相器　如图 6.26(a)所示，当同一个时钟脉冲序列去触发容量相同的两个计数器 A 和 B 使它们计数时，如选用四位二进制计数器，其容量为 16，这两个计数器 A 和 B 的最后一级输出是两个频率大大降低了的同频率、同相位的方波信号，如图 6.26(b)所示。如果在时钟脉冲触发两个计数器的过程中，通过脉冲加减器向 B 计数器加入一个额外的脉冲，则由于 B 计数器提前完成其一个周期的计数任务，即提前计完 16 个数的计数而使得最后一级的输出提前翻转，从而相对于计数器 A 的输出产生一个正的相移 $\Delta\theta$，见图 6.26(c)。同理，当通过脉冲加减器扣除一个进入 B 计数器时钟脉冲，则由于 B 计数器延时完成其一个周期的计数

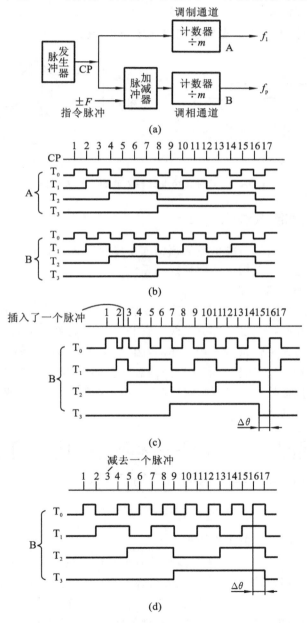

图 6.26　脉冲调相器的工作原理及其基本过程

任务而使得最后一级的输出延时翻转,从而导致相对于计数器 A 的输出产生了一个负相移 $\Delta\theta$,见图 6.26(d)。$\Delta\theta$ 与计数器的容量有关,若计数器的容量为 m,则 $\Delta\theta=360°/m$。如果在时钟脉冲触发两个计数器的过程中,通过脉冲加减器向 B 计数器加入或扣除的不只是一个脉冲,而是 n 个脉冲,根据同样道理,则 B 计数器相对 A 计数器的相移是 $\theta=n\Delta\theta$。这就是脉冲调相器的工作原理及其基本的构成。

(2) 鉴相器　鉴相器的主要功能是鉴别两个输入信号的相位差及其超前滞后关系。根据输入的信号形式的不同,常用的鉴相器有两种类型:一种是二极管型鉴相器,它可以鉴别正弦信号之间的相位差;另一种是门电路型鉴相器,它对方波信号之间的相位差进行鉴别。图6.27所示的是两种鉴相器的输入输出工作波形图。对于这两种类型的鉴相器,二极管型鉴相器有专门的集成元件,门电路鉴相器的逻辑线路也比较简单,在此不再进一步讨论。

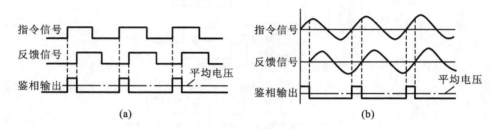

图 6.27　两种鉴相器的输入输出工作波形图

6.5.2　鉴幅式伺服系统比较单元

鉴幅式伺服系统是以位置检测信号的幅值大小来反映机械位移的数值,并以此作为位置反馈信号与指令信号进行比较构成的闭环控制系统。

1. 鉴幅式伺服系统的工作原理

图 6.28 所示为鉴幅式伺服系统的框图。该系统由测量元件及信号处理线路、数模转换器、比较器、驱动环节和执行元件五部分组成。它与鉴相式伺服系统的主要区别有两点:一是它的测量元件是以鉴幅式工作状态进行工作的,因此,可用于鉴幅式伺服系统的测量元件有旋转变压器和感应同步器;二是比较器所比较的是数字脉冲量,而与之对应的鉴相式伺服系统的鉴相器所比较的是相位信号,故在鉴幅式伺服系统中不需要基准信号,两数字脉冲量可直接在比较器中进行脉冲数量的比较。

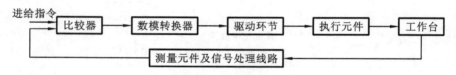

图 6.28　鉴幅式伺服系统框图

下面介绍鉴幅式伺服系统的工作原理。

进入比较器的信号有两路:一路来自数控装置插补部分的进给脉冲,它代表了数控装置要求机床工作台移动的位移;另一路来自测量元件及信号处理线路,也是以数字脉冲形式出现,它代表工作台实际移动的距离。鉴幅系统工作前,数控装置和测量元件的信号处理线路都没有脉冲输出,比较器的输出为零。这时,执行元件不能带动工作台位移。出现进给脉冲信号之后,比较器的输出不再为零,执行元件开始带动工作台移动,同时,以鉴幅式工作的测量元件又将工作台的位移检测出来,经信号处理线路转换成相应的数字脉冲信号,该数字脉冲信号作为反馈信号进入比较器与进给脉冲进行比较。若两者相等,比较器的输出为零,说明工作台实际移动的距离等于指令信号要求工作台移动的距离,执行元件停止带动工作台移动;若两者不相等,说明工作台实际移动的距离还不等于指令信号要求工作台移动的距离,执行元件继续带动工作台移动,直到比较器输出为零时停止。

在鉴幅式伺服系统中,数模转换器的作用是将比较器输出的数字量转化为直流电压信号,该信号经驱动线路进行电压和功率放大,驱动执行元件带动工作台移动。测量元件及信号处理线路将工作台的机械位移检测出来并转换为数字脉冲量。

图 6.29 所示的是测量元件及信号处理线路的框图,它主要由测量元件、解调电路、电压/频率转换器和 sin/cos 发生器组成。由测量元件的工作原理可知,当工作台移动时,测量元件根据工作台的位移量,即丝杆转角 θ 输出电压信号,即

$$V_B = V_m \sin(\alpha - \theta)\sin\omega t \qquad (6.11)$$

式中:α——测量元件激磁信号的电气角。

图 6.29　测量元件及信号处理线路框图

V_B 的幅值 $V_m\sin(\alpha-\theta)$ 表示工作台的位移。V_B 经滤波、放大、检波、整流以后,变成方向与工作台移动方向相对应,幅值与工作台位移成正比的直流电压信号,这个过程称为解调。解调电路也称鉴幅器。解调后的信号经电压频率转换成计数脉冲,脉冲的个数与电压幅值成正比,并用符号触发器表示方向。一方面,该计数脉冲及其符号送到比较器与进给脉冲比较;另一方面,经 sin/cos 发生器,产生驱动测量元件的两路信号 sin 和 cos,使 α 角与此相对应发生改变。该驱动信号是方波信号,它的脉宽随计数脉冲的多少而变。根据傅里叶展开式,当该方波信号作用于测量元件时,其基波信号分别为

$$V_S = V_m \sin\alpha_1 \sin\omega t \qquad (6.12)$$

$$V_K = V_m \sin\alpha_1 \cos\omega t \qquad (6.13)$$

α_1 角的大小由方波的宽度决定。若测量元件的转子没有新位移,因激磁信号电气角由 α 变为 α_1,它所输出的幅值信号也随之变化,而且逐步趋于零。若输出的新的幅值信号

$$V'_B = V_m \sin(\alpha_1 - \theta) \qquad (6.14)$$

若不为零,V'_B 将再一次经电压频率转化器、sin/cos 信号发生器,产生下一个激磁信号,该激磁信号将使测量元件的输出进一步接近于零,这个过程不断重复,直到测量元件的输出为零为止。在这个过程中,电压频率转换器送给比较器的脉冲量正好等于 θ 角所代表的工作台的位移量。

另外,测量元件的激磁信号 sin/cos 是方波信号,傅里叶展开后,可分解为基波信号和无穷个高次谐波信号,因此,测量元件的输出也必然含有这些高次谐波的影响,故在解调线路中,须首先进行滤波,将这些高次谐波的影响排除掉。

2. 鉴幅式伺服系统的控制路线

(1)解调线路即鉴幅器　它由低通滤波器、放大器和检波器组成。

(2)电压/频率转换器　它的作用是把检波后输出的电压值变成相应的脉冲序列,脉冲的

方向用符号寄存器的输出表示。电压频率转换器的输出一方面作为工作台的实际位移被送到鉴幅系统的比较器,另一方面作为激磁信号的电气角 α 被送到 sin/cos 发生器。

(3) sin/cos 发生器 sin/cos 发生器的任务是根据电压频率转换器输出脉冲的多少和方向,生成测量元件的激磁信号 V_S 和 V_K,即

$$V_S = V_m \sin\alpha \sin\omega t \tag{6.15}$$

$$V_K = V_m \cos\alpha \sin\omega t \tag{6.16}$$

式中 α 的大小由脉冲的多少和方向决定;V_S 和 V_K 的频率和周期根据要求,可用基准信号的频率和计数器的位数调整、控制。通常,sin/cos 发生器可分为两部分,即脉冲相位转换线路和 sin/cos 信号生成线路。

(4) 比较器 鉴幅系统比较器的作用是对指令脉冲信号和反馈脉冲信号进行比较。一般来说,来自数控装置的指令脉冲信号可以是以下两种形式:第一种是用一条线路传递进给的方向,一条线路传送进给脉冲;第二种是用一条线路传送正向进给脉冲,一条线路传送反向进给脉冲。来自测量元件信号处理线路的反馈信号是采用第一种形式表示的。进入比较器的脉冲信号形式不同,比较器的构造也不相同。

(5) 数模转换器 数模转换器也称脉宽器调制器,它的任务是把比较器的数字量转变为电压信号。目前,已有许多不同精度、不同形式的数模(D/A)转换器,只要能满足伺服系统对它的输入输出要求,就可直接选来应用。

有关控制线路的详细情况请参阅相关书籍。

6.5.3 闭环位置控制的构成

随着数控技术的发展,在位置控制伺服系统中采用数字脉冲的方法构成位置闭环控制,由于其结构较为简单,受到了普遍的重视。目前应用较多的是以光栅和光电编码器作为位置检测装置的半闭环控制的脉冲比较伺服系统。

1. 数字脉冲比较系统的构成

一个数字比较系统最多可由 6 个主要环节组成(见图 6.30)。

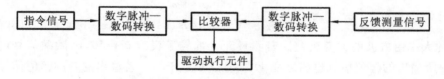

图 6.30 数字脉冲比较系统的组成

(1) 由数控装置提供的指令信号。它可以是数码信号,也可以是脉冲数字信号。

(2) 由测量元件提供的机床工作台位置信号,它可以是数码信号,也可以是数字脉冲信号。

(3) 完成指令信息与测量反馈信号比较的比较器。

(4) 数字脉冲信号与数码的相互转换部件。它依据比较器的功能以及指令信号和反馈信号的性质而决定其结构。

(5) 驱动执行元件。它根据比较器的输出来驱动机床工作台移动。

(6) 比较器。常用的数字比较器大致有三类:数码比较器、数字脉冲比较器、数码与数字脉冲比较器。

由于指令和反馈信号不一定能适合比较的需要,因此,在指令和比较器之间以及反馈和比

较器之间有时须增加"数字脉冲—数码转换"的线路。

比较器的输出反映了指令信号和反馈信号的差值及差值的方向。将这一输出信号放大后,控制执行元件。执行元件可以是伺服电动机、液压伺服马达等。

一个具体的数字脉冲比较系统,根据指令信号和测量反馈信号的形式,以及选择的比较器的形式,可以是一个包括上述 6 个部分的系统,也可以仅由其中的某几个部分组成。

2. 数字脉冲比较系统的主要功能部件

1) 数字脉冲—数码转换器

(1) 数字脉冲转换为数码　对于数字脉冲转化成数码,最简单的实现方法可用一个可逆计数器,它将输入的脉冲进行计数,以数码值输出。根据对数码形式要求的不同,可逆计数器可以是二进制的、二—十进制的或其他类型的计数器,图 6.31 所示的是由两个二—十进制可逆计数器组成的数字脉冲—数码转换器。

图 6.31　数字脉冲转化为数码的线路

(2) 数码转换为数字脉冲　　对于数码转化为数字脉冲,常用两种方法。第一种方法是采用减法计数器组成的线路,如图 6.32 所示,先将转换的数码置入减法计数器。当时钟脉冲 CP 到来之后,一方面使减法计数器作减法计数,另一方面进入与门。若减法计数器的内容不为"0",该 CP 脉冲通过与门输出,若减法计数器的内容变为"0",则与门被关闭,CP 脉冲不能通过。计数器从开始计数到减为"0"。刚好与置入计数器中数码等值的数字脉冲从与门输出,从而实现了数码—数字脉冲的转换。第二种方法是用一个脉冲乘法器,数字脉冲乘法器实质上就是将输入的二进制数码转化为等值的脉冲个数输出,其原理如图 6.33 所示。

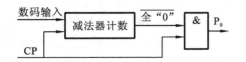

图 6.32　数字脉冲转化为数码的线路

图 6.33　数码转化为数字脉冲线路

2) 比较器

在数字脉冲比较系统中,使用的比较器有多种结构,根据其功能可分为两类:一是数码比较器;二是数字脉冲比较器。在数码比较器中,比较的是两个数码信号,而输出可以是定性的,即只指出参加比较的数谁大谁小,也可以是定量的,指出参加比较的数谁大,大多少。在数字脉冲比较器中,常用方法是带有可逆回路的可逆计数器。

3. 数字脉冲比较系统的工作过程

下面以用光电脉冲编码器为测量元件的数字脉冲比较系统为例,说明数字脉冲比较系统的工作过程。

光电编码器与伺服电动机的转轴相连,随着电动机的转动产生脉冲序列输出,其脉冲的频率取决于电动机转速的快慢。若工作台静止,指令脉冲 $P_c=0$。此时,反馈脉冲 P_f 亦为零,经比较环节得偏差 $e=P_c-P_f=0$,则伺服电动机的转速给定为零。工作台保持静止。随着指令脉冲的输出,$P_c \neq 0$,在工作台尚未移动之前,P_f 仍为零,此时 $e=P_c-P_f \neq 0$。若指令脉冲为正向进给脉冲,则 $e>0$,由速度控制单元驱动电动机带动工作台正向进给。随着电动机运转,光电脉冲编码器不断将 P_f 送入比较器与 P_c 进行比较,若 $e \neq 0$ 继续运行,直到 $e = 0$,即反馈脉冲数等于指令脉冲数时,工作台停止在指令规定的位置上。此时,如继续给正向指令脉冲,工作台继续运动。当指令脉冲为反向进给脉冲时,控制过程与上述过程基本类似,只是此时 $e < 0$,工作台反向进给。

6.6 闭环位置控制系统的性能分析

一般数控机床对位置伺服系统有如下要求。
(1) 定位速度和轮廓切削进给速度。
(2) 定位精度和轮廓切削精度。
(3) 精加工的表面粗糙度。
(4) 在外界干扰下的稳定性。

这些要求主要取决于伺服系统的静态、动态特征。一般对闭环系统来说,总希望系统有一个较小的位置误差时,机床移动部件能迅速反应,即系统有较高的动态精度。

下面对位置控制系统影响数控机床加工要求的几个方面作一些简单的分析。

6.6.1 定位过程的误差分析

数控机床的位置伺服系统是一个典型的二阶系统。在典型的二阶系统中,阻尼系数 $\xi = 1/(2\sqrt{KT})$,速度稳态误差 $e(\infty) = 1/K$,其中 K 为开环放大倍数,工程上也称作开环增益。显然,系统的开环增益是影响伺服系统的静态、动态指标的重要参数之一。一般情况下,数控机床伺服系统的增益取为 $20 \sim 30 \ \mathrm{s}^{-1}$。通常把 $K < 20$ 范围的伺服系统称为低增益或软伺服系统,多用于点位控制。而把 $K > 20$ 的系统称为高增益或硬伺服系统,应用于轮廓加工系统。假若为了不影响加工零件的表面粗糙和精度,希望阶跃响应不产生振荡,即要求 ξ 取值大一些,开环增益 K 就小一些;若从系统的快速性出发,希望 ξ 选择小一些,即希望开环增益 K 大一些,同时 K 值增大,系统的稳态精度也能有所提高。因此,对 K 值的选取是个综合考虑的问题。换句话说,并非系统的增益越高越好。当输入速度突变时,高增益可能导致输出的剧烈变动,机械装置会受到较大的冲击,有的还可能引起系统的稳定性问题。这是因为在高阶系统中系统稳定性对 K 值有取值范围的要求。低增益系统也有一定的优点,例如系统调整比较容易,结构简化,对扰动不敏感,加工的表面粗糙度小。

在实际系统中,对稳态与动态性能都必须有较高的要求时,可以采取称为非线性控制的控制方法。其设计思想是 K 值的选取可根据需要进行变化,而不是一个定值。如在动态响应的开始阶段可取为高增益值,由于阻尼系数 $\xi = 1/(2\sqrt{KT})$,则在 T 不变时 ξ 偏小,曲线上升变陡。在接近稳态的 90% 左右时,K 取低值,使 ξ 接近于 1,过程趋于平稳,无超调,如图 6.34 所示。

位置伺服控制系统的位置精度在很大程度上决定了数控机床的加工精度。因此位置精度是一个极为重要的指标。为了保证有足够的位置精度,一方面是正确选择系统中开环放大倍数的大小,另一方面是对位置检测元件提出精度的要求。

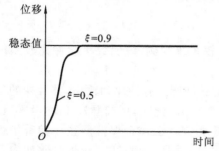

图 6.34 采用非线性实现的动态响应

因为在闭环控制系统中,检测元件本身的误差和被检测量的偏差是很难区分出来的,反馈检测元件的精度对系统的精度常常起着决定性的作用。可以说,数控机床的加工精度主要由检测系统的精度决定。位移检测系统能够测量的最小位移量称作分辨率。分辨率不仅取决于检测元件本身,也取决于测量线路。在设计数控机床、尤其是高精度或大中型数控机床时,必须精心选用检测元件。选择测量系统的分辨率或脉冲当量,一般要求比加工精度高一个数量级。

总之,高精度的控制系统必须有高精度的检测元件作为保证。例如,数控机床中常用的直线感应同步器的精度已高达 $\pm 0.000\ 1$ mm,即 $0.1\ \mu$m,灵敏度为 $0.05\ \mu$m,重复精度 0.21 μm;而圆形感应同步器的精度可达 $0.5''$,灵敏度 $0.05''$,重复精度 $0.1''$。

6.6.2 直线插补轮廓误差分析

若两轴的输入指令为

$$x(t) = v_x t \tag{6.17}$$
$$y(t) = v_y t \tag{6.18}$$

则轨迹方程为

$$y = \frac{v_y}{v_x} x \tag{6.19}$$

由于存在跟随误差,在某一时刻指令位置在 $P(x,y)$ 点,实际位置在 P' 点,其坐标位置为

$$\begin{cases} x = v_x t - e_x \\ y = v_y t - e_y \end{cases} \tag{6.20}$$

跟随误差 e_x、e_y 可表示为

$$\begin{cases} e_x = v_x / K_{vx} \\ e_y = v_y / K_{vy} \end{cases} \tag{6.21}$$

式中:K_{vx}、K_{vy}——x 轴、y 轴的系统速度误差系数。

用解析几何法可求出轮廓误差 ε,可表示为

$$\varepsilon = \Delta K_v / K_v \tag{6.22}$$

式中:K_v——平均速度误差系数,$K_v = \sqrt{K_{vx} K_{vy}}$;

　　ΔK_v——x、y 轴系统速度误差系数的差值,$\Delta K_v = K_{vx} - K_{vy}$

当 $K_{vx} = K_{vy}$ 时,$\Delta K_v = 0$,可得 $\varepsilon = 0$。

说明当两轴的系统速度误差系数相同时,即使有跟随误差,也不会产生轮廓误差。ΔK_v 增大,ε 就增大,实际运动轨迹将偏离指令轨迹。

6.6.3 圆弧插补轮廓误差分析

若指令圆弧为 $x^2 + y^2 = R^2$,所采用的 x、y 两个伺服系统的速度误差系数相同,$K_{vx} = K_{vy}$ $= K_v$,进给速度 $v = \sqrt{v_x^2 + v_y^2} = $ 常数,当指令位置在 $P(x,y)$ 点,实际位置在 $P'(x - e_x, y - e_y)$ 点处。

其半径误差 ΔR 可由几何关系求得,即

$$(R + \Delta R)^2 - R^2 = \overline{PP'}$$

所以

$$\Delta R \approx \frac{(\overline{PP'})^2}{2R}$$

又
$$\overline{PP'} = \sqrt{e_x^2 + e_y^2} = \sqrt{\left[\frac{v_x}{K_v}\right]^2 + \left[\frac{v_y}{K_v}\right]^2} = v/K_v$$

所以
$$\Delta R = \frac{v^2}{2RK_v^2} \qquad\qquad\qquad (6.23)$$

从式(6.23)可见加工误差与进给速度的平方成正比,与系统速度误差系数的平方成反比,降低进给速度,增大速度误差系数将大大提高轮廓加工精度。同时可以看出,加工圆弧的半径越大,加工误差越小。对于一定的加工条件,当两轴系统的速度误差系数相同时,ΔR 是常值,即只影响尺寸误差,不产生形状误差。

6.7　进给传动机构对位置控制特性的影响

数控机床的主运动多为提供主切削运动,代表的是生产率。进给运动是以保证刀具与工件相对位置关系为目的的,被加工工件的轮廓精度和位置精度都受进给运动的传动精度、灵敏度和稳定性的直接影响。不论是点位控制还是连续控制,其进给运动是数字控制系统的直接控制对象。对于闭环控制系统,还要在进给运动的末端加上位置检测系统,并将测量的实际位置反馈到控制系统中,以使运动更加准确。

6.7.1　机械传动机构的基本要求

机械传动机构必须具备以下特点。

1. 运动件间的摩擦阻力小

进给传动中的摩擦阻力会降低传动效率,并产生摩擦热,特别会影响系统的快速响应特性。由于动静摩擦阻力之差会产生爬行现象,必须有效减少运动件之间的摩擦阻力。进给系统中虽然有许多零部件,但摩擦阻力的主要来源是导轨和丝杠。因此,改善导轨和丝杠结构使摩擦阻力减小是主要目标之一。

2. 消除传动系统中的间隙

进给运动是双向的,系统中的间隙使工作台不能马上跟随指令运动,造成系统的快速响应特性变差。对于开环伺服系统,传动环节的间隙会产生定位误差。对于闭环伺服系统,传动环节的间隙会降低系统工作的稳定性。因此,在传动系统的各环节,包括滚珠丝杠、轴承、齿轮、涡轮蜗杆、甚至联轴器和键连接都必须采取相应的间隙消除措施。

3. 传动系统的精度和刚度要求高

通常数控机床进给系统的直线位移精度达微米级,角位移达秒级。进给传动系统的驱动力矩也很大,进给传动链的弹性变形会引起工作台运动的时间滞后,降低系统的快速响应特性,因此提高进给系统的传动精度和刚度是首要任务。导轨结构及丝杠螺母、涡轮蜗杆的支承结构是决定传动精度和刚度的主要部件。因此,首先要保证它们的加工精度和表面质量,以提高系统的接触刚度。对轴承、滚珠丝杠等预加载荷不仅可以消除间隙,而且还可以大大提高系统刚度。此外,传动链中的齿轮减速可以减小脉冲当量,能够减小传动误差的传递,提高传动精度。

4. 减小运动惯量,具有适当的阻尼

进给系统中每个零件的惯量对伺服系统的启动和制动特性都有直接的影响,特别是高速运动的零件。在满足强度和刚度的条件下,应尽可能地合理配置各元件,使它们的惯量尽可能地小。系统中的阻尼一方面会降低伺服系统的快速响应特性，另一方面能提高系统的稳定性，因此在系统中需要有适当的阻尼。

6.7.2　刚度与阻尼对位置控制特性的影响

1. 刚度

由力学知识可知，刚度为使弹性体产生单位变形量所需要的作用力。机械传动系统刚度包括构建产生各种基本变形时的刚度和两接触面的接触刚度两类。静态力和变形之比为静刚度；动态力（交变力、冲击力）和变形力之比为动刚度。

对于伺服系统的失动量来说，系统的刚度越大，失动量越小。对于伺服系统稳定性来说，刚度对于开环系统的稳定性没有影响，而对闭环系统的稳定性有很大的影响。提高刚度可以增加闭环系统的稳定性，从而提高位置控制的稳定性。

2. 阻尼

由振动理论可知，运动中的机械部件易产生振动，其振幅取决于系统的阻尼和固有频率，系统的阻尼越大，最大振幅越小，而且衰减越快；线性阻尼下的振动为实模态，非线性阻尼下的振动为复模态。机械部件振动时，金属材料的内摩擦较小（附加的非金属减振材料内摩擦较大），而运动副（特别是导轨）的摩擦阻尼占主导地位。在实际应用中一般将摩擦阻尼简化为黏性摩擦的线性阻尼。

阻尼对弹性系统的振动特性的主要影响如下。

（1）系统的静摩擦阻尼越大，系统失动量和反转误差越大，使位置定位精度降低，加上摩擦—速度特性的负斜率，易产生爬行，降低机械性能。

（2）系统的黏性阻尼摩擦越大，系统的稳态误差越大，定位精度越低。

（3）对于质量大、刚度低的机械系统，为了减小振幅、加速振动衰减，可以增大黏性摩擦阻尼。

机械传动部件一般可简化为二阶振动系统，其阻尼比 ξ 为

$$\xi = \frac{c}{2\sqrt{mk}} \tag{6.24}$$

式中：c——黏性阻尼系数；

　　　m——系统的质量（kg）；

　　　k——系统的刚度。

实际应用中一般取 $0.4 \leqslant \xi \leqslant 0.8$ 的欠阻尼，既能保证振荡在一定范围内，过渡过程平稳，过渡过程时间短，又具有较高的灵敏度。

6.7.3　传动间隙和惯量对位置控制特性的影响

1. 间隙

间隙将使机械传动系统中间间隙产生回程误差，影响伺服系统中位置环的稳定性。有间隙时，可减小位置环增益。

间隙的主要形式有齿轮传动的齿侧间隙、丝杠螺母的传动间隙、丝杠轴承的轴向间隙、联轴器的扭转间隙等。在传动系统中，为了保证良好的动态性能，要尽可能避免间隙的出现。当间隙出现时，要采取消除间隙措施，比如消除齿轮传动间隙的刚性消隙法、柔性消隙法等，消除丝杠螺母间隙的齿差式调整法和垫片式调整法等。

2. 惯量

在满足系统刚度的条件下,机械部分的质量和转动惯量越小越好。转动惯量大,会使机械负载增大、系统响应速度慢、灵敏度降低、固有频率下降,容易产生谐振。同时,转动惯量的增大会使电气驱动部件的谐振频率降低,阻尼增大。

思考题与习题

6.1　伺服系统可按哪些方式分类,各分哪几类?

6.2　简述步进电动机的工作原理及其特性。

6.3　简述交流伺服电动机的分类及其特点。

6.4　步进电动机步距角如何选择?

6.5　简述步进电动机驱动电路分类及其特点。

6.6　数控机床对伺服系统有哪些基本要求?

6.7　分别叙述相位比较、幅值比较和脉冲比较伺服系统的构成和工作原理。

第7章 数控机床的机械结构

数控机床的机械结构与普通机床相比有相似之处,但在自动变速、刀架和工作台自动转位和手柄操作等方面与普通机床不同。数控机床是自动化的基础设备,它用软件来简化复杂的传动链结构,进行两坐标联动、三坐标联动、四坐标联动、五坐标联动加工,可以完成工件复杂表面的加工,提高了产品和设备的精度,使传统的加工设备难以完成的复杂形状零件得到高效高质量的加工。数控技术的发展,对数控机床的生产率、加工精度和寿命提出了更高的要求。

7.1 数控机床的结构要求

7.1.1 数控机床的结构特点

数控机床是一种高精度、高效率的自动化加工设备。为保证数控机床的自动化、高精度、高效率运行,要求数控机床的机械结构必须具有优良的特性,这些特性包括以下几个方面。

1. 自动化程度高、柔性好

数控机床可以自动控制各运动部件的动作顺序、自动变速及实现多坐标联动加工,能完成一般机床难以完成的复杂型面加工。当改变加工零件时,只需要改变数控程序,就可实现单件、小批量生产的加工自动化。

2. 加工精度高、质量稳定

数控机床是根据数控程序自动进行加工的,因而可以避免人为的误差,自动保证稳定的加工精度。为减小摩擦、消除传动间隙和获得更高的加工精度,更多地采用了高效的传动部件,如滚珠丝杠副和滚动导轨等。此外,计算机控制的数控机床上,还可以利用软件进行精度校正和工件误差补偿,进一步提高了加工精度。

3. 生产效率高

数控机床采用了高转速、大进给量,有较大的切削功率,可同时实现粗、精加工,减少了机动时间,加之无需工序间的检验与测量,因而生产效率可大大提高。数控机床为了改善劳动条件、减少辅助时间、改善操作性、提高劳动生产率,采用了刀具自动夹紧、刀库与自动换刀及自动排屑等辅助装置。在采用自动换刀的数控机床(加工中心)时,工序可以高度集中,工件在一次装夹下可以完成零件各面的钻、铣、镗、攻螺纹等的加工,效率的提高更为显著,生产周期也大大缩短。

7.1.2 对数控机床机械结构的要求

根据数控机床的适用场合和结构特点,对数控机床的机械结构提出以下几个方面的要求。

1. 较高的静、动刚度

数控机床是按照数控编程或手动输入数据方式提供的指令进行自动加工的。由于机械结构(如机床床身、导轨、工作台、刀架和主轴箱等)的几何精度与变形产生的定位误差对加工质量产生很大的影响,因此,必须把各处机械结构部件产生的弹性变形控制在最小限度内,以保证所要求的加工精度与表面质量。

机床的刚度是指机床在载荷的作用下抵抗变形的能力。机床刚度不足,在切削刀、重力等载荷的作用下,机床的各部件、构件的受力变形会引起刀具和工件相对位置的变化,从而影响加工精度。同时,刚度也是影响机床抗振性的重要因素。数控机床由于其高精度、高效率、高度自动化的特点,对刚度提出了很高的要求。数控机床的刚度应比普通机床至少高 50% 以上。

影响数控机床刚度的主要因素是机床各构件、部件本身的刚度和其间的接触刚度。通常通过改善主要零部件的结构及受力条件来提高数控机床的刚度。如床身等支承大件的截面形状、肋板的布置等设计要合理,力求在较小的重量下有较高的刚度。接触刚度的提高有时更为重要,提高结合面的形状精度和减少粗糙度及预加载荷的方法可以改善接触刚度。主轴轴承、滚动导轨、滚珠丝杠副等都必须进行预紧,以增大实际受力面积。

2. 高抗振性

机床的抗振性是指机床工作时抵抗由交变载荷及冲击载荷所引起振动的能力,常用动刚度作为衡量抗振性的指标。机床的刚度低,则抗振性差,工作时机床容易产生振动,这不仅直接影响了加工精度和表面质量,同时还限制了生产率的提高。因此,对数控机床提出了高抗振性的要求。

机床工作时发生的振动有受迫振动和自激振动两种。受迫振动的振源主要是机床内部存在的振源,如高速回转件(如主轴、带轮、齿轮等)的不平衡引起的离心力、往复运动件的换向冲击力等。自激振动则是由切削过程本身引起的。提高抗振性就是要提高抵抗这些振动的能力。

3. 减少机床的热变形

机床的热变形是影响加工精度的重要因素之一。由于数控机床的主轴转速、进给速度远高于普通机床,所以由摩擦热、切削热等引起的热变形问题很严重。此外,数控机床要求在连续工作下保证高精度,因而机床的热变形问题应该更加引起重视。

减少机床热变形的措施除了改进结构、减少热变形对加工精度的影响以外,还可采用对机床热部位散热、强制冷却及采用大流量切削液带走切削热等措施来控制机床的温升。有的数控机床还带有热变形自动补偿装置。

4. 提高进给运动的平稳性和定位精度

数控机床要求在高速进给运动下工作平稳,无振动,跟随性能好,在低速进给运动下不爬行,有较高的灵敏度,同时,要求各坐标轴有较高的定位精度。在使用过程中,应保证数控机床各部件润滑良好。

5. 减少辅助时间和改善操作性能

在数控机床的单件加工中,辅助时间占有较大的比例。要进一步提高机床的生产率,就必须采取措施,最大限度地减少辅助时间。目前已经有很多数控机床采用了多主轴、多刀架及带刀库的自动换刀装置等,以减少换刀时间。对于切前用量加大的数控机床,床身机构必须有利于排屑。

7.2　数控机床的主传动系统

7.2.1　主传动系统

现代切削加工正朝着高速、高效和高精度的方向发展,要求机床主传动系统具有更高的转速和更大的无级调速范围,在切削加工中能自动变换速度,机床结构简单,噪声小,动态性能好,可靠性高。数控机床主传动系统的作用是产生主切削力,它将电动机的功率传递给主轴部件,使安装在主轴内的工件或刀具实现主运动。主传动系统包括动力源、传动件及主运动执行件(主轴)等。

数控机床与普通机床主传动系统相比,还提出了如下要求。

(1)转速高、功率大　它能使数控机床进行高速、大功率切削,以提高切削效率。随着涂层刀具、陶瓷刀具和超硬刀具的发展和普及应用,数控机床的切削速度正朝着更高的方向发展。

(2)变速范围宽,可实现无级调速　为了保证数控机床加工时能选用合理的切削速度,或实现以恒定的线速度切削,其传动系统可在较宽的调速范围内实现连续无级调速。

(3)具有较高的精度与刚度,传动平稳,噪声低　主传动件的制造精度与刚度高,耐磨性好,主轴组件采用精度高的轴承及合理的支承跨距,具有较高的固有频率,实现动平衡,保持合适的配合间隙并进行循环润滑。

(4)具有特有的刀具安装结构　为实现刀具的快速或自动装卸,数控机床主轴具有特有的刀具安装结构。

7.2.2　数控机床的主传动配置方式

数控机床的主传动主要有四种配置方式,如图 7.1 所示。

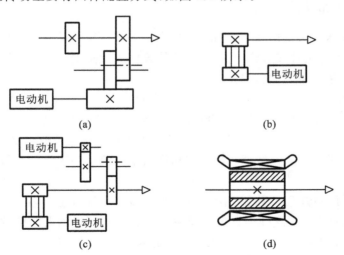

图 7.1　数控机床主传动的四种配置方式

1. 带有变速齿轮的主传动

带有变速齿轮的主传动的配置方式如图 7.1(a)所示,这是大中型数控机床通常采用的一种配置方式。它通过少数几对齿轮降速,使之成为分段无级变速,确保低速时的扭矩,以满足输出扭矩特性要求。一部分小型数控机床也采用此种传动方式,以获得强力切削时所需要的扭矩。滑移齿轮的移位大多都采用液压拨叉或液压缸直接带动齿轮来实现。

2. 通过带传动的主传动

通过带传动的主传动的配置方式如图 7.1(b)所示,这种传动主要应用在转速较高、变速范围不大的小型数控机床上。电动机本身的调速就能够满足要求,不需再用齿轮变速,可以避免齿轮传动引起的振动和噪声。它只适用于高速、低扭矩特性要求的主轴。

常用的带传动有 V 带传动和同步齿形带传动。同步齿形带传动是一种综合带、链传动优点的新型传动。带的工作面及带轮外圆上均制成齿形,通过带轮与轮齿相嵌合传动;带内部采用承载后无弹性伸长的材料作为强力层,以保持带的节距不变,可使得主、从动带轮作无相对滑动的同步传动。与一般的带传动相比,同步齿形带传动具有传动比准确、传动效率高、传动平稳、适用范围广等优点。但同步齿形带传动在安装时,对中心距要求严格,且带与带轮制造工艺复杂,成本较高。

3. 用两台电动机分别驱动主轴

用两台电动机分别驱动主轴的配置方式如图 7.1(c)所示,这种方式是上述两种方式的混合传动,具有上述两种传动方式的性能。高速时,下部的电动机可通过带轮直接驱动主轴旋转;低速时,上部的电动机通过两级齿轮传动驱动主轴旋转,齿轮起到降速和扩大变速范围的作用。这种方式使恒定功率区增大,扩大了变速范围,从而克服了低速时转矩不够且电动机功率不能充分利用的缺陷。

4. 内装电动机主轴传动结构(电主轴)

电主轴是指机床主轴由内装式主轴电动机直接驱动,从而把机床主传动链的长度缩短为零,以实现机床的“零传动”,如图 7.1(d)所示。这种传动方式大大简化了主轴箱与主轴的结构,有效地提高了主轴部件的刚度,但是主轴输出扭矩小,电动机发热对主轴的精度影响较大。

7.2.3 主轴部件的结构

主轴部件是机床的关键部件,它包括主轴、主轴支承、传动件及刀具、工件夹紧机构等。机床工作时,由主轴夹持工件或刀具,直接参加工件表面成形运动,所以主轴部件的结构和性能对加工精度和生产率有重要的影响。

1. 主轴的支承

每一个传动轴均要轴向径向定位,合理配置主轴的轴承,对提高主轴部件的精度和刚度,降低支承温升,简化支承结构有很大的作用。主轴的前后支承均应有承受径向载荷的轴承,承受轴向力的推力轴承的配置。数控机床的主轴多数采用滚动轴承,该轴承的支承主要有以下三种形式。

(1)前支承采用圆锥孔双列圆柱滚子轴承和角接触球轴承组合,后支承采用成对角接触球轴承,如图 7.2(a)所示。这种配置形式使主轴的综合刚度得到大幅度的提高,可以满足强力切削的要求,所以目前各类数控机床的主轴普通采用这种配置形式。

(2)前支承采用高精度角接触球轴承,如图 7.2(b)所示。这种轴承具有较好的高速性能,主轴最高转速可达 4 000 r/min。但是这种轴承的承载能力小,因而适用于高速、轻载和精密的数控机床主轴。

(3)双列圆锥滚子轴承和圆锥滚子轴承,如图 7.2(c)所示。这种轴承径向和轴向刚度高,能承受重载荷,尤其能承受较大的动载荷,安装与调整性能好。但是这种轴承配置方式限制了主轴的最高转速和精度,所以仅适用于中等精度、低速与重载的数控机床主轴。

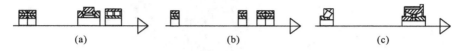

图 7.2　主轴支承配置形式

2. 主轴滚动轴承的预紧

轴承预紧是指使滚道与滚动体预先承受一定的载荷,这样不仅能消除间隙,还能使滚动体与滚道之间发生一定的变形,从而使接触面积增大,轴承受力时变形减小,抵抗变形的能力增大。因此,对主轴滚动轴承进行预紧和合理选择预紧量,可以提高主轴部件的旋转精度、刚度和抗振性,机床主轴部件在装配时要对轴承进行预紧,使用一段时间以后,间隙或过盈有了变化,还得重新调整,所以要求预紧结构便于进行调整。常用的方法有以下几种。

(1) 径向预紧　这种方法适用于锥孔双列圆柱滚子轴承。用螺母通过套筒推动内圈在锥形轴颈上做轴向移动,使内圈径向胀大,在滚道上产生过盈,从而达到预紧的目的。

(2) 轴向预紧　这种方法是使轴承的内、外圈轴间错位实现预紧。

3. 刀杆自动拉紧放松机构

图 7.3 所示为 JCS-018 型立式加工中心的主轴部件,刀杆的自动拉紧机构由液压缸活塞、拉杆、碟形弹簧、头部的 4 个钢球、刀杆等组成。刀杆安装在主轴的锥孔中。图 7.3 所示为刀具夹紧状态。当需要松开刀杆时,液压缸的上腔进油,活塞向下移动,拉杆被推动向下移动。此时,碟形弹簧被压缩。钢球随拉杆一起向下移动。移至主轴孔径的较大处时,便松开了刀杆,刀具连同刀杆一起被机械手拔下。新刀装入后,液压缸的上油腔接通回油,活塞在弹簧的作用下向上移动,拉杆在碟形弹簧的作用下也向上移动,钢球被收拢,卡紧在刀杆顶部的环槽中,把刀杆拉紧。刀杆夹紧机构用弹簧夹紧,液压放松,可保证工作中突然停电时,刀杆不会自行松脱。

活塞杆孔的上端接有压缩空气,机械手把刀具从主轴中拔出后,压缩空气通过活塞杆和拉杆的中孔,把主轴锥孔吹净。行程开关用于发出"刀杆已放松"和"刀杆已夹紧"信号。

4. 主轴准停装置

具有自动换刀功能的数控机床,多数情况下,主轴与刀杆靠端面键传递转矩,当主轴停转进行刀具交换时,主轴需停在一个固定不变的方位上,保证主轴端面的键也在一个固定的方位,使刀柄上的键槽能恰好对正端面键,这就要求主轴具有准确定位的功能。

通常主轴准停机构有两种方式,即机械式与电气式。现代数控机床多采用电气方式定位。图 7.4 所示为 JCS-018 型立式加工中心准停装置原理,在带动主轴旋转的多楔带轮的端面上,装有一个垫片,其上装有体积很小的永磁铁。在主轴箱箱体表面上,对应于主轴准停位置处装有磁传感器。当机床停车换刀时,数控装置发出主轴停转的指令,主轴电动机立即降速,当主轴以很低转速回转 $\frac{1}{2}$ ~ $2\frac{1}{2}$ 转后,永磁铁对准磁感应器时,磁感应器发出准停信号。此信号经放大后,再由定向电路使主轴电动机准确地停止在特定的圆周位置上,从而实现主轴的准停。

这种电气式准停装置比机械式准停装置结构简单,准停精度高(可达 ±1°),能满足一般换刀要求,而且定向时间短、可靠性较高,故得到广泛采用。

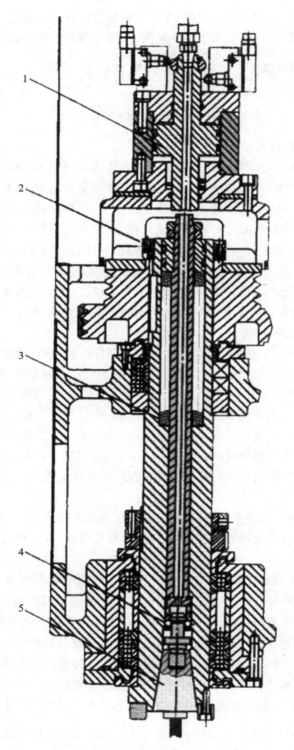

图 7.3　JCS-018 型立式加工中心主轴部件

1—液压缸活塞;2—拉杆;3—碟形弹簧;4—钢球;5—刀杆

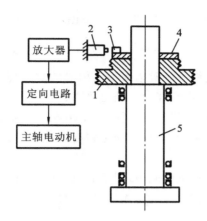

图 7.4 主轴定向准停装置原理图
1—多楔带轮;2—磁传感器;3—永磁铁;4—垫片;5—主轴

7.2.4 数控机床主轴的调速方法

数控机床的主传动要求较大的调速范围,以保证加工时能选用合理的切削用量,从而获得最佳的生产效率、加工精度和工件表面质量。数控机床的调速是按照指令自动执行的,因此变速机构必须适应自动操作的要求。目前,大多采用交流调速电动机和变频交流电动机的无级调速系统。在实际生产中,一般要求数控机床在中、高速段为恒定功率输出,在低速段为恒定转矩输出。为了保证数控机床在低速时的扭矩和主轴的变速范围尽可能大,大中型数控机床大多采用无级变速和分级变速串联,即在交流电动机无级变速的基础上配以齿轮变速,使之成为分段无级调速。

7.3 数控机床的进给系统

7.3.1 数控机床进给传动的特点

数控机床的进给运动是数字控制的直接对象,被加工工件的最终位置精度和轮廓精度都受进给运动的传动精度、灵敏度和稳定性的影响。为此,数控机床的进给系统一般具有摩擦阻力小、系统稳定、精度及刚度高、运动部件惯量小等特点。

7.3.2 数控机床对进给传动系统的要求

为确保数控机床进给系统的传动精度和工作平稳性等,对进给传动系统提出如下要求。

1. 高的传动精度与定位精度

数控机床进给传动系统的传动精度和定位精度对零件的加工精度起着关键性的作用,对采用步进电动机驱动的开环控制系统尤其如此。无论对点位、直线控制系统,还是轮廓控制系统,传动精度和定位精度都是表征数控机床性能的主要指标。

2. 宽的进给调速范围

进给伺服系统在承担全部负载的条件下,应具有很宽的调速范围。以适应各种工件材料、尺寸和刀具等变化的需要,工作进给速度范围可达 3~6 000 mm/min。为了完成精密定位,进给伺服系统的低速趋近速度达 0.1 mm/min；为了缩短辅助时间，提高加工效率，快速移动速度应高达 15 m/min。

3. 响应速度要快

所谓快速响应特性是指进给系统对指令输入信号的响应速度的特性，即跟踪指令信号的响应要快；定位速度和轮廓切削进给速度要满足要求；工作台应能在规定的速度范围内灵敏而精确地跟踪指令，进行单步或连续移动，在运行时不出现丢步或多步现象。进给系统响应速度的大小不仅影响机床的加工效率，而且影响加工精度。

4. 无间隙传动

进给系统的传动间隙一般指反向间隙，即反向死区误差，它存在于整个传动链的各传动副中，直接影响数控机床的加工精度。因此，应尽量消除传动间隙，减小反向死区误差。

5. 稳定性好、寿命长

稳定性是数控机床进给系统能够正常工作的最基本条件，特别是在低速进给情况下不产生爬行，并能适应外加负载的变化而不发生共振。稳定性与系统的惯性、刚性、阻尼及增益等都有关系。刚度不足的进给系统将使工作台（或滑板）产生爬行和振动。所谓进给系统的寿命是指其保持数控机床传动精度和定位精度的时间长短，及各传动部件保持其原来制造精度的能力。

6. 使用维护方便

数控机床属高精度自动控制机床，主要用于单件、中小批量、高精度及复杂件的生产加工，机床的开机率比较高，维修工作量比较小，这有利于提高机床的利用率。

7.3.3 数控机床进给系统的机械传动装置

目前，数控机床进给驱动系统中常用的机械传动装置有以下几种：滚珠丝杠副、预加载荷双齿轮齿条及直线电动机等。下面以最常用的滚珠丝杠副为例说明其工作原理。

1. 滚珠丝杠副的工作原理及特点

滚珠丝杠螺母副是回转运动与直线运动相互转换的新型传动装置。它的结构特点是具有螺旋槽的丝杠螺母间装有滚珠作为其间接传动件，以减少摩擦，如图 7.5 所示。图中丝杠和螺母上都磨有圆弧形的螺旋槽，这两个圆弧形的螺旋槽对合起来就形成螺旋线滚道，在滚道内装有滚珠。当丝杠与螺母相对旋转时，两者发生轴向移动，而滚珠则沿螺旋滚道向前滚动，螺母螺旋槽的两端用回珠管连接起来，使滚珠能作周而复始的循环运动，管道的两端还起着阻挡作用，以防滚珠沿滚道掉出。因丝杠与螺母之间基本上为滚动摩擦，因此减少了它们之间的阻力，摩擦损失较小。

滚珠丝杠副具有以下几方面的特点。

（1）传动效率高，摩擦损失小　滚珠丝杠副的传功效率 $\eta=0.92\sim0.96$，是常规丝杆螺母副的 3～4 倍。因此，功率消耗只相当于常规丝杠螺母副的 1/4～1/3。

（2）给予适当预紧　可消除丝杠和螺母的螺纹间隙，反向时就可以消除空行程死区，轴向运动定位精度高，刚度好。

（3）运动平稳，无爬行现象，传动精度高。

（4）运动适合可逆性　可以从旋转运动转换为直线运动，也可以从直线运动转换为旋转运动，即丝杠和螺母都可以作为主动件。

（5）磨损小，使用寿命长。

（6）制造工艺复杂，成本较高　滚珠丝杠和螺母等元件的加工精度要求高，表面粗糙度要

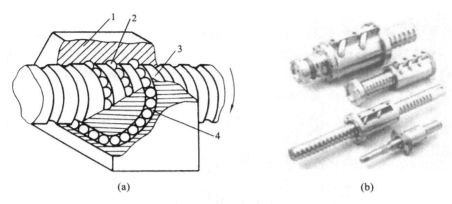

图 7.5　滚珠丝杠螺母副

(a) 滚珠丝杠螺母副的结构原理　　(b) 滚珠丝杠螺母副外形

1—螺母；2—滚珠；3—丝杠；4—滚珠回路管道

求也高，故制造成本高。

（7）不能自锁　特别对于垂直丝杠，由于自重惯性力的作用，下降时当传动动力切断后，不能立刻停止运动，故需添加制动装置。

2. 滚珠丝杠副结构类型

滚珠丝杠螺母副按滚珠的循环方式可分为两种。

1）外循环

滚珠在循环过程结束后通过螺母外表面上的螺旋槽或插管返回丝杠螺母间重新进入循环。图 7.6(a) 所示为插管式。它用弯管作为返回管道。这种结构工艺性好，但由于管道突出于螺母体外，径向尺寸较大。图 7.6(b) 所示为螺旋槽式。它是在螺母外圆上铣出螺旋槽，槽的两端钻出通孔并与螺纹滚道相切，形成返回通道，这种结构比插管式结构的径向尺寸小，但制造上较为复杂。

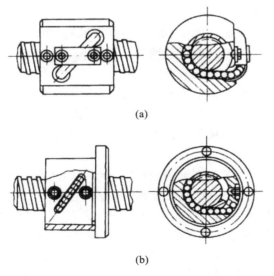

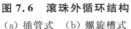

图 7.6　滚珠外循环结构

（a）插管式　（b）螺旋槽式

2) 内循环

靠螺母上安装的反向器接通相邻滚道,使滚珠形成单圈循环,即每列两圈,如图 7.7 所示的反向器的数目与滚珠圈数相等。一般地,螺母上装有 2～4 个反向器,即有 2～4 列滚珠。这种形式结构紧凑,刚度好,滚珠流通性好,摩擦损失小,但制造较困难,承载能力不高,适用于高灵敏、高精度的进给系统,不宜用于重载传动中。

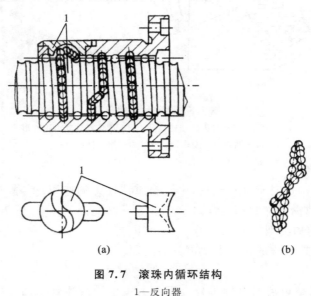

图 7.7　滚珠内循环结构

1—反向器

3. 滚珠丝杠副在机床上的安装方式

1) 支承方式

螺母座、丝杆的轴承及其支架等刚度不足,将严重影响滚珠丝杠副的传动刚度。因此,螺母座应有加强肋,以减少受力后的变形;螺母座与床身的接触面积应大,其连接螺栓的刚度也应较高;定位销要紧密配合,不能松动。

滚珠丝杠常用推力轴承支承,以提高轴向刚度(当滚珠丝杠的轴向负载很小时,也可用深沟球轴承支承)。滚珠丝杠的支承方式主要有以下几种。

(1) 一端装推力轴承,见图 7.8(a)。这种安装方式只适用于短丝杠,它的特点是承载能力小、轴向刚度低。一般用于数控机床的调节环节或升降台式数控机床的立向(垂直)坐标轴中。

(2) 一端装推力轴承,另一端装深沟球轴承,见图 7.8(b)。当滚珠丝杠较长时,一端装推力轴承固定,另一自由端装深沟球轴承。应将推力轴承远离液压马达热源及丝杠上的常用段,以减少丝杠热变形的影响。

(3) 两端装推力轴承,见图 7.8(c)。把推力轴承装在滚珠丝杠的两端,并施加预紧拉力,这样有助于提高刚度,但这种安装方式对丝杠的热变形较为敏感。

(4) 两端装推力轴承及深沟球轴承,见图 7.8(d)。为使丝杠具有较大刚度,它的两端可用双重支承,即推力轴承加深沟球轴承,并施加预紧拉力。这种结构方式可使丝杠的温度变形转化为推力轴承的预紧力,但设计时要求提高推力轴承的承载能力和支架刚度。

另外还有一种滚珠丝杠专用轴承,其结构如图 7.9 所示。这是一种能够承受很大轴向力的特殊角接触球轴承,与一般角接触球轴承相比,其接触角增大到了 60°,增加了滚珠的数目并相应减小了滚珠的直径。这种结构的轴承比一般轴承的轴向刚度提高了两倍以上,使用极

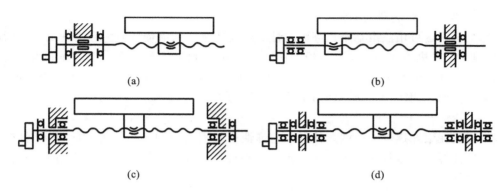

图 7.8　珠丝杠在机床上的支承方式

（a）一端装推力轴承　（b）一端装推力轴承，另一端装深沟球轴承

（c）两端装推力轴承　（d）两端装推力轴承及深沟球轴承

为方便。其产品成对出售，而且在出厂时已经选配好内外环的厚度，装配调试时只要用螺母和端盖将内环和外环压紧，就能获得出厂时已经调整好的预紧力。

　　2）制动装置

　　由于滚珠丝杠副的传动效率高，无自锁作用（特别是滚珠丝杠处于垂直传动时），故必须装有制动装置。

　　图 7.10 所示为数控卧式铣镗床主轴箱进给丝杠的制动装置示意图。当机床工作时，电磁线圈通常吸住压簧，打开摩擦离合器。此时步进电动机接受控制机的指令脉冲后，将旋转运动由步进电动机经减速齿轮传动带动滚珠丝杠副转换为主轴箱的立向（垂直）移动。当加工完毕或中间停车时，步进电动机停止转动，电磁线圈也同时断电。在弹簧作用下摩擦离合器压紧，使得滚珠丝杠不能自由转动，主轴箱就不会因自重而下沉。

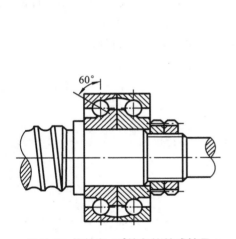

图 7.9　接触角 60° 的角接触球轴承

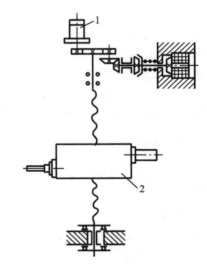

图 7.10　数控卧式铣镗床主轴箱进给丝杠制动装置示意图

1—电动机；2—主轴箱

　　其他制动方式有：用具有刹车作用的制动电动机；在传动链中配置逆转效率低的高减速比系统，如齿轮、蜗轮减速器等，这种方法是靠摩擦损失达到制动目的，故不经济；超越离合器有时也用作滚珠丝杠的制动装置。

4. 滚珠丝杠副的润滑与密封

滚珠丝杠副也可用润滑剂来提高耐磨性及传动效率。润滑剂可分为润滑油及润滑脂两大类,润滑油为一般机油或 90～180 号透平油或 140 号主轴油;润滑脂多采用锂基油脂。润滑脂加在螺纹滚道和安装螺母的壳体空间内,润滑油则经过壳体上的油孔注入螺母的空间内。

滚珠丝杠副常用防尘密封圈和防护罩来加以防护。

1) 密封圈

密封圈装在滚珠螺母的两端。接触式的弹性密封圈用耐油橡皮或尼龙等材料制成,其内孔制成与丝杠螺纹滚道相配合的形状。接触式密封圈的防尘效果好,但因有接触压力,使摩擦力矩略有增加。

非接触式的密封圈用聚氯乙烯等塑料制成,其内孔形状与丝杠螺纹滚道相反,并略带有间隙。

2) 防护罩

防护罩能防止尘土及硬性杂质等进入滚珠丝杠。防护罩的形式有锥形套管、伸缩套管、折叠式(手风琴式)的塑料或人造革防护罩,也有用螺旋式弹簧钢带制成的防护罩连接在滚珠丝杠的支承座及滚珠螺母的端部。防护罩的材料必须具有防腐蚀及耐油的性能。

7.4　数控机床的床身与导轨

7.4.1　数控机床床身的基本要求

床身是机床的主体,是整个机床的基础支承件,用来安装导轨、主轴箱等重要部件,为了满足数控机床高速度、高精度、高生产率、高可靠性和高自动化程度的要求,对数控机床的床身有如下要求。

(1) 要有很高的精度和精度保持性　在床身上有很多安装零部件的加工面和运动部件的导轨面,这些面本身的精度和相互位置精度的要求都很高,而且要求能长时间保持。

(2) 应该具有足够的静动刚度　要有较高的刚度-质量比和较好的动态特性。

(3) 要有较好的热稳定性　对数控机床来说,热稳定性是个突出的问题,必须在设计上做到使整机的热变形小,或者使热变形对加工精度的影响较小。

7.4.2　床身结构

为满足数控机床的床身要求,数控机床的床身多采用整体结构,材料为灰口铸铁、人造花岗岩、钢板焊接件等。

1. 铸造床身结构

机床床身铸造方法选择的原则如下。

(1) 优先采用砂型铸造,主要原因是砂型铸造较之其他铸造方法成本低、生产工艺简单、生产周期短。当湿型不能满足要求时再考虑使用黏土砂表干砂型、干砂型或其他砂型。黏土湿砂型铸造的铸件重量可从几千克直到几十千克,而黏土干砂型生产的机床床身铸件可重达几十吨。

(2) 根据铸造方法使其与批量生产相适应。低压铸造、压铸、离心铸造等铸造方法,因设备和模具的价格昂贵,机床床身适合批量生产。

　　根据数控机床的类型不同,床身的结构形式也多种多样。加工中心的床身有固定立柱式和移动立柱式两种,前者适用于中小型立式和卧式加工中心。移动立柱式又分为整体床身和前后床身分开组装的 T 形床身。所谓 T 形床身是指床身是由横置的前床身(也称横床身)与它垂直的后床身(也称纵床身)组成。整体式床身刚度高,但铸造困难。而分离式 T 形床身的铸造工艺性和加工工艺性都大大改善。前后床身连接处要刮研,连接时用定位键和专用定位销定位,然后沿截面四周用大螺栓紧固。这样连接的床身在刚度和精度保持性方面基本能满足使用要求。这种分离式 T 形床身适用于大、中型卧式加工中心。

　　数控机床的床身通常为箱体结构,合理布置的肋板结构可以在较小质量下获得较高的静刚度和适当的固有频率。床身中常用的几种截面肋板布置方式如图 7.11 所示。

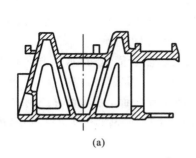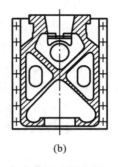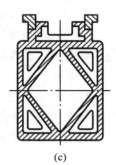

(a)　　　　　　　　　(b)　　　　　　　　　(c)

图 7.11　床身截面肋板布置

(a) V 形肋　　(b) 斜方肋　　(c) 对角肋

2. 钢板焊接结构

　　随着焊接技术的发展和焊接质量的提高,焊接结构的床身在数控机床中应用越来越多。焊接结构设计灵活,便于产品更新,改进结构。焊接件能达到与铸件相同甚至更好的结构特性,可提高抗弯截面惯性矩,减小质量。

　　采用钢板焊接结构能够按刚度要求布置肋板,充分发挥壁板和肋板的承载和抗变形作用,另外,焊接床身采用钢板,其弹性模量为 2×10^5 MPa,而铸铁的弹性模量为 1.2×10^5 MPa,两者几乎相差一倍。因此采用钢板焊接结构床身有利于提高固有频率。

7.4.3　机床导轨

　　导轨主要用来支承和引导运动部件沿一定轨道的运动。在导轨副中,运动的一方称运动导轨,不动的一方称支承导轨。

1. 对导轨的要求

　　(1)导向精度高　导向精度是指机床的运动部件沿导轨移动时的直线性和与有关基面之间相互位置的准确性。无论在空载或切削状态下,导轨都应有足够的导向精度。影响导轨精度的主要原因除制造精度外,还有导轨的结构形式、装配质量、导轨及其支承件的刚度和热变形等。

　　(2)耐磨性好　导轨的耐磨性是指导轨在长期使用过程中能否保持一定的导向精度。因导轨在工作过程中有磨损,故应力求减少磨损量,并在磨损后能自动补偿或便于调整。

　　(3)足够的刚度　导轨受力变形会影响部件之间的导向精度和相对位置,故要求导轨有足够的刚度。为了减轻或平衡外力的影响,数控机床常采用加大导轨面的尺寸来提高刚度。

（4）低速运动平稳性　应使导轨的摩擦阻力小，运动轻便，低速运动时无爬行现象。

（5）结构简单、工艺性好　导轨应使制造和装配便于检验、调整和维修，而且有合理的导轨防护和润滑措施等。

2. 数控机床导轨的种类和特点

运动导轨相对于支承导轨的运动通常是直线运动或回转运动。目前，数控机床上的导轨形式主要有滑动导轨、滚动导轨和液体静压导轨等。

1）滑动导轨

滑动导轨具有结构简单、制造方便、刚度好、抗振性高等优点，在数控机床上应用广泛。但对于金属对金属形式的导轨，静摩擦因数大，动摩擦因数随速度变化而变化，在低速时易产生爬行现象。可通过选用合适导轨材料和热处理方法，提高导轨的耐磨性，改善摩擦特性。例如，可采用优质铸铁、耐磨铸铁或镶淬火钢导轨，采用导轨表面滚压强化、表面淬硬、镀铬、镀钼等方法提高导轨的耐磨性能。滑动导轨常见的截面形状如图 7.12 所示。

（1）矩形导轨　如图 7.12（a）所示，这种导轨承载能力大，制造简单，且水平方向和垂直方向上的位置精度各不相关，但侧面间隙不能自动补偿，必须设置间隙调整机构。

（2）三角形导轨　如图 7.12（b）所示，由于三角形有两个导向面，可以同时控制水平方向和垂直方向上的导向精度，因此，这种导轨在载荷的作用下，能自动补偿侧面间隙，导向精度较其他导轨高。

（3）燕尾槽导轨　如图 7.12（c）所示，这种导轨的高度最小，能承受颠覆力矩，但摩擦阻力较大。

（4）圆柱形导轨　如图 7.12（d）所示，这种导轨制造容易，但磨损后调整间隙困难。

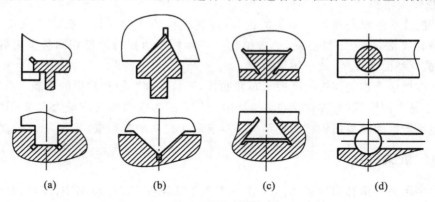

图 7.12　滑动导轨的截面形状

（a）矩形导轨　（b）三角形导轨　（c）燕尾槽导轨　（d）圆柱形导轨

2）滚动导轨

滚动导轨是在导轨面之间放置滚珠、滚柱或滚针等滚动体，使导轨面之间为滚动摩擦而不是滑动摩擦。滚动导轨的灵敏度高，摩擦因数小，且其动、静摩擦因数相差很小，因而运动均匀。尤其是在低速移动时，不易出现爬行现象；定位精度高，重复定位精度可达 $0.2\mu m$；牵引力小，移动轻便；磨损小，精度保持性好，使用寿命长。但滚动导轨的抗振性差，防护要求高，结构复杂，制造困难，成本较高。根据滚动体的种类，导轨可以分为下列几种类型。

（1）滚珠导轨　这种导轨的承载能力小，刚度低。为了防止在导轨面上产生压坑，导轨面一般采用淬火钢制成。滚珠导轨适用于运动部件质量小、切削力不大的数控机床。

（2）滚柱导轨　这种导轨的承载能力和刚度都比滚珠导轨大,适用于载荷较大的数控机床。但支承的轴线与导轨的平行度误差不大时也会引起偏移和侧向滑动,从而使导轨磨损加快、精度降低。小滚柱（<ϕ10 mm）比大滚柱（>ϕ25 mm）对导轨面的不平行更敏感些,但小滚柱的抗振性高。

（3）滚针导轨　滚针导轨的滚针比滚柱的长度要大,滚针导轨的特点是尺寸小、结构紧凑,主要适用于导轨尺寸受限制的数控机床。

（4）直线滚动导轨（简称为直线导轨）　直线导轨由一根长导轨（导轨条）和一个或几个滑块组成。直线导轨的特点是摩擦因数小,精度高,安装和维修都很方便。由于直线导轨是一个独立的部件,对机床支承导轨部分的要求不高,既不需要淬硬,也不需要磨削或刮研,只需精铣或精刨。因为这种导轨可以预紧,所以其刚度高。

直线导轨通常两条成对使用,可以水平安装,也可以竖直或倾斜安装。当长度不够时,可以多根接长安装。为保证两条或多条导轨平行,通常把一条导轨作为基准导轨,安装在床身的基准面上,其底面和侧面都有定位面,另一条导轨为非基准导轨,床身上设有侧面定位面。

3）静压导轨

静压导轨是在两个相对滑动面之间开有油腔,将有一定压力的油通过节流阀输入油腔,形成压力油膜,使运动件浮起。在工作过程中,导轨面上油压能随外加负载的变化自动调节,以平衡外加负载。保证导轨面间始终处于纯液体摩擦状态。所以静压导轨的摩擦因数极小（约为 0.000 5）,功率消耗小,导轨不会磨损,因而导轨的精度保持性好,寿命长。此外,其油膜厚度几乎不受速度的影响,油膜承载能力大、刚度好;油膜还有吸振作用,所以抗振性也好。静压导轨运动平稳,无爬行,也不会产生振动。静压导轨的缺点是结构复杂,并需要有一套良好过滤效果的液压装置,制造成本高,油膜厚度难以保持恒定不变。静压导轨较多地应用在大型、重型的数控机床上。

按导轨形式,静压导轨可以分为开式和闭式两种,数控机床用的是闭式静压导轨。按供油方式又可以分为恒压（即定压）供油和恒流（即定量）供油两种。

7.5　数控机床的自动换刀系统

7.5.1　自动换刀装置

自动换刀装置应当具备换刀时间短、刀具重复定位精度高、足够的刀具储备量、占地面积小和安全可靠等特点。自动换刀装置是加工中心区别于其他数控机床的特征结构。各类数控机床自动换刀装置的结构取决于机床的类型、工艺范围和使用刀具的种类和数量。

7.5.2　自动换刀装置的分类

加工中心自动换刀装置根据其组成结构,可以分为转塔式自动换刀装置、无机械手式自动换刀装置和有机械手式自动换刀装置。

1. 转塔式自动换刀装置

转塔式自动换刀装置是数控机床中比较简单的换刀装置。转塔刀架上装有主轴头,转塔转动时更换主轴头以实现自动换刀,图 7.13 所示为数控转塔式镗铣床的外观。在转塔各个主轴头上,预先安装有各工序所需要的旋转刀具。

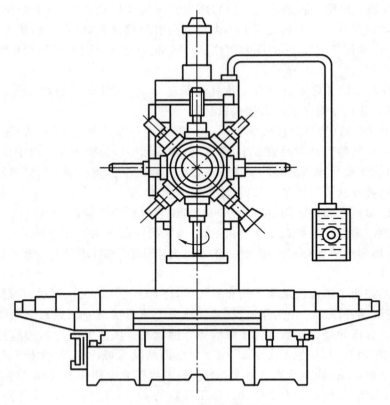

图 7.13　转塔式数控镗铣床

　　这种自动换刀装置存储刀具的数量较少,适用于加工较简单的工件。其优点是结构简单、可靠性高及换刀时间短。但由于空间位置的限制,主轴部件的结构刚度较低,并安装于机床上,对机床的结构影响较大。它适用于工序较少、精度要求不太高的数控钻镗床等。

　　目前大量使用的是带有刀库的自动换刀装置。与转塔式换刀装置不同,由于有了刀库,加工中心只需要一个夹持刀具进行切削的主轴,当需要某一刀具进行切削加工时,将该刀具自动地从刀库交换到主轴上,切削完毕后又将用过的刀具自动地从主轴上放回刀库。由于换刀过程是在各个部件之间进行的,所以要求各参与换刀部件的动作必须准确协调。这种换刀方式的主轴不同于转塔式换刀机构那样受限制,主轴刚度可以提高,还有利于提高加工精度和加工效率。由于有了单独存储刀具的刀库,从而使刀具的存储容量增多,有利于加工复杂零件,而且刀库可离开加工区,以消除很多不必要的干扰。带有刀库的自动换刀装置可分为无机械手换刀装置和有机械手换刀装置两类。

2. 无机械手的换刀装置

　　无机械手的换刀装置一般是把刀库放在主轴箱可以运动到的位置,或整个刀库的某一刀位能移动到主轴箱可以到达的位置,同时刀库中刀具的存放方向一般与主轴箱装刀方向一致。换刀时,由主轴和刀库的相对运动进行换刀动作,利用主轴取走或放回刀具。

　　无机械手换刀装置的优点是结构简单、成本低、可靠性高。其缺点是由于结构的限制,刀库的容量不大,换刀时间较长,一般需要 10～20 s。因此,无机械手的换刀装置多为中、小型加工中心采用。

3. 有机械手的换刀装置

有机械手的换刀装置一般由机械手和刀库组成。其刀库的配置、位置及数量的选用要比无机械手的换刀系统灵活得多。它可以根据不同的要求配置不同形式的机械手，可以是单臂的、双臂的，甚于配置一个主机械手和一个辅助机械手的形式，如图 7.14 所示。它能够配备多至数百把刀具的刀库，换刀时间可缩短到几秒甚至零点几秒，因此，目前大多数加工中心都配备有机械手的换刀装置。由于刀库位置各机械手的换刀动作不同，自动换刀装置的结构形式是多种多样的。

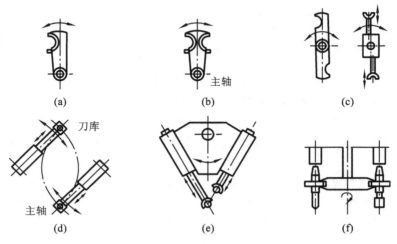

图 7.14　单、双臂机械手结构

7.5.3　刀库的类型

刀库主要有鼓轮式刀库、链式刀库两种，并且根据机床的不同可以采用多种布局形式。

1. 鼓轮式刀库

鼓轮式刀库结构紧凑、简单，又称为圆盘刀库，其中最常见的形式有刀具轴线与鼓轮轴线平行式（见图 7.15(a)）布局和刀具轴线与鼓轮轴线倾斜式（见图 7.16）布局两种。

刀具轴线与鼓轮轴线平行式刀库因简单紧凑，在中小型加工中心上应用较多。但在这种刀库中，刀具为单环排列，空间利用率低，而且刀具较长时，易与工件、夹具干涉。此外，大容量的刀库外径比较大，转动惯量大，选刀时间长，所以这种刀库形式一般适用于刀库容量不超过 24 把刀具的场合。

图 7.15(b) 和图 7.15(c) 所示分别为刀具轴线与鼓轮轴线平行的鼓轮式刀库在立式和卧式加工中心上的典型布局。在图 7.15(b) 中，刀库置于卧式加工中心主轴的机床顶部，刀库中的刀具安装时不妨碍操作，并能通过主轴的上下运动，结合刀库的前后运动，实现换刀，它不需要机械手，就可以对主轴直接进行换刀。

在图 7.15(c) 中，刀库置于立式加工中心立柱的侧面，换刀时可通过刀库的左右运动，结合主轴箱的上下或刀库的上下运动，实现与主轴直接进行刀具交换。它也不需要换刀机械手。换刀方式简单、可靠。图 7.15(d) 所示为刀库横向置于立式加工中心侧面的布局，它允许使用较长的刀具，刀库中的刀具安装时也不妨碍操作，且换刀速度较快，但必须通过机械手进行换刀。

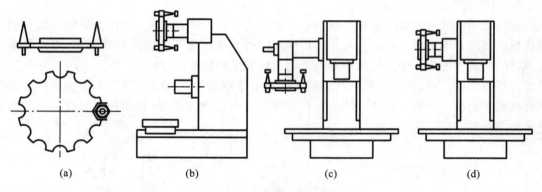

图 7.15　平行式鼓轮式刀库布局

刀具轴线与鼓轮轴线成一定角度的布局形式如图 7.16 所示。图 7.16(b)所示为这种结构在立式机床上的应用。一般都是以机床的 Z 轴作为动力,通过机械联动结构,由主轴箱的上下运动来完成刀库的摆入、摆出动作,从而实现自动换刀,所以换刀速度极快。但这种形式可以安装的刀具数量较少、刀具尺寸不能过大、刀具安装也不方便,在小型高速钻削中心上使用得较多。

图 7.16(c)所示为这种结构采用卧式布局的情况,刀具交换动作与数控车床回转刀架动作类似,通过刀库的抬起、回转、落下、夹紧来进行换刀。由于布局的限制,刀具数量不宜过多,所以常被做成通用部件的形式,多用于数控组合机床上。

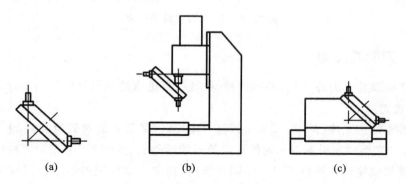

图 7.16　倾斜式鼓轮式刀库布局

2. 链式刀库

如图 7.17 所示,链式刀库结构紧凑、布局灵活、刀库容量大,能够实现刀具的预选,并且换刀时间短。但是刀库一般都需要独立安装在机床的侧面(见图 7.17(c))或顶面(见图 7.17(b)),它占用空间较大。通常情况下,刀具轴线与主轴的轴线垂直,所以,必须通过机械手换刀,机械结构要比鼓轮式刀库复杂得多。

链式刀库的链环可以根据机床的总体布局要求,设计成适当的形式以利于换刀机构的工作。在刀库容量较大时,一般采用 U 形布局(见图 7.17(d)、图 7.17(e))或多环链式刀库布局,使刀库外形更紧凑,占用空间更小。在增加刀库容量时,这种刀库形式可通过增加链条的长度来实现,因为它并不增加链轮直径,故链轮的圆周速度不变。因此,在刀库容量加大时,刀库的运动惯量不会增加得太多。

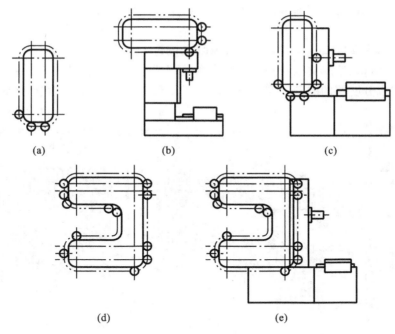

图 7.17　链式刀库示意图

7.6　数控机床的回转工作台

为了扩大数控机床的加工性能,适应某些零件加工的需要,数控机床的进给运动,除具有 X、Y、Z 这三个坐标轴的直线进给运动之外,还要具有绕 X、Y、Z 的三个坐标轴的圆周进给运动,分别称 A、B、C 轴。数控机床的圆周进给运动一般由数控回转工作台(简称数控转台)来实现。数控机床的圆周运动包括分度运动与连续圆周进给运动两种。在需要进行多轴联动加工曲线和曲面的场合,回转工作台必须能够进行连续圆周进给运动。为了便于区别,通常将只能实现分度运动的回转工作台称为分度工作台,而将能够实现连续圆周进给运动的回转工作台称为数控回转工作台。分度工作台和数控回转工作台在外形上差别不大,但在结构上则具有各自的特点。

数控机床对回转工作台的基本要求是:分辨率高,定位精度高,运动平稳,动作迅速,回转台的刚度好等。

7.6.1　分度工作台

数控机床上的分度工作台只能实现分度运动,它可以按照数控装置的指令,在需要分度时,将工作台连同工件一起回转一定的角度并定位。采用伺服电动机驱动的分度工作台又称为数控分度工作台,它能够分度的最小角度一般都比较小,如 $0.5°$、$1°$ 等,通常采用鼠牙盘式定位。有的数控机床还采用液压或手动分度工作台,这类分度工作台一般只能回转规定的角度,如可以每隔 $45°$、$60°$ 或 $90°$ 进行分度,可以采用鼠牙盘式定位或定位销式定位。

1. 鼠牙盘式分度工作台

鼠牙盘式分度工作台也称齿盘式分度工作台,它是用得较广泛的一种高精度的分度定位机构。在卧式数控机床上,它通常作为数控机床的基本部件被提供,在立式数控机床上则作为附件被选用。

图 7.18 所示为 THK6370 自动换刀数控卧式镗铣床分度工作台的结构。它主要由蜗轮副、减速齿轮副、活塞、液压缸以及一对分度齿盘等组成。分度转位动作包括:工作台抬起,齿盘脱离啮合,完成分度前的准备工作,回转分度,工作台下降,齿盘重新啮合,完成定位夹紧。

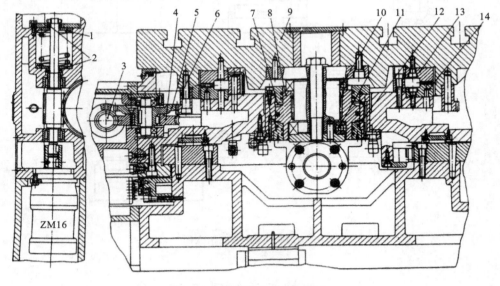

图 7.18   鼠牙盘式分度工作台
1—弹簧;2—轴承;3—蜗杆;4—蜗轮;5,6—减速齿轮;7—管道;
8—活塞;9—工作台;10,11—轴承;12—液压缸;13,14—齿盘

(1) 工作台抬起,齿盘脱离啮合   工作台的抬起由液压缸的活塞来完成。当需要分度时,控制系统发出分度指令,压力油进入液压缸的下腔,于是活塞向上移动,通过止推轴承带动工作台向上抬起,使上、下齿盘相互脱离啮合,完成分度前的准备工作。

(2) 回转分度   当分度工作台向上抬起时,通过推杆和微动开关发出信号,使压力油进入液压马达。液压马达传动蜗杆、蜗轮,经减速齿轮,使工作台进行分度回转运动。工作台分度回转角度的大小由指令给出,当工作台的回转角度接近所要分度的角度时,减速挡块使微动开关动作,发出减速信号,液压马达低速回转,为齿盘准确定位创造条件;当工作台回转角度达到要求的角度时,准停挡块压合微动开关(粗定位),发出信号,切断液压马达的进油路,液压马达则停止转动。

(3) 工作台下降,完成定位夹紧   液压马达停止转动的同时,压力油进入液压缸上腔,推动活塞带着工作台下降。于是,上、下齿盘重新啮合(精定位),完成定位夹紧。

由于齿盘定位时,液压马达已先停止转动。当工作台下降时,齿盘将带动工作台做微小转动来纠正准停时的位置偏差,蜗轮将做微量转动,并带动蜗杆(压缩弹簧)产生微量的轴向移动。

2. 定位销式分度工作台

图 7.19 所示为自动换刀数控卧式镗床铣床的定位销式分度工作台的示意图,它采用定位销和定位孔作为定位元件,定位精度取决于定位销和定位孔的位置精度和配合间隙,最高可达 $\pm 5''$。因此,定位销和定位孔衬套的制造和装配精度要求都很高,对硬度的要求也很高,而且

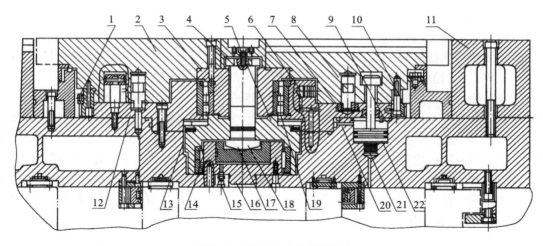

图 7.19　定位销式分度工作台

1—挡块;2—工作台;3—锥套;4—螺钉;5—支座;6—液压缸;7—定位衬套;8—定位销;9—锁紧液压缸;
10—大齿轮;11—长方形工作台;12—上底座;13—止推轴承;14—滚针轴承;15—进油管道;16—中央液压缸;
17—活塞;18—螺栓;19—双列圆柱滚子轴承;20—下底座;21—弹簧;22—活塞拉杆

耐磨性要好。

工作台的底部均匀分布着八个(削边圆柱)定位销,在工作台下底座上有一个定位衬套及环形槽。定位时只有一个定位销插入定位衬套的孔中,其余七个则进入环形槽中,因为定位销之间的分布角度为 45°,故只能实现 45°等分的分度运动。

定位销式分度工作台做分度运动时,其工作过程分为以下三个步骤。

(1)松开锁紧机构并拔出定位销　当数控装置发出指令时,下底座上均布的六个锁紧液压缸 9(图中只示出一个)卸荷。活塞拉杆在弹簧的作用下上升 15 mm,使工作台处于松开状态。同时,间隙消除液压缸也卸荷,中央液压缸从管道进压力油,使活塞上升,并通过螺栓、支座把止推轴承向上抬起,顶在上底座上,再通过螺钉、锥套使工作台抬起 15 mm,圆柱销从定位衬套中拔出。

(2)工作台回转分度　当工作台抬起之后发出信号,使液压马达驱动减速齿轮,带动与工作台底部连接的大齿轮回转,进行分度运动。在大齿轮上以 45°的间隔均布八个挡块,分度时,工作台先快速回转,当定位销即将进入规定位置时,挡块碰撞第一个限位开关,发出信号使工作台降速;当挡块碰撞第二个限位开关时,工作台停止回转,此时,相应的定位销正好对准定位衬套。

(3)工作台下降并锁紧　分度完毕后,发出信号使中央液压缸卸荷,工作台靠自重下降,定位销插入定位衬套中,在锁紧工作台之前,消除间隙的液压缸通压力油,活塞顶向工作台,消除径向间隙。然后使锁紧液压缸的上腔通压力油,活塞拉杆下降,通过拉杆将工作台锁紧。

工作台的回转轴支承在加长型双列圆柱滚子轴承和滚针轴承中,轴承的内孔带有 1∶12 的锥度,用来调整径向间隙。另外,它的内环可以带着滚柱在加长的外环内做 15 mm 的轴向移动。当工作台抬起时,支座的一部分推力由止推轴承承受,这将有效地减小分度工作台的回转摩擦阻力矩,从而使工作台转动灵活。

7.6.2　数控回转工作台

数控回转工作台不仅能完成分度运动,而且还能进行连续圆周进给运动。数控回转工作台还可以按照数控装置的指令进行连续回转,且回转的速度是连续可调的,同时它也能实现任意角度的分度定位。

数控回转工作台根据控制方式的不同可分为开环数控回转工作台和闭环数控回转工作台两种。下面以常用的开环数控回转工作台为例来介绍其工作原理。

开环数控回转工作台的结构如图 7.20 所示,转矩为 9.8 N · m 的步进电动机经过齿轮、蜗杆副实现圆周进给运动。齿轮 2 和齿轮 6 的啮合间隙是靠调整偏心环来消除的。齿轮和蜗杆用花键连接,花键连接的间隙应尽量小,以减小对分度定位精度的影响。蜗杆为双导程蜗杆,用以消除蜗杆、蜗轮啮合间隙。蜗轮下部的内、外两面装有夹紧瓦,在数控台底座上的固定支座内均布有 6 个液压缸。当液压缸的上腔进压力油时,活塞下移,并通过钢球推动夹紧瓦将蜗轮夹紧,从而将数控转台夹紧。当不需要夹紧时,只要卸掉液压缸上腔的压力油,弹簧即可将钢球抬起,蜗轮被放松。

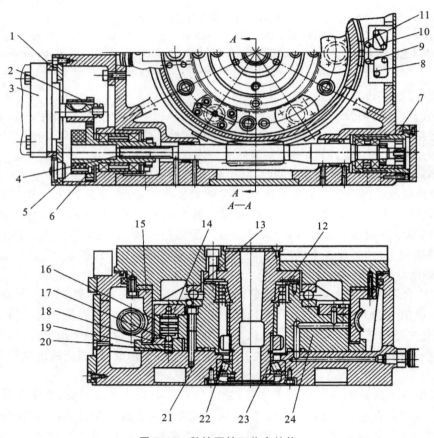

图 7.20 数控回转工作台结构

1—偏心环;2,6—齿轮;3—步进电动机;4—蜗杆;5—垫圈;7—调整环;8,10—微动开关;
9,10—挡块;12,13—轴承;14—液压缸;15—蜗轮;16—活塞;17—钢球;18,19—夹紧瓦;
20—弹簧;21—底座;22—圆锥子轴承;23—调整盒;24—支座

作为数控转台使用时,不需要夹紧,步进电动机将按指令脉冲的要求来确定数控转台的回转方向、回转速度和回转角度。

7.7　数控机床的辅助装置

　　数控机床的辅助装置是指数控机床的一些配套部件,即机床的附件,它包括液压装置、气动装置、排屑装置及冷却系统等。

7.7.1　液压装置和气动装置

　　除数控系统外,现代数控机床还需要配备液压和气动装置来辅助实现整机的自动运行功能。

　　由于液压传动装置使用工作压力高的油性介质,因此装置出力大,结构更紧凑,动作平稳可靠,易于调节,噪声较小,但要配置油泵和油箱,而且油液渗漏会污染环境。

　　气动装置的气源容易获得,机床可以不必再单独配置动力源,装置结构简单,不污染环境,工作速度快,动作频率高,适合于完成频繁启动的辅助工作。过载时比较安全,不易发生过载损坏机件等事故。

　　液压装置和气动装置在机床中具有如下辅助功能。

　　(1) 自动换刀所需的动作,如机械手的伸、缩、回转和摆动及刀具的松开和拉紧动作。

　　(2) 机床运动部件的平衡,如机床主轴箱的重力平衡、刀库机械手的平衡装置等。

　　(3) 机床运动部件的制动和离合器的控制、齿轮拨叉挂挡等。

　　(4) 机床的润滑冷却。

　　(5) 机床防护罩、板、门的自动开关。

　　(6) 交换工作台的松开、夹紧和自动交换动作。

　　(7) 夹具的自动松开、夹紧。

　　(8) 工件、工具定位面和交换工作台的自动吹屑,清理定位基准面等。

7.7.2　排屑装置

　　数控机床机械加工的效率大大提高,在单位时间内的金属切削量大大高于普通机床,工件上的多余金属在变成切屑后所占的空间将成倍增加。这些切屑如果不及时排除,必然会覆盖或缠绕在工件和刀具上,严重时将会导致加工无法继续进行。此外,炽热的切屑散发的热量也会使机床或工件产生变形,影响加工精度。因此,迅速、有效地排除切屑对数控机床加工来说是十分重要的,而排屑装置正是完成这项工作的必备附属装置。排屑装置的主要作用是将切屑从加工区域排出数控机床之外。

　　排屑装置的安装位置一般都尽可能靠近刀具切削区域。如车床的排屑装置装在回转工件的下方,铣床和加工中心的排屑装置装在床身的回液槽上或工作台边侧位置,以利于简化机床或排屑装置的结构,减小机床占地面积,提高排屑效率。排出的切屑一般都落入切屑收集箱或小车中,有的则直接排入车间的集中排屑系统。

　　图 7.21(a)所示为平板链式排屑装置,该装置以滚动链轮牵引钢质平板链带在封闭箱中运转,加工中的切屑落到链带上被带出机床。这种装置能排除各种形状的切屑,适应性强,各类机床都能采用。

　　为了输送短小切屑,在链板上加上刮板,如图 7.21(b)所示,以提高排屑能力。但因负载大而需采用较大功率的驱动电动机。对于加工铁质材料产生的短小切屑,可在平板链式排屑装置的基础上加上电磁铁,将细碎的切屑带出机床体。

　　图 7.21(c)所示为螺旋式排屑装置,该装置采用电动机,经减速装置驱动安装在沟槽中的一根长螺旋杆。螺旋杆转动时,沟槽中的切屑由螺旋杆推动连续向前运动,最终排入切屑收集箱。这种装置占据空间小,适用于安装在机床与立柱间空隙狭小的位置上。螺旋式排屑装置结构简单,排屑性能良好。但只适用于沿水平或小角度倾斜直线方向排运切屑,不能大角度倾斜、提升或转向排屑。

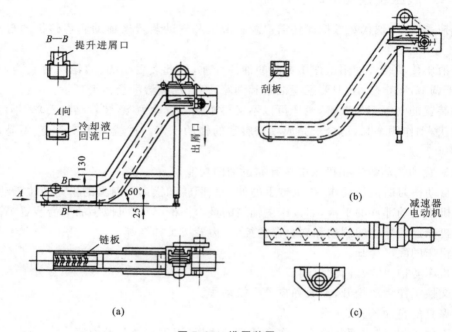

图 7.21　排屑装置

7.7.3　其他辅助装置

　　数控机床除了液压装置和气动装置、自动排屑装置外,还有自动润滑系统、冷却系统、刀具破损检测装置、精度检测装置和监控装置等。

思考题与习题

7.1　简述数控机床机械结构的组成及特点。

7.2　数控机床的主传动主要有哪几种配置方式?各有何特点?

7.3　简述数控机床对进给传动系统的要求。

7.4　滚珠丝杠的支承方式主要有哪几种?

7.5　试述数控机床导轨的种类和特点。

7.6　什么是分度工作台和数控回转工作台?

参 考 文 献

[1] 付承云.数控功能部件选用指导手册[M].北京:机械工业出版社,2011.
[2] 邓奕.现代数控机床就应用[M].北京:国防工业出版社,2002.
[3] 王永章,杜君文,程国全.数控技术[M].北京:高等教育出版社,2001.
[4] 严育才,张福润.数控技术[M].2版.北京:清华大学出版社,2012.
[5] 李文斌,霍亮生,杨淑莲.数控技术及应用[M].北京:煤炭工业出版社,2000.
[6] 周济,邵新宇,周艳红."数控一代"机械产品创新工程的战略意义和技术路线[J].机械工程导报,2012,11:18-26.
[7] 张立新,何玉忠.数控加工进阶教程[M].西安:西安电子科技大学出版社,2008.
[8] 杨有君.数字控制技术与数控机床[M].北京:机械工业出版社,1999.
[9] 全国数控培训网络天津分中心.数控编程[M].北京:机械工业出版社,1996.
[10] 任玉田,焦振学,王宏甫.机床计算机数控技术[M].北京:北京理工大学出版社,1996.
[11] 冯勇,霍勇进.现代计算机数控系统[M].北京:机械工业出版社,1999.
[12] 胡占奇,董长双,常兴.数控技术[M].武汉:武汉理工大学出版社,2004.
[13] 王先逵.机械制造工艺学[M].北京:机械工业出版社,2008.
[14] 李斌,李曦.数控技术[M].武汉:华中科技大学出版社,2010.
[15] 周文玉,杜国臣,赵先仲,等.数控加工技术[M].北京:高等教育出版社,2010.
[16] 汪木兰.数控原理与系统[M].北京:机械工业出版社,2008.
[17] 王爱玲.现代数控原理及控制系统[M].2版.北京:国防工业出版社,2007.
[18] 闫占辉,刘宏伟.机床数控技术[M].武汉:华中科技大学出版社,2008.
[19] 刘跃南.机床计算机数控及其应用[M].北京:机械工业出版社,1998.
[20] 董玉红.数控技术[M].北京:高等教育出版社,2004.
[21] 全国数控培训网络天津分中心.数控原理[M].北京:机械工业出版社,1996.
[22] 全国数控培训网络天津分中心.数控机床[M].北京:机械工业出版社,1996.
[23] 刘雄伟.数控加工理论与编程技术[M].北京:机械工业出版社,2000.